위험물 기능사

Craftsman Hazardous material

PREFACE

현대 사회의 산업체에서 사용하는 발화성, 인화성, 가연성, 폭발성 물품을 우리는 위험물이라고 한다. 산업의 고도성장에 따라 그 위험물의 용도는 다양해지고, 위험물의 수요 또한 많아지고 있으며, 산업의 발전과 더불어 위험물은 그 종류가 다양해지고 범위도 확산되는 추세에 있다. 또한 대규모의 위험물 제조시설이 우리의 생활공간과 근접한 곳에 설치되는 경우가 많아지고 있어 위험성 역시 대형화되어가고 있다.

위험물은 발화성, 인화성, 가연성, 폭발성 등의 고유 특성으로 인하여 사소한 부주의에도 커다란 재해를 가져올 수 있기 때문에 이러한 위험물의 취급과 관리에 대한 안전성을 높이고자 위험물기능사 자격제도를 제정하여 시행하고 있다.

원래 위험물기능사는 위험물기능사(제1류), 위험물기능사(제2류), 위험물기능사(제3류), 위험물기능사(제4류), 위험물기능사(제5류), 위험물기능사(제6류) 종목으로 분류되어 시행되었으나 2012년부터 위험물기능사로 통합하여 시행하고 있다.

위험물 취급은 위험물안전관리법 규정에 의거하여 위험물을 제조 및 저장하는 취급소에서 각 류별 위험물 규모에 따라 위험물과 시설물을 점검하고, 일반 작업자를 지시·감독하며 재해 발생 시 응급조치와 안전관리 업무를 수행하는 일을 하는 것을 말한다.

위험물기능사는 이러한 위험물을 저장, 취급, 제조하는 제조소등에서 위험물을 안전하게 저장, 취급, 제조하고 일반 작업자를 지시·감독하며 각 설비에 대한 점검과 재해 발생 시 응급조치 등의 안전 관리 업무를 수행한다.

이러한 역할을 완벽하게 수행하기 위해서는 소정의 기술자격을 갖추어야 하는데 이러한 위험물 분야의 기술자격 중 최초 입문 단계이자 실무에 바로 투입이 가능한 것이 바로 위험물기능사이다. 위험물기능사는 위험물산업기사, 위험물기능장을 준비하기 위한 필수 단계이며 가장 기본이 되는 첫 단계로 볼 수 있다.

이에 본서는 위험물기능사 자격을 빠르게 취득할 수 있도록 출제기준에 입각하여 그 동안 시행된 기출문제를 완벽하게 분석한 후 시험에 출제가 가능한 문제들만을 엄선하여 수록하였다.
또한 최근 시행된 5회분의 기출문제를 상세한 해설과 함께 수록하여 수험생들이 직접 시험유형의 파악이 가능하도록 하였으며, 출제예상문제의 매 문제마다 자세한 해설을 수록하여 보다 빠르게 문제를 이해하고 해설을 통한 중요 내용 및 계산방법 등을 숙지하여 실력을 향상시킬 수 있도록 하였다.

신념을 가지고 도전하는 사람은 반드시 그 꿈을 이룰 수 있습니다. 처음에 품은 신념과 열정이 합격의 그 날까지 빛바래지 않도록 도서출판 서원각은 항상 수험생 여러분을 응원합니다.

STRUCTURE

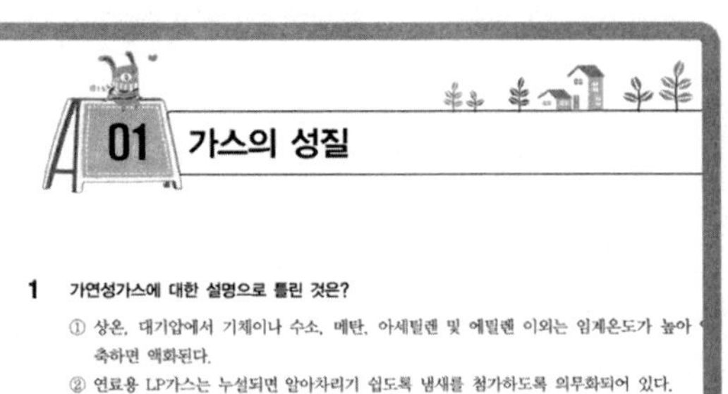

출제예상문제

최신 출제경향을 완벽 분석하여 적중도 높은 출제예상문제를 수록하였습니다.

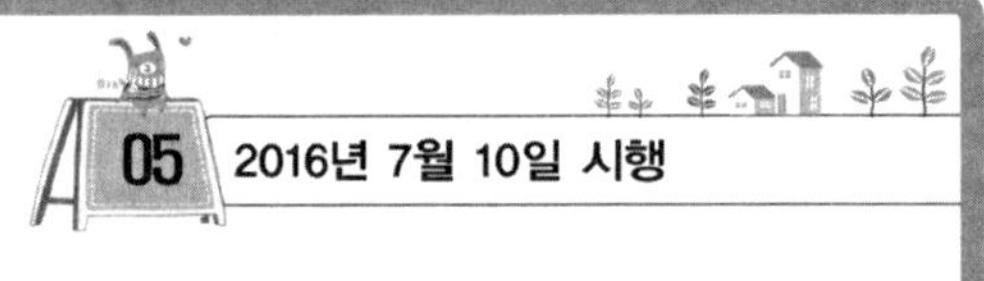

상세한 해설

매 문제마다 상세한 해설을 수록하여 이를 통해 출제경향파악 및 문제에 대한 완벽한 이해를 돕도록 하였습니다.

기출문제분석

2015~2016년에 시행된 기출문제를 상세한 해설과 함께 수록하여 출제경향을 파악하여 실제 시험에 완벽하게 대비할 수 있도록 하였습니다.

CONTENTS

INFORMATION

 **자격정보**

① 자격의 개요
- ㉠ 산업체에서 사용하는 발화성, 인화성, 가연성, 폭발성 물품을 위험물이라 하는데, 산업의 고도성장에 따라 위험물의 용도가 다양해지고, 위험물의 수요가 많아지고 있으며, 산업의 발전과 더불어 위험물은 그 종류가 다양해지고 범위도 확산되고 있다.
- ㉡ 대규모의 위험물 제조시설 등이 우리의 생활공간과 가까운 곳에 설치되는 경우가 많아지고 있어 위험성 역시 대형화되어가고 있다.
- ㉢ 발화성, 인화성, 가연성, 폭발성 등 위험물의 특성으로 인하여 사소한 부주의에도 커다란 재해를 가져올 수 있는 위험물의 취급과 관리에 대한 안전성을 높이고자 위험물기능사 자격제도를 제정하게 되었다.
- ㉣ 위험물기능사(제1류), 위험물기능사(제2류), 위험물기능사(제3류), 위험물기능사(제4류), 위험물기능사(제5류), 위험물기능사(제6류)로 시행되었던 종목이 2012년부터 위험물기능사 하나로 통합되어 시행되고 있다.

② 주요 업무
- ㉠ 위험물기능사는 위험물을 제조 및 저장 · 취급하는 현장에서 위험물안전관리법 규정에 의거하여 위험물을 안전하게 제조 · 취급 · 저장하고, 위험물 규모에 따라 위험물과 시설물을 점검하며, 일반 작업자를 지시 · 감독하는 역할을 한다.
- ㉡ 재해 발생 시 응급조치 실시 등 위험물에 대한 보안, 안전관리 업무를 수행한다.

③ 진로 및 전망
- ㉠ 취업

  도료제조, 고무제조, 금속제련, 유기합성물제조, 염료제조, 화장품제조, 인쇄잉크제조 등 위험물 제조 · 저장 · 취급 전문업체, 위험물 안전관리 대행기관 등에 취업할 수 있다.
- ㉡ 우대
  - 위험물안전관리법에 의해 지정수량 이상의 위험물을 저장, 취급하는 사업체에서는 의무적으로 자격증 취득자를 채용하여 위험물안전관리자로 선임해야 하므로 해당업체에서는 대부분 사격증 소지자를 우대하여 채용하고 있다.
  - 소방공무원 일반소방 및 구조분야 특채에 지원할 수 있다.
  - 국가기술자격법에 의해 공공기관 및 일반기업 채용 시 그리고 보수, 승진, 전보, 신분보장 등에 있어서 우대받을 수 있다.
- ㉢ 가산점
  - 6급 이하 및 기술직공무원 채용시험 시 공업직렬의 화공 직류에서 3% 가산점을 준다. 다만, 가산 특전은 매 과목 4할 이상 득점자에게만, 필기시험 시행 전일까지 취득한 자격증에 한한다.
  - 한국산업인력공단 일반직 5급 채용시 위험물기능사는 필기시험 만점의 3%를 가산한다. 한국산업인력공단은 공단이 발행하는 모든 종목의 자격증에 대하여 혜택을 부여하고 있다.

ㄹ 자격부여

- 위험물기능사 자격을 취득하면, 건설산업기본법에 의한 건설업 등록을 위한 기술인력, 석유 및 석유대체연료 사업법에 의한 품질검사기관 지정을 받기위한 기술인력, 소방기본법에 의한 지정단체, 대행기관 지정, 위험물탱크안전성능시험자의 등록을 위한 기술인력, 에너지이용 합리화법에 의한 에너지절약전문기업 등록을 위한 기술인력, 주택법에 의한 주택관리업 등록을 위한 기술인력 등으로 활동할 수 있다.
- 화제예방, 소방시설 설치유지 및 안전관리에 관한 법률에 의한 소방검사자, 해양환경관리법에 의한 해양환경감시원으로 활동할 수 있고, 공공기관의 소방안전관리에 관한 규정에 의한 방화관리자, 송유관 안전관리법에 의한 안전관리자로 선임될 수 있다.
- 산업안전보건법에 의해 일정기간의 관련 경력을 쌓은 후에 안전관리대행기관으로 지정받기 위한 인력으로 활용될 수 있다.

 ## 취득방법

① 시행처 : 한국산업인력공단
② 관련학과 : 실업계 고등학교 화공과, 화학공업과 등 관련학과
③ 응시자격 : 연령, 학력, 경력, 성별, 지역 등 제한 없음
④ 시험과목
   ㉠ 필기 : 화재예방과 소화방법, 위험물의 화학적 성질 및 취급
   ㉡ 실기 : 위험물 취급 실무(복합형)
⑤ 검정방법
   ㉠ 필기 : 객관식 4지 택일형, 60문항 - 60분
   ㉡ 실기 : 복합형(필답형 1시간, 작업형 1시간 정도)
⑥ 합격기준
   ㉠ 필기 : 100점을 만점으로 하여 60점 이상
   ㉡ 실기 : 100점을 만점으로 하여 60점 이상

화재예방과 소화방법

1 일반화학

1 다음 같이 에탄올의 연소반응을 완결시켰을 때 계수 $\alpha, \beta, \gamma, \delta$의 합으로 옳은 것은?

$$\alpha C_2H_5OH + \beta O_2 \rightarrow \gamma CO_2 + \delta H_2O$$

① 6   ② 8
③ 9   ④ 11

> **NOTE** C의 개수 $2\alpha=\gamma$, H의 개수 $6\alpha=2\delta$,
> $\alpha=1$로 놓으면 $\beta=3$, $\gamma=2$, $\delta=3$
> O의 개수 $\alpha+2\beta=2\gamma+\delta$
> $\therefore \alpha+\beta+\gamma+\delta=1+3+2+3=9$

2 다음 중 염화소듐($NaCl$)에 관한 설명으로 옳지 않은 것은?

① Na^+와 Cl^-는 모두 Ne와 같은 전자배치를 한다.
② Na^+를 둘러싸고 있는 Cl^-는 정육면체 모양이다.
③ Na^+는 6개의 Cl^-와 결합하고 있는 구조이다.
④ Na^+와 Cl^-의 결합비는 $1:1$이다.

> **NOTE** ① Cl^-의 전자수는 18개이고 Ar의 전자배치와 동일하다.

Answer   1.③   2.①

3 석유에서 얻어진 알켄을 H_2SO_4 촉매에서 반응시킨 결과 생성된 알코올을 $KMnO_4$ 촉매에서 산화시켜 얻은 생성물로 옳은 것은?

$$CH_3-CH=CH_2+H_2O \xrightarrow[H^-]{H_2SO_4} CH_3-CH-CH_3$$
$$\underset{\displaystyle OH}{|}$$

① CH_3OCH_3　　　　　　　　　　② CH_3COCH_3

③ CH_3COOH_3　　　　　　　　　④ CH_3CH_3COOH

> **NOTE**
> $$CH_3CHCH_3 \xrightarrow[(-H_2)]{KMnO_4} CH_3COCH_3$$
> 　　$|$　　　　　　　　　아세톤
> 　　OH　　　　　　　　（케톤）
> 이소프로판올
> （2차알코올）

4 다음 탄화수소 중 알칸의 동족체는?

① C_3H_6　　　　　　　　　　　② C_5H_8

③ C_6H_{14}　　　　　　　　　　④ C_7H_{14}

> **NOTE** 알칸의 일반식은 C_nH_{2n+2} 이다.

5 다음 중 벤젠에 대한 설명으로 옳은 것은?

① 시클로헥산과 동일한 입체구조로 되어 있다.

② 독특한 냄새가 나는 무색, 휘발성 액체로 인화성이 강하다.

③ 분자 내 벤젠고리를 포함한 화합물을 지방족 탄화수소라고 한다.

④ 불포화 탄화수소이며 첨가반응이 잘 일어난다.

> **NOTE** ① 벤젠은 6개의 탄소원자가 육각형의 고리모양을 이루고 있는 정육각형 평면구조로 되어 있다.
> ③ 분자 내 벤젠고리를 포함한 화합물은 대부분 냄새가 있으므로 방향족 탄화수소라고 한다.
> ④ 불포화 탄화수소이지만 공명혼성구조로 안정하므로 첨가반응보다는 치환반응이 잘 일어난다.

Answer　　　3.② 4.③ 5.②

6 다음 중 알칸의 동족체에 대한 설명으로 옳지 않은 것은?

① 일반식은 C_nH_{2n+2}이다.

② 탄소수가 많을수록 끓는점이 높다.

③ 이름은 모두 '~안(ane)'으로 끝난다.

④ 안정하여 첨가반응을 잘 한다.

> **NOTE** 포화 탄화수소는 화학적으로 안정하여 반응을 잘 하지 않으나 할로겐원소와 치환반응을 한다.

7 다음 중 벤젠에 대한 설명으로 옳지 않은 것은?

① 알코올, 에테르, 아세톤에는 잘 용해된다.

② 탄소원자의 원자가전자 4개 중 3개는 3개의 단일결합을 이루고 있다.

③ 공명혼성구조로 안정하여 치환반응이 잘 일어난다.

④ 실제구조는 단일결합과 2중 결합이 고정된 구조이다.

> **NOTE** ④ 벤젠의 실제구조는 단일결합과 2중 결합이 고정된 것이 아니라 모든 결합이 1.5결합을 이루고 있다.

8 다음 중 벤젠에 진한 질산과 진한 황산의 혼합액을 가할 때 생성되는 물질로 옳은 것은?

① NO_2

② NH_2

③ SO_3H

④ CH_3

> **NOTE** 니트로화 치환반응 … 벤젠에 진한 황산과 진한 질산을 첨가시키면 니트로화벤젠이 생성되는 반응이다.

Answer   6.④ 7.④ 8.①

9 다음 3주기 원소 중 산과도 반응하고 염기와도 반응하는 양쪽성 원소로 옳은 것은?

① Mg

② Al

③ P

④ Cl

> **NOTE** 알루미늄(Al)
> ㉠ 은백색의 연한 경금속으로 공기 중에서 표면에 Al_2O_3를 형성하여 내부를 보호한다.
> ㉡ 양쪽성 원소로 산·염기와 모두 반응한다.
> ㉢ 보크사이트와 빙정석을 용융전기분해시켜 얻는다.

10 다음과 같은 용도로 쓰이는 화합물로 옳은 것은?

• 소화제(제산제)

• 빵을 만들 때 부풀리는 작용

• 포말소화기의 원료

---

① Na_2CO_3

② $NaOH$

③ $NaHCO_3$

④ Na_2SO_4

> **NOTE** 탄산수소소듐($NaHCO_3$)
> ㉠ 무색의 결정성 가루이다.
> ㉡ 황산알루미늄과 반응하여 CO_2를 발생시킨다(포말소화기).
> ㉢ 열분해시키면 CO_2를 발생시킨다(베이킹파우더).
> ㉣ 위산을 중화시킨다(제산제).
> ㉤ 물에 녹으면 약한 염기성을 나타낸다.

11 끓는점이 가장 높은 화합물은?

① 아세톤

② 물

③ 벤젠

④ 에탄올

> **NOTE** 끓는점은 분자량과 분자구조에 영향을 받는다. 즉, 구성 분자들 간의 인력이 클수록 화합물의 끓는점이 높다. 물과 에탄올의 경우 분자량이 작지만 수소결합을 하기 때문에 비슷한 분자량을 가진 화합물들보다 높은 끓는점을 갖는다.
> ① 56.5℃ ② 100℃ ③ 80.1℃ ④ 78.3℃
> ※ 분자 간의 힘의 크기 ⋯ 분자 수소결합 > 쌍극자 간 인력 > 쌍극자와 유도 쌍극자 간 인력 > 순간 쌍극자 간 인력(분산력)

Answer 9.② 10.③ 11.②

12 0.1M 황산(H_2SO_4) 용액 1.5L를 만드는 데 필요한 15M 황산의 부피는?

① 0.01L

② 0.1L

③ 22.5L

④ 225L

> NOTE $0.1mol/L \times 1.5L = 15mol/L \times x\,L$
>
> $\therefore x = 0.01L$

13 다음 중 인과 산소의 반응으로 이루어지는 화합물에 해당하는 것은?

① 염화나트륨

② 산화알루미늄

③ 황화마그네슘

④ 오산화인

> NOTE 인과 산소의 반응으로 이루어지는 화합물은 오산화인이다.
>
> $P_4 + 5O_2 \rightarrow 2P_2O_5$

14 다음 중 0℃, 1기압에서 황의 증기 1.00L의 질량이 11.43g일 때 황의 분자식으로 옳은 것은? (단, 황 원자량 = 32)

① S_4

② S_5

③ S_6

④ S_8

> NOTE 22.4L의 질량을 구하면,
>
> $22.4 : x = 1 : 11.43$에서 $x = 256$이 된다.
>
> 22.4L에 256g 들어 있으므로 황의 원자량으로 나누면
>
> $256/32 = 8$이므로 황이 8개 모인 분자로 되어 있다.

15 탄화칼슘이 물과 반응했을 때 생성되는 것은?

① 산화칼슘, 아세틸렌

② 수산화칼슘, 아세틸렌

③ 산화칼슘, 메탄

④ 수산화칼슘, 메탄

> NOTE $CaC_2(s) + 2H_2O(l) \rightarrow C_2H_2(g) + Ca(OH)_2(s)$
>
> 수산화칼슘과 아세틸렌이 생성된다.

Answer 12.① 13.④ 14.④ 15.②

1 다음 중 연소에 대한 설명으로 옳지 않은 것은?

① 연소는 발열반응이다.
② 연소는 자체의 지속적인 화학반응이다.
③ 연소는 화재의 한 형태이다.
④ 연소는 빛과 열을 수반한다.

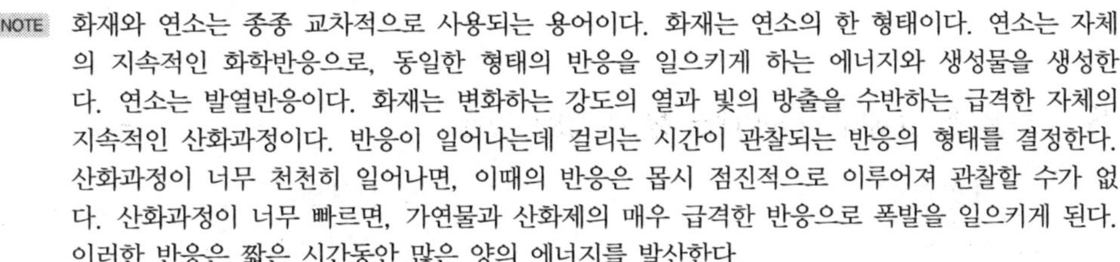 **NOTE** 화재와 연소는 종종 교차적으로 사용되는 용어이다. 화재는 연소의 한 형태이다. 연소는 자체의 지속적인 화학반응으로, 동일한 형태의 반응을 일으키게 하는 에너지와 생성물을 생성한다. 연소는 발열반응이다. 화재는 변화하는 강도의 열과 빛의 방출을 수반하는 급격한 자체의 지속적인 산화과정이다. 반응이 일어나는데 걸리는 시간이 관찰되는 반응의 형태를 결정한다. 산화과정이 너무 천천히 일어나면, 이때의 반응은 몹시 점진적으로 이루어져 관찰할 수가 없다. 산화과정이 너무 빠르면, 가연물과 산화제의 매우 급격한 반응으로 폭발을 일으키게 된다. 이러한 반응은 짧은 시간동안 많은 양의 에너지를 발산한다.

2 다음 중 화재의 3요소가 아닌 것은?

① 산소　　　　　　　　② 가연물
③ 열　　　　　　　　　④ 연쇄반응

NOTE 화재의 3요소 … 산소, 가연물 및 열
※ 화재의 4요소 … 산소(산화제), 가연물, 열, 화학적 연쇄반응

3 가연물의 구비조건에 대한 설명으로 옳지 않은 것은?

① 산화반응의 활성이 커야 한다.
② 표면적이 커야 한다.
③ 열전도율이 적어야 한다.
④ 활성화에너지가 커야 한다.

NOTE 활성화에너지는 작아야 한다.

Answer 1.③ 2.④ 3.④

4 액체의 가장 일반적인 연소형태로 액체의 직접적인 연소보다는 액체에서 발생하는 가연성 가스가 공기와 혼합된 상태에서 연소하는 형태는?

① 분해연소 　　　　　　　　　　② 확산연소

③ 증발연소 　　　　　　　　　　④ 액적연소

 NOTE　① 비휘발성이고 점성이 큰 액체 물질이 연소하는 것으로 열분해로 인해 생성된 가연성 가스와 공기가 혼합상태에서 연소하는 것
② 공기 중에 가연성 가스를 확산시키면 연소가 가능하도록 산소와 혼합된 가스만을 연소시키는 것
④ 휘발성이 작고 점성이 큰 액체를 안개형태로 분무하여 액체의 표면적으로 크게 하여 연소하는 것

5 다음 중 고체의 연소상태로 볼 수 없는 것은?

① 표면연소 　　　　　　　　　　② 분해연소

③ 확산연소 　　　　　　　　　　④ 증발연소

NOTE　③ 기체의 연소에 해당한다.
※ 고체의 연소
　ⓐ 표면연소
　ⓑ 분해연소
　ⓒ 내부연소
　ⓓ 증발연소

6 다음 중 증발연소에 해당하는 것은?

① 제5류 위험물 　　　　　　　　② 플라스틱

③ 코크스 　　　　　　　　　　　④ 양초

NOTE　① 자기연소
② 분해연소
③ 표면연소

7 착화점이 낮아지는 조건이 아닌 것은?

① 압력이 커야 한다.

② 발열량이 작아야 한다.

③ 산소와 친화력이 강해야 한다.

④ 화학적 활성이 커야 한다.

> NOTE 발열량이 클수록 착화점이 낮아진다. 착화점이 낮다는 것은 낮은 온도에서 착화가 잘 이루어 진다는 의미로 위험성이 커진다는 것을 말한다.

8 다음 중 점화원이 될 수 없는 것은?

① 마찰열 ② 기화열

③ 융해열 ④ 아크열

> NOTE 점화원이 될 수 없는 것 … 기화열, 온도, 압력, 중화열 등

9 다음 중 연소에 대한 설명으로 옳지 않은 것은?

① 산소와의 접촉면이 클수록 연소하기 쉽다.

② 열전도율이 작을수록 연소하기 쉽다.

③ 발열량이 클수록 연소하기 쉽다.

④ 산화되기 어려울수록 연소하기 쉽다.

> NOTE 산회되기 쉬운 것일수록 연소하기가 쉽다.

10 기체 연료가 완전 연소하기 쉬운 이유로 볼 수 없는 것은?

① 활성화 에너지가 작기 때문이다.

② 산소가 충분히 공급되기 때문이다.

③ 분자운동이 활발하기 때문이다.

④ 공기 중으로 확산이 어렵기 때문이다.

> NOTE 기체 연료는 공기 중에서 확산되기 쉽기 때문에 완전 연소하기가 유리하다.

Answer 7.② 8.② 9.④ 10.④

11 다음 중 발화점이 낮아지는 경우가 아닌 것은?

① 습도가 높을 때
② 발열량이 높을 때
③ 산소 농도가 클 때
④ 압력이 높을 때

> NOTE 발화점이 낮아지는 경우
> ㉠ 압력이 높은 경우
> ㉡ 발열량이 클 경우
> ㉢ 산소 농도가 클 경우
> ㉣ 산소의 친화력이 좋은 경우
> ㉤ 증기압이 낮은 경우
> ㉥ 습도가 낮은 경우
> ㉦ 반응 활성도가 높은 경우

12 연소에 영향을 주는 요인으로 볼 수 없는 것은?

① 온도
② 압력
③ 습도
④ 농도

> NOTE 연소에 영향을 주는 요인 … 온도, 압력, 산소농도

13 화재의 위험성이 증가하는 경우가 아닌 것은?

① 산소 농도가 높을수록 화재의 위험성은 증가한다.
② 인화점이 낮을수록 화재의 위험성은 증가한다.
③ 발화점이 높을수록 화재의 위험성은 증가한다.
④ 주변 온도가 높을수록 화재의 위험성은 증가한다.

> NOTE 발화점은 낮을수록 화재의 위험성이 증가한다.

Answer 11.① 12.③ 13.③

14 다음 중 자연발화가 일어나기 쉬운 조건에 해당하지 않는 것은?

① 표면적이 작아야 한다.
② 발열량이 커야 한다.
③ 열전도율이 적어야 한다.
④ 발화되는 물질보다 주위 온도가 높아야 한다.

 NOTE 표면적은 넓어야 한다.

15 자연발화를 방지하기 위한 방법으로 옳지 않은 것은?

① 저장실의 온도를 낮추도록 한다.
② 통풍이 잘 이루어지도록 하여야 한다.
③ 퇴적 및 수납 시 열의 축적을 방지하여야 한다.
④ 열전도율이 작아야 한다.

NOTE 열전도율이 크면 자연발화가 발생하기 어렵다.

16 다음 중 위험도가 가장 큰 것은? (단, 아세틸렌의 연소범위는 2.5~81%, 가솔린은 1.4~7.6%, 아세톤은 2~13%, 이황화탄소는 1~44%이다)

① 아세틸렌　　　　　　　　② 가솔린
③ 아세톤　　　　　　　　　④ 이황화탄소

NOTE $H = \dfrac{U-L}{L}$　　H는 위험도, U는 연소범위의 상한, L은 연소범위의 하한

① $\dfrac{81-2.5}{2.5} = 31.4$

② $\dfrac{7.6-1.4}{1.4} = 4.43$

③ $\dfrac{13-2}{2} = 5.5$

④ $\dfrac{44-1}{1} = 43$

Answer　　14.①　15.④　16.④

17 다음 중 발화의 형태가 다른 하나는?

① 시안화수소 　　　　　　② 염화비닐

③ 셀룰로이드 　　　　　　④ 부타디엔

> NOTE　①②④ 중합열에 의한 발화
> 　　　　③ 분해열에 의한 발화

18 분진폭발이 가능한 물질에 해당하지 않는 것은?

① 밀가루 　　　　　　② 마그네슘

③ 시멘트가루 　　　　　　④ 플라스틱

> NOTE　분진폭발이 불가능한 물질
> 　　　㉠ 시멘트가루
> 　　　㉡ 대리석가루
> 　　　㉢ 가성소다가루
> 　　　㉣ 모래

19 다음 중 가연성 가스가 폭발할 위험이 있는 농도에 도달할 우려가 있는 장소 중 0종 장소에 해당하는 것은?

① 밀폐된 용기 또는 설비 내에 밀봉된 가연성 가스가 그 용기 또는 설비의 사고로 인해 파손되거나 오조작의 경우에만 누출할 우려가 있는 장소

② 상용상태에서 또는 정비 보수, 누출 등으로 인해 종종 가연성 가스가 체류하여 위험하게 될 우려가 있는 장소

③ 상용 상태에서 가연성 가스의 농도가 연속해서 폭발하는 한계 이상으로 되는 장소

④ 확실한 기계적 환기 조치에 의하여 가연성 가스가 체류하지 않도록 되거 있으나 환기 장치에 이상이나 사고가 발생한 경우에는 가연성 가스가 체류하여 위험하게 될 우려가 있는 장소

> NOTE　①④ 2종 장소
> 　　　　② 1종 장소

Answer　17.③　18.③　19.③

20 다음 중 백열상태를 의미하는 온도는?

① 700℃

② 800℃

③ 900℃

④ 1,000℃

 NOTE 500℃ 부근을 적열상태, 1,000℃ 이상을 백열상태라 한다.

21 다음 중 폭굉유도거리가 짧아지는 경우는?

① 압력이 낮을수록 짧아진다.

② 관 속에 방해물이 있거나 관지름이 넓을수록 짧아진다.

③ 정상연소속도가 큰 혼합가스일수록 짧아진다.

④ 점화원의 에너지가 약할수록 짧아진다.

NOTE ① 압력이 높을수록 짧아진다.
② 관 속에 방해물이 있거나 관지름이 좁을수록 짧아진다.
④ 점화원의 에너지가 강할수록 짧아진다.

22 고체의 미립자가 공기 중에 착화 에너지를 얻어 폭발하는 현상은?

① 폭연

② 폭굉

③ 분진폭

④ 혼합발화

NOTE ① 충격파가 미반응 매질 속으로 음속보다 느리게 이동하는 현상
② 충격파가 미반응 매질 속으로 음속보다 빠르게 이동하는 현상
④ 두 가지 또는 그 이상의 물질이 서로 혼합, 접촉하였을 때 발열 발화하는 현상

23 다음 중 목재 및 종이, 섬유류 등의 화재에 해당하는 것은?

① A급 화재

② B급 화재

③ C급 화재

④ D급 화재

NOTE 종이, 목재, 섬유류 등 다량의 물 또는 수용액으로 화재를 소화할 때 냉각효과가 가장 큰 소화 역할을 할 수 있는 것으로 연소 후 재를 남기는 화재를 A급 화재라 한다.

Answer 20.④ 21.③ 22.③ 23.①

24 유류화재에 해당하는 표시색상은?

① 백색 ② 황색

③ 청색 ④ 무색

> NOTE ① 일반화재
> ② 유류화재
> ③ 전기화재
> ④ 금속화재

25 폭발 시 연소파의 전파 속도 범위로 알맞은 것은?

① 0.1~10m/sec ② 10~100m/sec

③ 100~1,000m/sec ④ 1,000~10,000m/sec

> NOTE 폭발 시 연소파의 전파 속도는 0.1~10m/sec이다.

26 물질의 이동 없이 열이 물체의 고온부에서 저온부로 이동하는 것을 무엇이라 하는가?

① 대류 ② 전도

③ 복사 ④ 팽창

> NOTE 전도에 대한 내용이다.

27 가연성 가스를 공기 중에서 연소시킬 때 공기 중의 산소농도가 증가하면 어떻게 되는가?

① 연소속도가 느려진다.

② 발화온도가 높아진다.

③ 점화에너지가 높아진다.

④ 폭발한계가 넓어진다.

> NOTE 가연성 가스를 공기 중에서 연소시킬 때 공기 중의 산소농도가 증가할 경우
> ㉠ 연소속도는 빨라진다.
> ㉡ 화염의 온도는 높아진다.
> ㉢ 발화온도는 낮아진다.
> ㉣ 폭발한계는 넓어진다.
> ㉤ 점화에너지는 작아진다.

Answer 24.② 25.① 26.② 27.④

28 다음 중 불완전연소의 원인에 해당하지 않는 것은?

① 가스의 조성이 균일하지 못할 때

② 공기 공급량이 과다할 때

③ 주위 온도가 너무 낮을 때

④ 환기 또는 배기가 잘 되지 않을 때

> NOTE 공기 공급량이 부족할 경우 불완전연소가 나타난다.

29 화재발생 시 연기가 인체에 미치는 영향에 대한 설명으로 옳지 않은 것은?

① 시야를 감퇴하며 피난행동 및 소화활동을 저해한다.

② 연기성분 중 일산화탄소 및 포스겐 등의 유독물질의 발생으로 생명이 위험하다.

③ 정신적으로 긴장 또는 패닉 현상에 빠져 2차적 재해의 우려가 있다.

④ 최근에는 방염처리된 물질의 사용으로 연소 및 연기입자, 유독가스 등이 억제되고 있다.

> NOTE 최근 화재의 특징은 방염처리된 물질을 사용하여 연소 그 자체는 억제되고 있지만 다량의 연기입자 및 유독가스를 발생하고 있다.

30 유황이 함유된 물질인 동물의 털, 고무와 밀부 목재류 등이 연소하는 화재시에 발생하는 것으로 무색의 자극성 냄새를 가진 유독성 기체로 눈 및 호흡기 등의 점막을 상하게 하고 질식사 할 우려가 있는 것은?

① 이산화황   ② 황화수소

③ 암모니아   ④ 포스겐

> NOTE ② 황을 포함하고 있는 유기 화합물이 불완전 연소하면 발생하는데 계란 썩은 냄새가 나며 0.2% 이상 농도에서 냄새 감각이 마비되고 0.4~0.7%에서 1시간 이상 노출되면 현기증, 장기혼란의 증상과 호흡기의 통증이 일어난다. 0.7%를 넘어서면 독성이 강해져서 신경 계통에 영향을 미치고 호흡기가 무력해진다.
> ③ 질소 함유물이 연소할 때 발생하는 연소생성물로서 유독성이 있으며 강한 자극성을 가진 무색의 기체로 흡입시 점액질과 기도조직에 심한 손상을 초래하고, 타는 듯한 느낌, 기침, 숨 가쁨 등을 초래하며, 냉동시설의 냉매로 많이 쓰이고 있으므로 냉동창고 화재시 누출가능성이 크므로 주의해야 하며, 독성의 허용 농도는 50ppm이다.
> ④ 열가소성 수지인 폴리염화비닐(PVC), 수지류 등이 연소할 때발생되며 2차 세계대전 당시 독일군이 유태인 대량학살에 사용했을 만큼 맹독성가스로 허용농도는 $0.1ppm(mg/m^3)$이다. 일반적인 물질이 연소할 경우는 거의 생성되지 않지만 일산화탄소와 염소가 반응하여 생성하기도 한다.

Answer   28.②   29.④   30.①

31 연소의 한 형태로 연소가 비정상상태로 되어서 폭발이 일어나는 형태이며, 연소폭발이라고도 한다. 주로 가연성 가스, 증기, 분진, 미스트 등이 공기와의 혼합물, 산화성, 환원성 고체 및 액체혼합물 혹은 화합물의 반응에 의하여 발생되는 것은?

① 분해폭발 ② 산화폭발
③ 중합폭발 ④ 촉매폭발

> NOTE ① 분해성 가스와 디아조화합물 같은 자기분해성 고체류는 분해하면서 폭발하며 이는 단독으로 가스가 분해하여 폭발하는 것
> ③ 중합해서 발생하는 반응열을 이용해서 폭발하는 것으로 초산비닐, 염화비닐 등의 원료인 모노머가 폭발적으로 중합되면 격렬하게 발열하여 압력이 급상승되고 용기가 파괴되는 폭발을 일으키는 경우
> ④ 촉매에 의해서 폭발하는 것으로 수소(H_2)+산소(O_2), 수소(H_2)+염소(Cl_2)에 빛을 쪼일 때 발생

32 다음 중 증기폭발의 종류로 볼 수 없는 것은?

① 보일러 폭발 ② 수증기 폭발
③ 전선폭발 ④ 분해폭발

> NOTE ④ 기상폭발에 해당한다.

33 분진폭발의 특성에 대한 내용으로 옳지 않은 것은?

① 연소속도나 폭발압력은 가스폭발에 비해 작으나 연소시간이 길고 에너지가 크기 때문에 파괴력과 타는 정도가 크다.
② 최초의 부분적인 폭발에 의해 폭풍이 주위의 분진을 날리게 하여 2차, 3차의 폭발로 파급됨에 따라 피해가 크다.
③ 폭발의 입자가 연소되면서 비산하므로 접촉되는 가연물은 국부적으로 심한 탄화를 일으키며 인체에 닿으면 심한 화상을 입는다.
④ 가스에 비해 완전 연소를 일으키기 때문에 연소 후 일산화탄소가 다량으로 존재하는 경우는 없다.

> NOTE 가스에 비하여 불완전한 연소를 일으키기 쉬우므로 탄소가 타서 없어지지 않고 연소 후의 가스상에 일산화탄소가 다량으로 존재하는 경우가 있어 가스에 의한 중독의 위험성이 있다.

Answer 31.② 32.④ 33.④

34 폭발의 영향 4요소로 보기 어려운 것은?

① 압력 ② 산화제

③ 열 ④ 지진

> NOTE 폭발의 영향은 압력, 비산, 열, 지진으로 구분할 수 있다.

35 폭연의 특징으로 옳지 않은 것은?

① 충격파의 압력은 수 기압 정도이다.

② 반응 또는 화염면의 전파가 분자량이나 난류확산에 영향을 받는다.

③ 에너지 방출속도가 물질전달속도에 영향을 받는다.

④ 온도의 상승은 열에 의한 전파보다 충격파의 압력에 기인한다.

> NOTE ④ 폭굉에 대한 설명이다.
>
> ※ 폭연의 특징
> ㉠ 폭굉으로 전이될 수 있다.
> ㉡ 충격파의 압력은 수 기압(atm) 정도이다.
> ㉢ 반응 또는 화염면의 전파가 분자량이나 난류확산에 영향을 받는다.
> ㉣ 에너지 방출속도가 물질전달속도에 영향을 받는다.

02 소화약제 및 소화기

1 소화약제

---

1 물리적 작용에 의한 소화에 해당하지 않는 것은?

① 열의 양적 변화에 의한 소화

② 가연성가스의 양적 변화에 의한 소화

③ 연소의 연쇄반응 억제에 의한 소화

④ 산소의 양적 변화에 의한 소화

> NOTE ①②④ 물리적 작용에 의한 소화
> ③ 화학적 작용에 의한 소화

2 다음 중 소화약제가 갖추어야 할 조건으로 옳지 않은 것은?

① 가격이 저렴할 것

② 저장 안정성이 있을 것

③ 환경에 대한 오염이 적을 것

④ 인체에 대한 독성이 적을 것

> NOTE 소화약제로서 갖추어야 될 조건
> ㉠ 연소의 4요소 중 한 가지 이상을 제거할 수 있는 능력이 탁월할 것
> ㉡ 가격이 저렴할 것
> ㉢ 저장 안정성이 있을 것
> ㉣ 환경에 대한 오염이 적을 것
> ㉤ 인체에 대한 독성이 없을 것

Answer   1.③ 2.④

3 다음 중 가스계 소화약제에 해당하지 않는 것은?

① 이산화탄소 소화약제   ② 분말 소화약제

③ 포 소화약제   ④ 할로겐화합물 소화약제

> NOTE ③ 수(水)계 소화약제에 해당한다.

4 다음 중 A급 화재에 적용할 수 있는 소화약제는?

① 이산화탄소   ② 물

③ 할로겐화합물   ④ 분말

> NOTE A급 화재에는 물 또는 포 소화약제를 사용해야 한다.

5 휘발유, 그리스, 페인트 등 가연성 액체로 인한 화재에 해당하는 것은?

① A급 화재   ② B급 화재

③ C급 화재   ④ D급 화재

> NOTE ① 목재, 고무, 종이, 플라스틱류, 섬유류 등에 의한 화재
> ③ 전선, 발전기, 모터, 판넬, 스위치, 전기설비 등에 의한 화재
> ④ 가연성 금속과 가연성 금속의 합금 등에 의한 화재

6 다음 중 물에 대한 설명으로 옳지 않은 것은?

① 오래 전부터 널리 사용되고 있는 소화약제로서 대부분의 화재는 물로써 소화가 가능하다.

② 물은 구하기가 쉽고, 비열과 증발 잠열이 커 냉각효과가 우수하다.

③ 2차 피해의 발생이 적고 각종 소화약제 및 소화설비들의 개발에도 불구하고 아직까지 중요한 소화약제로 사용된다.

④ 펌프, 파이프, 호스 등을 사용하여 운송이 가능하며 일반화재에 주로 사용된다.

> NOTE 물은 사용 후 2차 피해인 수손이 발생하고 추운 곳에서는 사용할 수 없는 단점이 있다.

Answer   3.③   4.②   5.②   6.③

7 다음 중 물을 소화약제로 사용할 수 있는 화재는?

① 화학제품으로 인한 화재

② 가연성 금속으로 인한 화재

③ 종이제품으로 인한 화재

④ 가스로 인한 화재

> **NOTE** 물을 소화약제로 사용할 수 없는 화재
> ㉠ 가스
> ㉡ 방사성 금속
> ㉢ 가연성 금속
> ㉣ 화학 제품

8 물의 주수형태에 해당하지 않는 것은?

① 봉상

② 적상

③ 직상

④ 무상

> **NOTE** 물의 주수형태 … 봉상(막대), 적상(방울), 무상(안개)

9 물의 소화효과로 보기 어려운 것은?

① 질식효과

② 유화효과

③ 희석효과

④ 차단효과

> **NOTE** 물의 소화효과 … 냉각효과, 질식효과, 유화효과, 희석효과, 타격 및 파괴효과

10 물 소화약제는 단독으로도 우수한 소화제이지만 동결방지, 분산 및 유화능력 확대 등을 증대시키기 위하여 화학물질을 첨가한다. 다음 중 첨가제로 옳지 않은 것은?

① 부동제

② 증점제

③ 표면제

④ 침투제

> **NOTE** 물 소화약제의 첨가제
> ㉠ 동결방지제(부동제)
> ㉡ 증점제
> ㉢ 침투제

Answer　　7.③　8.③　9.④　10.③

11 질식효과와 냉각효과에 의해 화재를 진압하며, 물에 약간의 첨가제를 혼합한 후 여기에 공기를 주입하면 이것이 발생한다. 이것은 유류보다 가벼운 미세한 기포의 집합체로 연소물의 표면을 덮어 공기와의 접촉을 차단한다. 이것은 무엇인가?

① 물　　　　　　　　　　　　　　② 포

③ 이산화탄소　　　　　　　　　　④ 할로겐화합물

> NOTE 포 소화약제 … 물에 약간의 첨가제(포 소화약제)를 혼합한 후 여기에 공기를 주입하면 포(foam)가 발생된다. 이와 같이 생성된 포는 유류보다 가벼운 미세한 기포의 집합체로 연소물의 표면을 덮어 공기와의 접촉을 차단하여 질식 효과를 나타내며 함께 사용된 물에 의해 냉각 효과도 나타난다. 즉, 포 소화약제는 질식 효과와 냉각 효과에 의해 화재를 진압한다.
> 포에는 두 가지 약제의 혼합 시 화학반응으로 발생하는 이산화탄소를 핵으로 하는 화학포와 포 수용액과 공기를 교반·혼합하여 공기를 핵으로 하는 기계포(일명 공기포라고도 함)가 있다. 전자는 현재 사용되지 않으며 일반적으로 포라 하면 후자의 기계포를 의미한다.

12 포 소화약제를 이용하여 가장 소화효과를 볼 수 있는 화재는?

① 일반화재　　　　　　　　　　　② 금속화재

③ 유류화재　　　　　　　　　　　④ 전기화재

> NOTE 포 소화약제는 포가 유류의 표면을 덮어서 질식시키기 때문에 유류화재의 소화에 가장 효과적이나 일반화재에도 사용할 수 있다.

13 포 소화약제의 종류가 바르게 연결된 것은?

① 화학포 소화약제와 공기포 소화약제

② 제1종, 제2종, 제3종 소화약제

③ 방사성 소화약제와 강화성 소화약제

④ 질식형 소화약제와 냉각형 소화약제

> NOTE 포 소화약제는 발포 기구에 의해 화학포 소화약제와 공기포 소화약제로 분류할 수 있다.
> ㉠ 화학포 : 산성액과 알칼리성액의 화학 반응에 의해 발생되는 탄산가스를 핵으로 한 포
> ㉡ 공기포 : 물과 약제의 혼합액의 흐름에 공기를 불어 넣어 발생시킨 포

Answer　　11.② 12.③ 13.①

14 기계포를 팽창비에 따라 분류할 때 팽창비가 250 미만인 것은 무엇인가?

① 저팽창   ② 중팽창

③ 약팽창   ④ 고팽창

> **NOTE** 우리나라는 팽창비가 20 미만인 저팽창포와 80 이상인 고팽창포의 2가지로 구분하고 있다.

15 화학포의 소화효과에 대한 설명으로 옳지 않은 것은?

① 점착성이 커 연소물에 부착되어 냉각과 질식 작용으로 화재를 진화한다.
② 액면에 포를 덮어 내화성이 강한 층을 형성하기 때문에 전기화재에 우수한 소화효과를 나타낸다.
③ 가격이 고가이며, 발생과 사용이 어렵고, 생성된 포막은 매우 견고하여 구멍이 생기면 쉽게 막을 수 없다.
④ 포의 질이 용액의 온도에 크게 좌우된다.

> **NOTE** 액면에 포를 덮어 내화성이 강한 층을 형성하기 때문에 유류화재에 우수한 소화효과를 나타낸다.

16 공기포 소화약제의 종류로 보기 어려운 것은?

① 단백포 소화약제
② 합성계면활성제포 소화약제
③ 내이산화탄소포 소화약제
④ 수성막포 소화약제

> **NOTE** 공기포 소화약제의 종류
> ㉠ 단백포 소화약제
> ㉡ 불화단백포 소화약제
> ㉢ 합성계면활성제포 소화약제
> ㉣ 수성막포 소화약제
> ㉤ 내알코올포 소화약제

Answer 14.④ 15.② 16.③

17 다음 중 포 소화약제를 사용할 수 없는 경우에 해당하는 것은?

① 자동차 정비공장의 화재　　　　② LNG 저장탱크의 화재

③ 주차장 내 화재　　　　　　　　④ 통신기기실 화재

> **NOTE** 포 소화약제는 소화 후의 오손의 정도가 심하고, 청소가 힘든 단점이 있으며 감전의 우려가 있어 전기화재나 통신기기실, 컴퓨터실 등에는 부적합하다.

18 이산화탄소 소화약제에 대한 설명으로 옳지 않은 것은?

① 이산화탄소는 유기물의 연소에 의해 발생하는 가스로 공기보다 약 1.5배 정도 무거운 기체이다.

② 상온에서 기체로 존재하나 압력을 가하면 액화되기 때문에 고압가스 용기 속에 액화시켜서 보관하여야 한다.

③ 소화효과는 질식효과이며, 약간의 냉각효과도 있다.

④ 사용 후에 오염의 영향이 소화약제 중 가장 강하다.

> **NOTE** 이산화탄소는 사용 후에 오염의 영향이 전혀 없다는 큰 장점을 가지고 있어 유류화재, 전기화재에 주로 사용되며 밀폐상태에서 방출되는 경우는 일반화재에도 사용이 가능하다.

19 이산화탄소 소화약제의 가장 큰 소화효과는 무엇인가?

① 냉각효과　　　　　　　　　　　② 질식효과

③ 유화효과　　　　　　　　　　　④ 희석효과

> **NOTE** 이산화탄소 소화약제의 주된 소화효과는 산도 농도 저하에 의한 질식효과이다.

20 다음 중 이산화탄소 소화약제를 사용해서는 안 되는 것은?

① 제4류 위험물　　　　　　　　　② 특수가연물

③ 전기화재　　　　　　　　　　　④ 제5류 위험물

> **NOTE** 제5류 위험물 중 자기반응성 물질의 경우 자체적으로 산소를 가지고 있기 때문에 사용을 제한한다.

Answer　17.④　18.④　19.②　20.④

21 이산화탄소 소화약제의 장점으로 보기 어려운 것은?

① 소화 후 소화약제에 대한 오손이 없다.

② 한냉지에서도 동결될 염려가 없다.

③ 전기전도성이 크다.

④ 장시간 저장해도 변화가 없다.

> NOTE 이산화탄소 소화약제의 장점
> ㉠ 소화 후 소화약제에 의한 오손이 없다.
> ㉡ 한냉지에서도 동결될 우려가 없다.
> ㉢ 전기 절연성이다.
> ㉣ 장시간 저장해도 변화가 없다.
> ㉤ 자체 압력으로 방출되기 때문에 방출용 동력이 필요하지 않다.

22 다음 중 할로겐화합물 소화약제를 사용할 수 없는 화재는?

① 유류화재   ② 일반화재

③ 전기화재   ④ 금속화재

> NOTE 할로겐화합물 소화약제는 일반적으로 유류화재, 전기화재에 적합하나 전역 방출과 같은 밀폐
> 상태에서는 일반화재에도 사용할 수 있다.

23 할로겐화합물 소화약제의 사용이 가능한 소화대상물로 옳지 않은 것은?

① 가솔린 연료를 사용하는 기계

② 도서관

③ 변압기

④ 유기과산화물이 있는 화학제품

> NOTE 할로겐화합물 소화약제의 사용이 가능한 소화대상물
> ㉠ 기상, 액상의 인화성 물질
> ㉡ 변압기, 오일 스위치 등과 같은 전기 위험물
> ㉢ 가솔린 또는 다른 인화성 연료를 사용하는 기계
> ㉣ 종이, 목재, 섬유 같은 일반적인 가연물질
> ㉤ 위험성 고체
> ㉥ 컴퓨터실, 통신기기실, 컨트롤 룸 등
> ㉦ 도서관, 자료실, 박물관 등

Answer   21.③ 22.④ 23.④

24 분말 소화약제에 대한 설명으로 옳지 않은 것은?

① 탄산수소나트륨, 탄산수소칼륨, 제1인산암모늄 등의 물질을 미세한 분말로 만들어 유동성을 높인 후 이를 가스압으로 분출시켜 소화하는 약제이다.

② 습기와 반응하여 고화되기 때문에 이를 방지하기 위하여 금속의 스테아린산염이나 실리콘 수지 등으로 방습가공한다.

③ 분말의 입도는 $10 \sim 70 \mu$m 범위이며 최적의 소화효과를 나타내는 입도는 $50 \sim 65 \mu$m 이다.

④ 분말 운무에 의한 방사열의 차단효과, 부촉매효과, 발생한 불연성 가스에 의한 질식효과 등으로 가연성 액체의 표면 화재에 매우 효과적이다.

> **NOTE** 분말의 입도는 $10 \sim 70 \mu$m 범위이며 최적의 소화효과를 나타내는 입도는 $20 \sim 25 \mu$m 이다.

25 다음 중 일반화재에 사용할 수 있는 분말 소화약제는?

① 제1종 분말 소화약제 ② 제2종 분말 소화약제

③ 제3종 분말 소화약제 ④ 제4종 분말 소화약제

> **NOTE** 유류화재, 전기화재, 일반화재에도 사용할 수 있는 제3종 분말 소화약제는 주로 인산염을 주성분으로 하고 있다.

26 분말 소화약제의 소화효과로 볼 수 없는 것은?

① 질식효과 ② 냉각효과

③ 유화효과 ④ 방진효과

> **NOTE** 분말 소화약제의 소화효과
> ㉠ 질식효과
> ㉡ 냉각효과
> ㉢ 방사열의 차단효과
> ㉣ 화학적 소화효과
> ㉤ 방진효과
> ㉥ 탈수 · 탄화효과

Answer 24.③ 25.③ 26.③

27 분말 소화설비의 적응대상물로 옳지 않은 것은?

① 유류탱크

② 송유관

③ 주유소

④ 전기실

> NOTE 분말 소화설비 적응 대상물
> ㉠ 인화성 액체를 취급하는 장소 : 유류탱크, 도료반응기, 도장실, 도장건조로, 자동차주차장, 보일러실, 엔진룸, 주유소, 위험물 창고 등
> ㉡ 인화성 액체 또는 가스 등의 분출로 인한 화재 발생의 위험이 있는 장소 : 송유관, 방응탑, 가스 플랜트, LNG 방유제 내 등
> ㉢ 전기화재가 일어날 수 있는 장소 : 변압기, 유입차단기, 전기실 등
> ㉣ 종이, 직물류 등의 일반 가연물로 표면 연소가 일어나는 경우

28 다음 중 분말 소화약제의 사용을 제한하는 경우가 아닌 것은?

① 정밀한 전기 · 전자 장비가 설치되어 있는 장소

② 자체적으로 산소를 함유하고 있는 자기 반응성 물질

③ 인화성 액체의 분출로 인한 위험이 있는 장소

④ 소화약제가 도달될 수 없는 일반 가연물의 심부 화재

> NOTE 분말 소화약제의 사용제한
> ㉠ 컴퓨터실, 전화교환실 등 정밀한 전기 · 전자 장비가 설치되어 있는 장소
> ㉡ 자체적으로 산소를 함유하고 있는 자기 반응성 물질
> ㉢ 나트륨, 칼륨, 마그네슘, 알루미늄 등 가연성 금속
> ㉣ 소화약제가 도달할 수 없는 일반 가연물의 심부 화재

29 분말 소화약제에 의한 소화효과 중 메타인산에 의한 효과는?

① 질식효과

② 냉각효과

③ 방진효과

④ 차단효과

> NOTE 방진효과는 제3종 분말 소화약제에서만 나타나는 효과로 제1인산암모늄이 열분해될 때 생성되는 용융 유리상의 메타인산이 가연물의 표면에 불침투의 층을 만들어 산소와의 접촉을 차단하는 것이다.

30 금속화재용 분말 소화약제가 갖추어야 할 성질로 옳지 않은 것은?

① 고온에 견딜 수 있을 것

② 질식효과가 있을 것

③ 요철 있는 금속 표면을 피복할 수 있을 것

④ 금속에 용융된 경우에는 용융 액면상에 뜰 것

> **NOTE** 금속화재용 분말 소화약제가 갖추어야 할 성질
> ㉠ 고온에 견딜 수 있을 것
> ㉡ 냉각효과가 있을 것
> ㉢ 요철 있는 금속 표면에 피복할 수 있을 것
> ㉣ 금속에 용융된 경우에는 용융 액면상에 뜰 것

31 할론 1301의 화학식으로 옳은 것은?

① KCl_3Br_2　　　　　　② $CFBr$

③ CF_3Br　　　　　　④ CF_3Br_2

> **NOTE** 할론 1301의 화학식은 CF_3Br 이다.

32 소화약제 중 오존파괴지수가 가장 높은 것은?

① CFC-114　　　　　　② Halon 1211

③ Halon 1301　　　　　　④ Halon 2402

> **NOTE** ① 1.0
> ② 3.0
> ③ 10.0
> ④ 6.0

33 다음 중 할론 2402의 화학식으로 옳은 것은?

① $C_3Br_4F_2$　　　　　　　　　　　② $C_2Br_4F_2$

③ $C_2Cl_4Br_2$　　　　　　　　　　　④ $C_2Br_4F_2$

> NOTE　할론 2402는 C 2개, Br 4개, Cl 0개, F 4개로 구성되어 있다.

34 제1류 위험물인 과산화나트륨 보관용기에 화재가 발생하였을 경우 소화약제로 가장 알맞은 것은?

① 마른 모래　　　　　　　　　　　② 물

③ 이산화탄소 소화약제　　　　　　　　④ 포소화약제

> NOTE　과산화나트륨은 알칼리금속과산화물로 마른 모래, 팽창질석, 팽창진주암, 탄산수소염류 분말 소화약제가 가장 알맞다.

35 Halon 1301 소화약제에 대한 설명으로 옳지 않은 것은?

① 화학식은 CF_3Br 이다.

② 비점이 낮아 기화가 용이하다.

③ 저장요익에 액체상으로 충전한다.

④ 공기보다 가볍다.

> NOTE　Halon 1301은 공기보다 무겁다.
> ※ Halon 1301
> 　㉠ Halon 1301은 증발성 액체 소화약제로 저장용기에 액체상으로 충전한다.
> 　㉡ Halon 1301은 비점이 낮아 기화가 잘 되어야 불연성인 기체를 생성할 수 있다.
> 　㉢ Halon 1301은 할로겐화합물 소화약제로 화학식은 CF_3Br 이다.
> 　㉣ Halon 1301은 공기보다 무거운 불연성 기체상으로 방사된다.

Answer　33.② 34.① 35.④

1 다음 중 소화기의 종류로 볼 수 없는 것은?

① 분말소화기
② 액화소화기
③ 이산화탄소소화기
④ 자동확산소화장치

> NOTE 소화기의 종류
> ㉠ 분말소화기
> ㉡ 하론소화기
> ㉢ 이산화탄소소화기
> ㉣ 자동확산소화장치
> ㉤ 주방용자동소화장치
> ㉥ 포말소화기

2 분말소화기를 소화약제에 따라 분류할 경우 유류화재, 전기화재, 일반화재에 모두 사용이 가능한 것은?

① 제1종
② 제2종
③ 제3종
④ 제4종

> NOTE 제3종 분말소화기는 유류화재, 전기화재, 일반화재에 모두 적용성이 있어 소방대상물에 가장 많이 설치된다.

3 다음 중 제1종 분말소화기에 사용되는 소화약제는?

① $NaHCO_3$
② $KHCO_3$
③ $NH_4H_2PO_4$
④ $KHCO_3 + (NH_2)2CO$

> NOTE 제1종 분말소화기에 사용되는 소화약제는 중탄산나트륨이다.

Answer 1.② 2.③ 3.①

4 분말이 불꽃과 연소물질을 입체적으로 포위하여 부촉매 작용에 의해 연소의 연쇄반응을 중단시켜 순식간에 불꽃을 사그라지게 하는 작용은?

① 비누화현상　　　　　　　　　　　② 넉다운효과
③ 탈수효과　　　　　　　　　　　　④ 방진효과

> **NOTE** 비누화현상 … 소화약제 방사시 금속비누를 만들고 이 비누가 거품을 생성하여 질식효과를 갖는다.

5 소화기의 종류 중 질식효과가 가장 큰 것은?

① 하론소화기　　　　　　　　　　　② 포말소화기
③ 분말소화기　　　　　　　　　　　④ 축압소화기

> **NOTE** 포말소화기는 소화효과 중 질식효과가 가장 강하다.

6 할로겐화합물을 용기에 충약한 것으로 부촉매, 질식, 냉각에 의한 소화효과를 나타내는 소화기는?

① 포말소화기　　　　　　　　　　　② 분말소화기
③ 이산화탄소소화기　　　　　　　　④ 하론소화기

> **NOTE** 하론소화기 … 할로겐화합물을 용기에 충약한 것으로 부촉매, 질식, 냉각에 의한 소화효과를 기대할 수 있다. 하론 1301의 경우 자체증기압으로 방사 가능하기 때문에 가압 가스를 별도로 충약하지 않으며, 기타 하론 소화기는 가압용가스를 혼합하기도 한다.

7 하론소화기의 소화효과로 볼 수 없는 것은?

① 부촉매작용　　　　　　　　　　　② 질식작용
③ 방진작용　　　　　　　　　　　　④ 냉각작용

> **NOTE** 하론소화기의 소화효과
> ㉠ 부촉매작용
> ㉡ 질식작용
> ㉢ 냉각작용

Answer　　4.② 5.② 6.④ 7.③

8 분말소화기의 구조 중 소화기 내부 또는 외부에 별도의 압력용기를 설치한 후 소화기 작동 시 압력용기 내의 가스압력에 의해 소화약제를 방사시키는 방식은?

① 축압식　　　　　　　　　　　② 가압식

③ 수동식　　　　　　　　　　　④ 연소식

> NOTE　분말소화기는 축압시과 가압식으로 구분한다.
> ㉠ 축압식 : 소화기의 용기 내부에 소화약제를 방사시키기 위한 압력원으로서 질소 또는 이산화탄소를 축압시킨 후 소화기 작동시 축압된 가스압력에 의해 소화약제를 방사시키는 소화기
> ㉡ 가압식 : 소화기 내부 또는 외부에 별도의 압력용기를 설치한 후 소화기 작동시 압력용기 내의 가스압력에 의해 소화약제를 방사시키는 소화기

9 가연물질에 함유되어 있는 수소, 산소 원자가 점화에너지를 공급받아 활성화되어 생성되는 수소기, 수산기가 화학적으로 제조된 할로겐화합물 소화약제 내의 할로겐 원소인 플루오르, 염소, 브롬 등과 화학적으로 반응하여 더 이상 연속적인 연소의 연쇄반응이 진행되는 것을 방해, 억제, 차단시켜 소화시키는 원리의 소화기는?

① 이산화탄소소화기　　　　　　② 하론소화기

③ 분말소화기　　　　　　　　　④ 자동확산소화장치

> NOTE　하론소화기는 억제소화 즉 할로겐화합물 소화약제가 수소기, 수산기와 반응하여 연소의 연쇄반응을 억제, 차단시켜 소화시키는 방식이다.

10 하론소화기의 특성으로 옳지 않은 것은?

① 오존층 파괴에 영향을 미친다.
② 유해가스가 배출로 밀폐된 공간에의 비치를 금지한다.
③ 지구온난화에 영향을 미친다.
④ 방사시험이 곤란하다.

> NOTE　하론소화기, 이산화탄소소화기는 방사시험이 가능하다.

Answer　8.② 9.② 10.④

11 탄산가스를 소화약제로 사용하는 소화기는?

① 분말소화기　　　　　　　　　　② 하론소화기

③ 할로겐소화기　　　　　　　　　　④ 이산화탄소소화기

> **NOTE** 이산화탄소소화기는 탄산가스를 소화약제로 사용하는 소화기로 이산화탄소를 액화시켜 고압용기에 충약하는 형태로 소화약제가 가압원이 되는 형태이다.

12 이산화탄소소화기의 소화효과로 바르게 짝지어진 것은?

① 부촉매소화, 억제소화　　　　　　② 질식소화, 냉각소화

③ 질식소화, 희석소화　　　　　　　④ 축압소화, 가압소화

> **NOTE** 이산화탄소소화기의 소화효과 … 질식소화, 냉각소화

13 이산화탄소소화기를 사용할 수 있는 화재는?

① 일반화재　　　　　　　　　　　　② 금속화재

③ 가스화재　　　　　　　　　　　　④ 유류화재

> **NOTE** 이산화탄소소화기는 유류화재 및 전기화재에 적응성이 있다.

14 이산화탄소소화기의 특성으로 옳지 않은 것은?

① 이산화탄소를 고압으로 압축하여 액화시킨 것으로 증기압이 높아 방사시 자체 증기압으로 방사가 가능하다.

② 상온에서 고압으로 저장되므로 내압시험에 합격한 고압용기를 사용해야 한다.

③ 지하층, 무장층, 밀폐된 장소 등에 비치하는 것을 제한한다.

④ 메탄, 이산화질소 등 지구온난화에 악영향을 미친다.

> **NOTE** ③ 하론소화기의 특성에 해당한다.
> ※ 이산화탄소소화기의 특성
> ㉠ 이산화탄소를 고압으로 압축하여 액화시킨 것으로 증기압이 높아 방사시 자체 증기압으로 방사가 가능하다.
> ㉡ 상온에서 고압으로 저장되므로 내압시험에 합격한 고압용기를 사용해야 한다.
> ㉢ 메탄, 이산화질소 등과 같이 지구온난화에 중요한 악영향을 준다.

Answer　　11.④　12.②　13.④　14.③

15 주방용자동소화장치에 대한 설명으로 옳지 않은 것은?

① 아파트의 각 세대별 주방 및 오피스텔의 각실 별 주방에 설치한다.

② 가스가 누설될 경우 이를 탐지하여 자동경보를 하고 가스밸브를 자동으로 차단한다.

③ 화재가 발생하면 열을 감지하여 가스밸브를 차단하고 소화약제를 자동으로 방출한다.

④ 가스만 누설될 경우 이를 감지하여 가스밸브를 차단하고 소화약제를 자동으로 방출한다.

> NOTE 가스만 누설될 경우 경보와 차단밸브는 작동하나 소화약제는 방출되지 않는다.

16 주방용자동소화장치의 구성요소로 적절하지 않은 것은?

① 감지부　　　　　　　　　　② 탐지부

③ 화재부　　　　　　　　　　④ 수신부

> NOTE 주방용자동소화장치의 구성요소 … 방출구, 감지부, 차단장치, 탐지부, 수신부, 소화용기 등

17 화재시 열을 감지하는 부분을 무엇이라 하는가?

① 방출구　　　　　　　　　　② 감지부

③ 수신부　　　　　　　　　　④ 탐지부

> NOTE ① 소화약제가 방출되는 부분
> ③ 수신기 역할
> ④ 수신부와 분리되어 누설을 탐지하는 부분

18 음식점의 주방이나 보일러실의 상단부 등에 설치하는 소화기로 자동소화설비가 설치되지 않는 장소에 설치하여야 하는 것은?

① 분말소화기　　　　　　　　② 자동확산소화장치

③ 이산화탄소소화기　　　　　④ 하론소화기

> NOTE 자동확산소화장치 … 소량의 소화약제와 가압가스를 작은 용기에 충약하고, 소화기 방출구가 화재의 열에 의해 용융되어 개방되는 구조로 되어 있다. 음식점의 주방이나 보일러실의 상단부 등에 설치하며, 용도와 면적에 따라 산정된 분말소화기와 자동확산소화장치를 추가로 설치하여야 한다.

Answer　　15.④　16.③　17.②　18.②

19 다음 중 자동확산소화장치의 설치장소가 아닌 것은?

① 주방　　　　　　　　　　　② 보일러실

③ 건조실　　　　　　　　　　④ 공장

> **NOTE** 자동확산소화장치는 자동소화설비가 설치되지 않은 주방, 보일러실, 건조실 등 화재발생의 우려가 있는 화기의 상부에 설치한다.

20 자동확산소화장치에 대한 설명으로 옳지 않은 것은?

① 화기의 상부에 설치한다.

② 화재시 최종 소화를 목적으로 한다.

③ 화재안전기준상 면적에 따라 설치개수가 정하여져 있다.

④ 화재시 소화 가능 위치에 적정하게 설치하여야 한다.

> **NOTE** 자동확산소화장치는 화재발생 시 초기진화를 목적으로 한다.

21 소화기를 설치할 경우 고려하여야 할 사항이 아닌 것은?

① 건축물의 용도와 바닥면적에 따른 능력단위 산정

② 부속용도의 추가량 산정

③ 구획된 실이 있는 경우 추가량 산정

④ 보행방식 산정

> **NOTE** 소화기 설치시 고려해야 할 사항
> ㉠ 건축물의 용도와 바닥면적에 따른 능력단위 산정
> ㉡ 보행거리 산정
> ㉢ 구획된 실이 있는 경우 추가량 산정
> ㉣ 부속용도의 추가량 산정
> ㉤ 적응성 검토
> ㉥ 감소기준 적용 등 대상물의 구조와 용도 등 판단

Answer 19.④ 20.② 21.④

22 공기포 발포 배율을 측정하기 위해 중량 400g, 용량 2,000ml의 포 수집 용기에 가득히 포를 채취하여 측정한 용기의 무게가 800g이었다면 발포 배율은 얼마인가? (단, 포 수용액의 비중은 1로 가정한다)

① 3배

② 5배

③ 7배

④ 9배

NOTE $발포\ 배율 = \dfrac{용량}{전체\ 중량 - 빈\ 시료\ 용기의\ 중량} = \dfrac{2,000}{800 - 400} = 5$

23 다음 중 소화기의 분류가 다른 하나는?

① 포말소화기

② 분말소화기

③ 하론소화기

④ 자동소화기

NOTE ①②③ 소화약제에 따른 분류
④ 작동방식에 따른 분류

24 분말소화약제인 탄산수소나트륨 10kg이 1기압, 277℃에서 방사되었을 때 발생하는 이산화탄소의 양은?

① $1.56m^3$

② $2.05m^3$

③ $2.68m^3$

④ $3.14m^3$

NOTE $PV = \dfrac{W}{M}RT = \dfrac{10 \times 0.082 \times (273 + 277)}{1 \times 168} = 2.684 \fallingdotseq 2.68m^3$

25 소화기 속에 압축되어 있는 이산화탄소 2.7kg을 표준 상태에서 분사하였다. 이산화탄소의 부피는 얼마인가?

① $0.56m^3$

② $0.95m^3$

③ $1.37m^3$

④ $1.68m^3$

NOTE $PV = \dfrac{W}{M}RT = \dfrac{2.7 \times 0.082 \times 273}{1 \times 44} = 1.37m^3$

Answer 22.② 23.④ 24.③ 25.③

26 화재 시 이산화탄소를 사용하여 공기 중 산소의 농도를 21vol%에서 14vol%로 낮추려면 공기 중 이산화탄소의 농도는 얼마가 되어야 하는가?

① 30.1vol%

② 33.3vol%

③ 38.1vol%

④ 40.2vol%

> NOTE 이산화탄소의 소화농도 $= \dfrac{21 - 한계\ 소화\ 농도}{21} \times 100 = \dfrac{21 - 14}{21} \times 100 = 33.3\,vol\%$

27 다음 중 강화액 소화기의 종류로 볼 수 없는 것은?

① 축압식

② 가스가압식

③ 반응식

④ 팽창식

> NOTE 강화액 소화기의 종류
> ㉠ 축압식
> ㉡ 가스가압식
> ㉢ 반응식

28 30℃의 기름 100g에 5,000J의 열량을 주면 기름의 온도는 몇 ℃가 되는가? (단, 기름의 비열은 2J/g · ℃로 한다)

① 35℃

② 45℃

③ 55℃

④ 65℃

> NOTE 기름의 온도 변화 $= \dfrac{5,000}{2 \times 100} = 25\,℃$
> 기름의 온도는 $30 + 25 = 55\,℃$

29 다음 중 소화기에 대한 설명으로 옳지 않은 것은?

① 소화기의 설치 위치는 바닥으로부터 3m 이하의 높이에 설치하여야 한다.

② 통행이나 피난 등에 지장이 없는 위치이여야 한다.

③ 소화약제의 동결, 변질 및 분출의 염려가 없는 곳이어야 한다.

④ 소화기기 설치된 주의의 잘 보이는 곳에 '소화기'라는 표시하여야 한다.

> NOTE 소화기의 설치 위치는 바닥으로부터 1.5m 이하의 높이에 설치하여야 한다.

Answer   26.②   27.④   28.③   29.①

30 다음 중 소화기 사용방법에 대한 설명으로 옳지 않은 것은?

① 적응 화재에만 사용하여야 한다.

② 성능에 따라 방출거리 내에서 사용하여야 한다.

③ 소화 시 바람을 등지고 풍상에서 풍하의 방향으로 소화하여야 한다.

④ 소화 작업은 화재 위치에 직접적으로 분사하여야 한다.

> NOTE 소화 작업은 양 옆으로 비로 쓸듯이 골고루 사용하여야 한다.

31 제3종 분말소화약제의 표시색상은?

① 백색　　　　　　　　　　　　② 보라색

③ 담홍색　　　　　　　　　　　④ 회백색

> NOTE 분말소화약제의 종류
> ㉠ 제1종 분말소화약제 : 백색
> ㉡ 제2종 분말소화약제 : 보라색
> ㉢ 제3종 분말소화약제 : 담홍색
> ㉣ 제4종 분말소화약제 : 회백색

32 불연성기체로 액화가 용이하여 안전하게 저장할 수 있고, 전기 절연성이 우수하여 C급 화재에 사용되기도 하는 기체는?

① 질소　　　　　　　　　　　　② 이산화탄소

③ 아르곤　　　　　　　　　　　④ 헬륨

> NOTE 불연성기체로 액화가 용이하며 안전하게 저장할 수 있고 전기 절연성이 우수하여 C급 화재에 주로 이용되는 것은 이산화탄소이다.

33 다음 중 이산화탄소소화기의 사용 시 출구에 발생할 수 있는 물질은?

① 포스겐　　　　　　　　　　　② 수성가스

③ 일산화탄소　　　　　　　　　④ 드라이아이스

> NOTE 이산화탄소소화기 사용시 액화 이산화탄소가 대기에 급격하게 방출되는 경우 기화열로 인하여 드라이아이스가 생성되게 된다.

34 화재발생 시 물을 가장 많이 이용하는 이유는 무엇인가?

① 가격이 저렴하기 때문이다.
② 산소를 잘 흡수하기 때문이다.
③ 기화잠열이 크기 때문이다.
④ 극성분자이기 때문이다.

> NOTE 물은 기화잠열이 크기 때문에 가장 많이 사용된다.

35 소화기의 외부표시사항으로 볼 수 없는 것은?

① 제조연월일　　　　　　　② 사용방법
③ 명칭　　　　　　　　　　④ 유효기간

> NOTE 소화기 외부 표시 사항
> ㉠ 제조연월일
> ㉡ 능력단위
> ㉢ 취급상 주의사항
> ㉣ 사용방법
> ㉤ 용기 합격 및 중량 표시
> ㉥ 적응화재표시
> ㉦ 명칭

36 다음 중 소화기 설치시 주의사항에 대한 설명으로 옳지 않은 것은?

① 능력단위 2단위 이상이 요구되는 소방대상물의 경우 간이소화용구의 능력단위수치의 합계는 전체 능력단위합계수의 1/2를 초과하지 않아야 한다.
② 지하층으로서 그 바닥면적이 $20m^2$ 미만인 장소에는 이산화탄소소화기를 설치할 수 없다.
③ 무장층으로서 그 바닥면적이 $20m^2$ 미만인 장소에는 하론소화기를 설치할 수 없다.
④ 밀폐된 거실로서 그 바닥면적이 $20m^2$ 미만인 장소에는 청정소화약제 소화기를 설치할 수 없다.

> NOTE 지하층, 무장층, 밀폐된 거실로서 그 바닥면적이 $20m^2$ 미만인 장소에는 이산화탄소와 할로겐화합물(할론1301과 청정소화약제 제외) 소화기(분사식 자동확산소화용구 제외)를 설치할 수 없다.

Answer　34.③　35.④　36.④

37 소화기의 점검방법으로 옳지 않은 것은?

① 설치높이가 1.5m 이하이고 보기 쉬운 곳에 비치되어 있는지 확인한다.

② 부식되거나 파손된 부분이 없어야 하고, 안전핀이 적정하게 꽂혀 있는지 확인한다.

③ 한 곳에 모아 놓았는지, 보행거리에 맞게 배치되어 있는지 확인한다.

④ 검정된 제품인지 라벨을 보고 확인한다.

> NOTE 한 곳에 모아 놓지는 않았는지, 보행거리에 맞게 분산 배치되었는지 확인한다.

38 분말소화기 점검 시 가장 중요하게 확인해야 할 사항은?

① 중량　　　　　　　　　② 사용여부

③ 설치기준　　　　　　　④ 외관상태

> NOTE 분말소화기는 약제의 중량 및 증기압, 가스 등이 있는지 반드시 확인하여야 한다.

39 이산화탄소소화기의 점검 시 확인사항이 아닌 것은?

① 중량 확인　　　　　　　② 압력계 확인

③ 적응성 확인　　　　　　④ 방사시험

> NOTE 압력계는 하론소화기 중 1301을 제외한 소화기에 설치되어 있다.

40 자동확산소화장치 점검시 확인해야 할 사항이 아닌 것은?

① 설치개수　　　　　　　② 압력계

③ 경보기 확인　　　　　　④ 분출구 확인

> NOTE 자동확산소화장치는 압력계를 확인하고, 경보 발생 및 소화기 이상 유무를 확인하여야 한다. 또한 화재안전기준상 명확한 위치가 규정되어 있지 않고 바닥면적에 따른 설치개수만 명시되어 있어 화기 위치와 상관없는 곳에 설치되어 있는 경우가 많으므로 이 위치를 확인하여야 한다.

Answer　　37.③　38.①　39.②　40.①

03 소방시설의 설치 및 운영

1 소화설비의 설치 및 운영

1 다음 중 소화설비의 분류가 다른 하나는?

① 옥내소화전설비
② 청정소화약제 소화설비
③ 물분무소화설비
④ 스프링클러설비

> NOTE ①③④ 수계소화설비
> ② 가스계소화설비

2 위험물안전관리법령상 옥내소화전설비가 설치되어 있는 서원각 건물에 옥내 소화전이 1층에 6개, 2층에 5개가 설치되어 있다. 이때 옥내소화전설비의 수원은 얼마이어야 하는가?

① 29m^3
② 33m^3
③ 35m^3
④ 39m^3

> NOTE 옥내소화전에 저장하여야 할 수원의 양 $Q = 7.8\text{m}^3 \times N$이므로
> 여기서, N은 소화전이 가장 많이 설치된 층의 소화전수인데, 소화전수가 5개를 초과하는 경우 5개로 계산하여야 한다.
> $7.8 \times 5 = 39\text{m}^3$

Answer 1.② 2.④

3 옥내소화전설비에 대한 설명으로 옳지 않은 것은?

① 초기 화재진압 목적으로 설치하는 소화설비이다.
② 수원량과 비상전원은 일반적으로 20분 이상으로 한다.
③ 소화약제는 물을 사용한다.
④ 자동소화설비에 해당한다.

> NOTE 옥내소화전설비는 사람이 직접 조작에 의하여 사용할 수 있는 수동설비이다.

4 옥내소화전설비의 유효수량 산정 시 옥상수조 설치가 제외되는 사항이 아닌 것은?

① 옥상이 없는 건축물
② 지하층만 있는 건축물
③ 고가수조를 사용하는 경우
④ 수원이 지붕보다 낮은 경우

> NOTE 수원이 지붕보다 높은 경우 옥상 수조 설치를 제외할 수 있다.

5 최상층 방수구에서 펌프 중심까지 낙차가 50m, 수원의 위치가 펌프보다 5m 높은 위치에 있을 때 실양정은?

① 25m　　　　　　　　② 35m
③ 45m　　　　　　　　④ 55m

> NOTE 실양정이란 흡수면에서 펌프축 중심까지의 낙차와 펌프축 중심으로부터 최상층에 설치된 방수구까지의 낙흡수면차를 말한다.
> $$50 - 5 = 45m$$

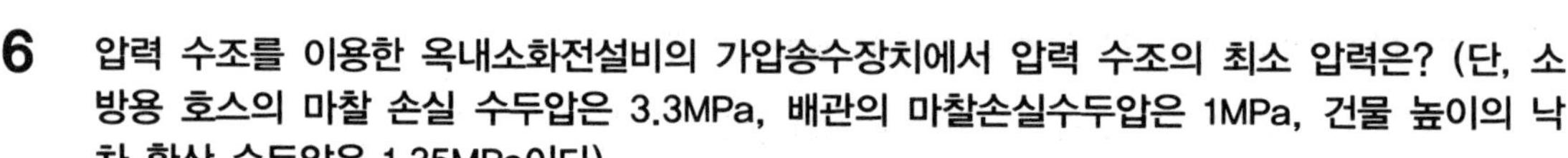

6 압력 수조를 이용한 옥내소화전설비의 가압송수장치에서 압력 수조의 최소 압력은? (단, 소방용 호스의 마찰 손실 수두압은 3.3MPa, 배관의 마찰손실수두압은 1MPa, 건물 높이의 낙차 환산 수두압은 1.35MPa이다)

① 3MPa

② 4MPa

③ 5MPa

④ 6MPa

> **NOTE** 양정계산 = $h_1 + h_2 + h_3 + 0.35\,\text{MPa}$ 이므로
> $3.3 + 1 + 1.35 + 0.35 = 6\,\text{MPa}$

7 위험물안전관리법령상 옥내소화전은 제조소등의 건축물의 층마다 당해 층의 각 부분에서 하나의 호스접속구까지의 수평거리가 몇 m 이하가 되도록 설치하여야 하는가?

① 10m

② 15m

③ 20m

④ 25m

> **NOTE** 옥내소화전은 제조소등의 건축물의 층마다 당해 층의 각 부분에서 하나의 호스접속구까지의 수평거리가 25m 이하가 되도록 설치하여야 한다. 이 경우 옥내소화전은 각층의 출입구 부근에 1개 이상 설치하여야 한다.

8 옥내소화전설비 설치기준에 대한 설명으로 옳지 않은 것은?

① 옥내소화전 수원의 수량은 옥내소화전이 가장 많이 설치된 층의 옥내소화전 설치개수에 7.8m^3을 곱한 양 이상이 되도록 설치하여야 한다.

② 옥내소화전설비는 각 층을 기준으로 하여 당해 층의 모든 옥내소화전을 동시에 사용할 경우에 각 노즐선단의 방수압력이 350kPa 이상이어야 한다.

③ 옥내소화전은 각 층의 출입구 부근에 1개 이상 설치하여야 한다.

④ 옥내소화전설비에는 비상전원을 설치하지 말아야 한다.

> **NOTE** 옥내소화전설비에는 비상전원을 설치하여야 한다.

9 소화설비의 능력단위에 대한 연결이 잘못된 것은?

① 소화전용 물통 - 용량 $8l$ - 능력단위 0.3
② 마른 모래(삽 1개 포함) - 용량 $50l$ - 0.5
③ 소화전용 물통 3개 포함한 수조 - 용량 $80l$ - 능력단위 2.5
④ 팽창질석(삽 1개 포함) - 용량 $160l$ - 1.0

> **NOTE** 소화전용 물통 3개 포함한 수조의 용량은 $80l$이며, 능력단위는 1.5이다.

10 제조소 등에 전기설비가 설치된 경우 소형수동식소화기를 1개 이상 설치하여야 하는 장소의 면적 기준은?

① $80m^2$　　　　　　　　　　② $90m^2$
③ $100m^2$　　　　　　　　　④ $120m^2$

> **NOTE** 제조소 등에 전기설비(전기배선, 조명기구 등 제외)가 설치된 경우에는 당해 장소의 면적 100 m^2마다 소형수동식소화기를 1개 이상 설치하여야 한다.

11 소요단위의 계산방법에 대한 설명으로 틀린 것은?

① 제조소의 건축물은 외벽이 내화구조인 경우 연면적 $100m^2$를 1소요단위로 한다.
② 저장소의 건축물은 외벽이 내화구조가 아닌 경우 연면적은 $75m^2$를 1소요단위로 한다.
③ 제조소 등의 옥외에 설치된 공작물은 외벽이 내화구조인 것으로 간주하여 공작물의 최대 수평투영면적을 연면적으로 간주하여 산정한다.
④ 위험물은 지정수량의 5배를 1소요단위로 한다.

> **NOTE** 위험물은 지정수량의 10배를 1소요단위로 한다.

12 지정수량이 10kg인 위험물을 100kg으로 저장하는 경우 소요단위는 얼마인가?

① 0.5단위　　　　　　　　　② 1단위
③ 1.5단위　　　　　　　　　④ 2단위

> **NOTE** 위험물은 지정수량의 10배를 1소요단위로 하므로 지정수량이 10kg인 것을 10배하면 100kg이 된다. 이는 1단위를 의미한다.

Answer　　9.③　10.③　11.④　12.②

13 위험물제조소의 외벽이 내화구조일 경우 1소요단위에 해당하는 연면적은 얼마인가?

① 50m^2 ② 75m^2

③ 100m^2 ④ 125m^2

> **NOTE** 제조소의 건축물은 외벽이 내화구조인 경우 연면적 100m^{2}를 1소요단위로 한다.

14 옥내소화전설비에 설치하는 비상전원의 작동시간은?

① 15분 이상   ② 20분 이상

③ 30분 이상   ④ 45분 이상

> **NOTE** 옥내소화전설비 비상전원의 작동시간은 45분 이상이다.

15 위험물제조소 등에 옥내소화전설비를 설치할 경우 옥내소화전이 가장 많이 설치된 층의 소화전 개수가 3개일 경우 확보하여야 할 수원의 양은?

① 15.6m^3 ② 23.4m^3

③ 31.2m^3 ④ 39m^3

> **NOTE** 옥내소화전 수에 7.8을 곱하여 계산하므로 $7.8 \times 3 = 23.4\,\text{m}^3$

16 위험물안전관리법령에서 기타 소화 설비로 규정하고 있지 않은 것은?

① 물통   ② 건조사

③ 소화기   ④ 팽창질석

> **NOTE** 기타 소화 설비
> ㉠ 물통 또는 수조
> ㉡ 건조사
> ㉢ 팽창질석 또는 팽창진주암

Answer 13.③ 14.④ 15.② 16.③

17 위험물안전관리법령상 대형수동식소화기의 설치기준에서 방호대상물의 각 부분으로부터 하나의 대형수동식소화기까지의 보행거리는 얼마로 설치하여야 하는가?

① 10m

② 20m

③ 30m

④ 40m

> NOTE 대형수동식소화기의 설치기준은 방호대상물의 각 부분으로부터 하나의 대형수동식소화기까지의 보행거리가 30m 이하가 되도록 설치할 것. 다만, 옥내소화전설비, 옥외소화전설비, 스프링클러설비 또는 물분무 등 소화설비와 함께 설치하는 경우에는 그러하지 아니하다.

18 옥내소화전설비의 법정 방수량과 방수압력은 얼마인가?

① 350l/min 이상, 260kPa 이상

② 260l/min 이상, 350kPa 이상

③ 260l/min 이상, 260kPa 이상

④ 350l/min 이상, 350kPa 이상

> NOTE 옥내소화전설비는 각층을 기준으로 하여 당해 층의 모든 옥내소화전(설치개수가 5개 이상인 경우는 5개의 옥내소화전)을 동시에 사용할 경우에 각 노즐선단의 방수압력이 350KPa 이상이고 방수량이 1분당 260l 이상의 성능이 되도록 할 것

19 옥외소화전은 방호대상물의 각 부분에서 하나의 호스접속구까지의 수평거리가 얼마가 되도록 설치하여야 하는가?

① 10m

② 20m

③ 30m

④ 40m

> NOTE 옥외소화전은 방호대상물(당해 소화설비에 의하여 소화하여야 할 제조소등의 건축물, 그 밖의 공작물 및 위험물을 말한다. 이하 같다)의 각 부분(건축물의 경우에는 당해 건축물의 1층 및 2층의 부분에 한한다)에서 하나의 호스접속구까지의 수평거리가 40m 이하가 되도록 설치할 것. 이 경우 그 설치개수가 1개일 때는 2개로 하여야 한다.

Answer 17.③ 18.② 19.④

20 위험물제조소 등에 옥외소화전을 5개 설치할 경우 수원의 수량은 얼마이어야 하는가?

① $27m^3$

② $40.5m^3$

③ $54m^3$

④ $67.5m^3$

> NOTE 수원의 수량은 옥외소화전의 설치개수(설치개수가 4개 이상인 경우는 4개의 옥외소화전)에 $13.5m^3$를 곱한 양 이상이 되도록 설치하여야 하므로
> $4 \times 13.5 = 54m^3$

21 위험물안전관리법령상 옥외소화전설비의 법정 방수량과 방수압력의 연결이 옳은 것은?

① $450l/min$ 이상, $350kPa$ 이상

② $350l/min$ 이상, $450kPa$ 이상

③ $260l/min$ 이상, $350kPa$ 이상

④ $350l/min$ 이상, $350kPa$ 이상

> NOTE 옥외소화전설비는 모든 옥외소화전(설치개수가 4개 이상인 경우는 4개의 옥외소화전)을 동시에 사용할 경우에 각 노즐선단의 방수압력이 $350kPa$ 이상이고, 방수량이 1분당 $450l$ 이상의 성능이 되도록 하여야 한다.

22 스프링클러설비의 설치기준에서 스프링클러헤드는 방호대상물의 천장에 설치하되, 방호대상물의 각 부분에서 하나의 스프링클러헤드까지의 수평거리는 얼마 이하가 되도록 설치하여야 하는가?

① 1.7m

② 2.6m

③ 3.4m

④ 5.2m

> NOTE 스프링클러헤드는 방호대상물의 천장 또는 건축물의 최상부 부근(천장이 설치되지 아니한 경우)에 설치하되, 방호대상물의 각 부분에서 하나의 스프링클러헤드까지의 수평거리가 1.7m(살수밀도의 기준을 충족하는 경우에는 2.6m) 이하가 되도록 설치하여야 한다.

Answer **20.**③ **21.**① **22.**①

23 개방형 스프링클러헤드를 이용한 스프링클러설비의 방사구역은 얼마로 하여야 하는가?

① 100m^2

② 150m^2

③ 200m^2

④ 250m^2

> **NOTE** 개방형 스프링클러헤드를 이용한 스프링클러설비의 방사구역(하나의 일제개방밸브에 의하여 동시에 방사되는 구역)은 150m^2 이상(방호대상물의 바닥면적이 150m^2 미만인 경우에는 당해 바닥면적)으로 하여야 한다.

24 위험물안전관리법령상 개방형 스프링클러헤드를 사용하는 스프링클러설비가 사무실에 4개, 탕비실에 2개가 설치된 경우 수원의 수량은?

① 9.6m^3

② 12m^3

③ 14.4m^3

④ 17m^3

> **NOTE** 수원의 수량은 폐쇄형 스프링클러헤드를 사용하는 것은 30(헤드의 설치개수가 30 미만인 방호대상물인 경우에는 당해 설치개수), 개방형 스프링클러헤드를 사용하는 것은 스프링클러헤드가 가장 많이 설치된 방사구역의 스프링클러헤드 설치개수에 2.4m^{3}를 곱한 양 이상이 되도록 설치하여야 한다.
>
> $2.4 \times 4 = 9.6\,m^3$

25 다음 중 위험물제조소 등에 설치해야 하는 소화설비의 설치기준에 따른 각 노즐 및 헤드 선단의 방사압력기준이 다른 것은?

① 옥내소화전설비

② 옥외소화전설비

③ 스프링클러설비

④ 물분무소화설비

> **NOTE** ①②④ 350kPa
>
> ③ 100kPa

26 위험물안전관리법령상 물분무소화설비의 설치기준에 대한 내용으로 옳지 않은 것은?

① 물분무소화설비의 방사구역은 $150m^2$ 이상으로 하여야 한다.

② 분무헤드로부터 방사되는 물분무에 의하여 방호대상물의 모든 표면을 유효하게 소화할 수 있도록 설치하여야 한다.

③ 물분무소화설비는 분무헤드를 동시에 사용할 경우 각 선단의 방사압력은 250kPa 이상이 되어야 한다.

④ 물분무소화설비에는 비상전원을 설치하여야 한다.

> **NOTE** 물분무소화설비는 분무헤드를 동시에 사용할 경우에 각 선단의 방사압력이 350kPa 이상으로 표준방사량을 방사할 수 있는 성능이 되도록 하여야 한다.

27 포소화전 등 고정된 포수용액 공급장치로부터 호스를 통하여 포수용액을 공급받아 이동식 노즐에 의하여 방사하도록 된 소화설비를 무엇이라고 하는가?

① 고정식 포소화설비

② 이동식 포소화설비

③ 국소방출식 포소화설비

④ 개방형 포소화설비

> **NOTE** 포소화설비는 고정식과 이동식으로 분류할 수 있다.
> ㉠ **고정식 포소화설비**: 물에 의해서 소화효과가 적거나 화재의 확대 우려가 있는 가연성 액체 또는 위험물 탱크에 주로 설치하며 대규모화재의 소화나 옥외소화에 효력이 있는 설비로 포소화전 등 고정된 포수용액 공급장치로부터 고정된 노즐에 의하여 방사되는 설비
> ㉡ **이동식 포소화설비**: 포소화전 등 고정된 포수용액 공급장치로부터 호스를 통하여 포수용액을 공급받아 이동식 노즐에 의하여 방사하도록 된 소화설비

28 포소화설비의 설치기준에 대한 설명으로 옳지 않은 것은?

① 포소화설비에는 비상전원을 설치하여야 한다.

② 수원의 수량은 방호대상물의 화재에 유효하게 소화할 수 있는 양 이상이 되어야 한다.

③ 포방출구는 방호대상물에 따라 표준방사량으로 방호대상물의 화재를 유효하게 소화할 수 있도록 필요한 개수를 적당한 위치에 설치하여야 한다.

④ 이동식 포소화설비의 포소화전은 옥내에 설치하는 경우 당해 층의 각 부분에서 하나의 호스접속구까지의 수평거리가 40m 이하가 되도록 설치하여야 한다.

> **NOTE** 이동식 포소화설비의 포소화전은 옥내에 설치하는 경우 당해 층의 각 부분에서 하나의 호스접속구까지의 수평거리가 25m 이하가 되도록 설치하여야 한다.

Answer 26.③ 27.② 28.④

29 이동식 불활성가스소화설비의 호스접속구는 모든 방호대상물에 대하여 당해 방호대상물의 각 부분으로부터 하나의 호스접속구까지의 수평거리가 얼마 이하가 되도록 설치하여야 하는가?

① 1.5m
② 15m
③ 20m
④ 40m

> NOTE 이동식 불활성가스소화설비(고정된 이산화탄소소화약제 공급장치로부터 호스를 통하여 이산화탄소소화약제를 공급받아 이동식 노즐에 의하여 방사하도록 된 소화설비)의 호스접속구는 모든 방호대상물에 대하여 당해 방호 대상물의 각 부분으로부터 하나의 호스접속구까지의 수평거리가 15m 이하가 되도록 설치하여야 한다.

30 소형수동식소화기의 설치기준 중 제조소등에서 방호대상물의 각 부분으로부터 하나의 소형수동식소화기까지의 보행거리는 얼마가 되도록 설치하여야 하는가?

① 10m 이하
② 20m 이하
③ 30m 이하
④ 40m 이하

> NOTE 소형수동식소화기등의 설치기준은 소형수동식소화기 또는 그 밖의 소화설비는 지하탱크저장소, 간이탱크저장소, 이동탱크저장소, 주유취급소 또는 판매취급소에서는 유효하게 소화할 수 있는 위치에 설치하여야 하며, 그 밖의 제조소등에서는 방호대상물의 각 부분으로부터 하나의 소형수동식소화기까지의 보행거리가 20m 이하가 되도록 설치할 것. 다만, 옥내소화전설비, 옥외소화전설비, 스프링클러설비, 물분무등소화설비 또는 대형수동식소화기와 함께 설치하는 경우에는 그러하지 아니하다.

31 전역방출방식의 분말소화설비의 분사헤드의 소화약제 방사시간은?

① 20초 이내
② 30초 이내
③ 40초 이내
④ 50초 이내

> NOTE 전역방출방식의 분말소화설비의 분사헤드의 소화약제 방사시간은 30초 이내이다.

32 위험물안전관리법령상 물분무소화설비의 제어밸브 설치 위치는 얼마 이하이어야 하는가?

① 0.8m
② 1.5m
③ 2m
④ 2.5m

> NOTE 물분무소화설비 제어밸브는 바닥으로부터 0.8m 이상 1.5m 이하에 설치하여야 한다.

Answer   29.② 30.② 31.② 32.②

33 고정식 포소화설비의 포 방출구의 형태 중 부상지붕구조의 위험물 탱크에 적합한 것은?

① Ⅰ형 방출구
② Ⅱ형 방출구
③ Ⅲ형 방출구
④ 특수방출구

> **NOTE** ①②③ 고정지붕구조에 해당한다.

34 포소화설비의 가압송수장치의 압력수조 압력 산출시 필요없는 것은?

① 노즐 선단의 방사압력
② 방출구의 환산수두
③ 낙차의 환산수두
④ 배관의 마찰 손실수두

> **NOTE** 압력수조의 압력산출시 노즐 선단의 방사압력, 배관의 마찰손실수두, 낙차의 환산수두, 소방용 호스의 마찰 손실수두를 알아야 한다.

35 위험물제조소 등에 설치하는 전역방출방식의 불활성가스소화설비가 저압식인 경우 분사헤드 방사압력은?

① 0.95 MPa
② 1.05 MPa
③ 2.1 MPa
④ 2.65 MPa

> **NOTE** 저압식인 경우 1.05 MPa 이상, 고압식의 경우 2.1 MPa 이상이 되어야 한다.

Answer 33.④ 34.② 35.②

1 다음 중 위험물제조소 등에 설치하는 경보시설에 해당하지 않는 것은?

① 자동화재탐지설비　　　　　　　② 비상경보설비

③ 비상방송설비　　　　　　　　　④ 비상조명등설비

> **NOTE** 경보시설의 종류
> ㉠ 자동화재탐지설비
> ㉡ 비상경보설비
> ㉢ 확성장치
> ㉣ 비상방송설비

2 다음 중 자동화재탐지설비와 연동되어 있는 시설이 아닌 것은?

① 비상방송설비　　　　　　　　　② 자동화재속보설비

③ 3선식유도등설비　　　　　　　④ 물분무소화설비

> **NOTE** 자동화재탐지설비는 화재를 감시하는 능력이 있으므로 화재시 자동으로 작동해야 할 설비를 연동시켜 작동한다. 연동설비에는 비상방송설비, 자동화재속보설비, 3선식유도등설비 등이 있다.

3 다음 중 위험물관리법령상 자동화재탐지설비를 설치하지 않아도 되는 곳은?

① 위험물제조소　　　　　　　　　② 옥내저장소

③ 옥내탱크저장소　　　　　　　　④ 옥외주유취급소

> **NOTE** 위험물의 제조소 및 일반취급소, 옥내저장소, 옥내탱크저장소, 옥내주유취급소는 자동화재탐지설비를 설치하여야 한다.

Answer 1.④ 2.④ 3.④

4 자동화재탐지설비 설치시 당해 건축물의 주요 출입구에서 그 내부의 전체를 볼 수 있는 경우에는 경계구역의 면적을 얼마로 하여야 하는가?

① 400m^2

② 600m^2

③ 800m^2

④ 1,000m^2

> **NOTE** 하나의 경계구역의 면적은 600m^2 이하로 하고 그 한 변의 길이는 50m(광전식분리형 감지기를 설치할 경우에는 100m)이하로 할 것. 다만, 당해 건축물 그 밖의 공작물의 주요한 출입구에서 그 내부의 전체를 볼 수 있는 경우에 있어서는 그 면적을 1,000m^2 이하로 할 수 있다.

5 자동화재탐지설비로부터 화재신호를 받아 통신망을 통하여 음성 등의 방법으로 소방서에 자동적으로 화재발생과 위치를 신속하게 통보하는 설비는?

① 누전경보기

② 자동화재속보설비

③ 비상경보설비

④ 단독경보형감지기

> **NOTE** 자동화재속보설비 … 자동화재탐지설비로부터 화재신호를 받아 통신망을 통하여 음성 등의 방법으로 소방서에 자동적으로 화재발생과 위치를 신속하게 통보해 주는 설비로 수신반이 설치된 장소에 상시 통화 가능한 전화가 설치되어 있고 감시인이 상주하는 경우에는 설치하지 아니할 수 있다.

6 자동화재속보설비의 설치기준에 대한 내용으로 옳지 않은 것은?

① 스위치는 바닥으로부터 1m 이상 2.5m 이하의 높이에 설치하여야 한다.

② 속보기는 소방관서에 통신망으로 통보하도록 하여야 한다.

③ 문화재에 설치하는 경우 속보기에 감지기를 직접 연결할 수 있다.

④ 자동화재탐지설비와 연동하여 작동되어야 한다.

> **NOTE** 스위치는 바닥으로부터 0.8m 이상 1.5m 이하의 높이에 설치하여야 한다.

Answer 4.④ 5.② 6.①

7 화재발생상황을 자동으로 감지하여 그 자체에 부착된 음향장치로 경보를 발하는 설비는?

① 자동화재탐지설비 ② 자동화재속보설비

③ 비상경보설비 ④ 단독경보형감지기

> NOTE 비상경보설비 … 사람이 화재를 발견하고 건물 내에 있는 사람들에게 알리는 설비로 수동으로 작동한다.

8 비상방송설비에 대한 설명으로 옳지 않은 것은?

① 화재발생 상황을 자동 또는 수동으로 음성이나 비상경보의 방송을 확성기를 통해 알려주는 설비이다.

② 지하층을 제외한 층수가 11개층 이상인 곳에는 설치하여야 한다.

③ 확성기는 각 층마다 설치하되 그 층의 각 부분으로부터 하나의 확성기까지의 수평거리가 15m 이하가 되도록 하여야 한다.

④ 감시상태를 60분간 지속한 후 유효하게 10분 이상 경보할 수 있는 축전지설비를 설치하여야 한다.

> NOTE 확성기는 각 층마다 설치하되 그 층의 각 부분으로부터 하나의 확성기까지의 수평거리가 25m 이하가 되도록 하여야 한다.

9 자동화재탐지설비 설치시 경계구역은 건축물의 몇 개 이상의 층에 걸치지 않도록 하여야 하는가?

① 1 ② 2

③ 3 ④ 4

> NOTE 자동화재탐지설비의 경계구역(화재가 발생한 구역을 다른 구역과 구분하여 식별할 수 있는 최소단위의 구역)은 건축물 그 밖의 공작물의 2 이상의 층에 걸치지 아니하도록 할 것. 다만, 하나의 경계구역의 면적이 500m² 이하이면서 당해 경계구역이 두 개의 층에 걸치는 경우이거나 계단·경사로·승강기의 승강로 그 밖에 이와 유사한 장소에 연기감지기를 설치하는 경우에는 그러하지 아니하다.

Answer 7.④ 8.③ 9.②

10 자동화재탐지설비의 설치기준에 대한 설명으로 옳지 않은 것은?

① 자동화재탐지설비의 경계구역은 건축물 그 밖의 공작물의 2 이상의 층에 걸치지 아니하도록 하여야 한다.

② 하나의 경계구역의 면적은 1,000m² 이하로 하여야 한다.

③ 감지기는 지붕 또는 벽의 옥내에 면한 부분에 유효하게 화재의 발생을 감지할 수 있도록 설치하여야 한다.

④ 자동화재탐지설비에는 비상전원을 설치하여야 한다.

> **NOTE** 하나의 경계구역의 면적은 600m² 이하로 하고 그 한 변의 길이는 50m (광전식분리형 감지기를 설치할 경우에는 100m) 이하로 할 것. 다만, 당해 건축물 그 밖의 공작물의 주요한 출입구에서 그 내부의 전체를 볼 수 있는 경우에 있어서는 그 면적을 1,000m² 이하로 할 수 있다.

11 위험물제조소이 연면적이 얼마 이상이 되면 자동화재탐지설비를 설치하여야 하는가?

① 300m²
② 400m²
③ 500m²
④ 600m²

> **NOTE** 연면적은 500m² 이상이어야 한다.

12 다음 중 자동화재탐지설비만을 설치하여야 하는 옥내저장소의 설치기준으로 적절하지 못한 것은?

① 지정수량의 100배 이상을 저장 또는 취급하여야 한다.

② 저장창고의 연면적이 100m²를 초과하여야 한다.

③ 처마높이가 6m 이상인 단층건물이어야 한다.

④ 옥내저장소로 사용되는 부분 외의 부분이 있는 건축물에 설치된 옥내저장소이어야 한다.

> **NOTE** 저장창고의 연면적이 150m²를 초과하여야 한다.

13 다음 중 피난설비의 종류에 해당하지 않는 것은?

① 유도등

② 방열복

③ 비상조명설비

④ 자동식 사이렌

> NOTE 피난설비의 종류
> ㉠ 피난기구
> ㉡ 인명구조기구
> ㉢ 유도등 및 유도표지
> ㉣ 비상조명설비

14 유도등에 대한 설명으로 옳지 않은 것은?

① 화재시 긴급대피 방향을 안내하기 위한 설비이다.

② 정상상태에서는 상용전원에 따라 켜지나 정전되는 경우 비상전원으로 전환시켜야 한다.

③ 피난구유도등, 통로유도등, 객석유도등으로 분류할 수 있다.

④ 통로 및 피난구유도등은 특정소방대상물에 설치하여야 한다.

> NOTE 유도등은 정상상태에서는 상용전원에 따라 켜지고 상용전원이 정전되는 경우에는 비상전원으로 자동전환되어 켜진다.

15 통로유도등의 설치기준에 대한 내용으로 옳지 않은 것은?

① 복도에 설치하여야 한다.

② 구부러진 모퉁이 및 보행거리 30m마다 설치하여야 한다.

③ 바닥으로부터 1m 이하의 위치에 설치하여야 한다.

④ 바닥에 설치하는 경우 하중에 따라 파괴되지 않는 강도의 것으로 하여야 한다.

> NOTE 구부러진 모퉁이 및 보행거리 20m마다 설치하여야 한다.

16 피난구유도등의 조명도에 대한 설명으로 알맞은 것은?

① 피난구로부터 10m 거리의 문자 및 색채를 쉽게 식별할 수 있어야 한다.
② 피난구로부터 20m 거리의 문자 및 색채를 쉽게 식별할 수 있어야 한다.
③ 피난구로부터 30m 거리의 문자 및 색채를 쉽게 식별할 수 있어야 한다.
④ 피난구로부터 40m 거리의 문자 및 색채를 쉽게 식별할 수 있어야 한다.

> NOTE 피난구유도등의 조명도는 피난구로부터 30m 거리의 문자 및 색채를 쉽게 식별할 수 있어야
> 한다.

17 통로유도등을 설치하지 아니하여도 되는 장소는?

① 길이가 100m인 구부러진 복도
② 통로의 길이가 30m 미만인 곳
③ 보행거리가 50m 이상인 통로
④ 통로와 연결된 출입구

> NOTE 통로유도등을 설치하지 않아도 되는 장소
> ㉠ 구부러지지 아니한 복도 또는 통로로서 길이가 30m 미만인 복도 또는 통로
> ㉡ 보행거리가 20m 미만이고 그 복도 또는 통로와 연결된 출입구 또는 그 부속실의 출입구에
> 피난구유도등이 설치된 복도 또는 통로

18 주유취급소 중 건축물의 2층 이상의 부분을 점포로 사용하는 곳에 있어 당해 건축물의 2층 이상으로부터 주유취급소 부지 밖으로 통하는 출입구에는 무엇을 설치하여야 하는가?

① 유도등   ② 소화기
③ 비상조명등   ④ 휴대용조명등

> NOTE 주유취급소 중 건축물의 2층 이상의 부분을 점포·휴게음식점 또는 전시장의 용도로 사용하는
> 것에 있어서는 당해 건축물의 2층 이상으로부터 주유취급소의 부지 밖으로 통하는 출입구와
> 당해 출입구로 통하는 통로·계단 및 출입구에 유도등을 설치하여야 한다.

Answer   16.③ 17.② 18.①

19 다음 중 유도등의 점검사항으로 볼 수 없는 것은?

① 비상전원의 작동 여부
② 광원 정상 유무
③ 퓨즈의 상태
④ 채광상태

> **NOTE** 유도등의 점검사항
> ㉠ 점검스위치, 퓨즈, 결선접속의 변형, 손상, 단선, 단자의 풀림 유무
> ㉡ 외향표시면의 표시상태
> ㉢ 광원의 번쩍임 및 그림자, 정상점등 유무
> ㉣ 비상전원 기능의 정상작동 여부
> ㉤ 관리상태

20 유도등의 전원에 대한 설명으로 옳지 않은 것은?

① 유도등 전원은 축전지 또는 교류전압의 옥내간선으로 하고 전원까지의 배선은 전용으로 하여야 한다.
② 비상전원은 축전지로 하여야 한다.
③ 비상전원은 유도등을 20분 이상 유효하게 작동시킬 수 있는 용량으로 하여야 한다.
④ 지하층을 제외한 층수가 10층인 건물의 경우 비상전원은 유도등을 60분 이상 유효하게 작동시킬 수 있는 용량으로 하여야 한다.

> **NOTE** 비상전원은 유도등을 20분 이상 유효하게 작동시킬 수 있는 용량의 것으로 하여야 한다. 다만, 다음의 특정소방대상물의 경우에는 그 부분에서 피난층에 이르는 부분의 유도등을 60분 이상 유효하게 작동시킬 수 있는 용량으로 하여야 한다.
> ㉠ 지하층을 제외한 층수가 11층 이상의 층
> ㉡ 지하층 또는 무창층의 용도가 도매시장 · 소매시장 · 여객자동차터미널 · 지하역사 또는 지하상가

PART

II

위험물의 화학적 성질 및 취급

01 위험물의 종류 및 성질

1 다음 중 제1류 위험물에 해당하는 것은?

① 산화성 고체　　　　　　　② 가연성 고체
③ 자연발화성 물질　　　　　④ 인화성 액체

> NOTE　② 제2류 위험물
> 　　　　③ 제3류 위험물
> 　　　　④ 제4류 위험물

2 위험물안전관리법령상 제1류 위험물에 해당하지 않는 것은?

① 아염소산염류　　　　　　② 무기과산화물
③ 중크롬산염류　　　　　　④ 알킬알루미늄

> NOTE　④ 제3류 위험물에 해당한다.

3 제1류 위험물의 품명과 지정수량의 연결이 잘못된 것은?

① 브롬산염류 – 300kg
② 요오드산염류 – 300kg
③ 아질산염류 – 300kg
④ 과염소산염류 – 300kg

> NOTE　과염소산염류의 지정수량은 50kg이다.

Answer　1.①　2.④　3.④

4 제1류 위험물의 성질에 대한 내용으로 옳지 않은 것은?

① 대부분 무색의 결정 또는 백색의 분말 형태를 띠고 있다.

② 가열 등에 의하여 분해하여 함유하고 있는 산소를 발생한다.

③ 가연물, 유기물, 산화되기 쉬운 물질과의 혼합물은 가열, 충격, 마찰 등에 의해 폭발할 위험성이 있다.

④ 물과 작용하여 수소와 열을 발생시키는 것도 있다.

> NOTE 제1류 위험물 중에는 물과 작용하여 열과 산소를 발생시키는 것도 있다.

5 아염소산나트륨에 염산을 가할 경우 발생되는 가스는 무엇인가?

① 과산화수소 ② 염소
③ 산소 ④ 이산화염소

> NOTE 아염소산나트륨에 산을 가하면 분해되어 이산화염소를 발생한다.

6 염소산나트륨을 가열할 경우 발생하는 기체는?

① 질소 ② 산소
③ 수소 ④ 염소

> NOTE 염소산나트륨을 300℃ 이상에서 가열을 하면 산소를 방출하여 조연성을 나타낸다.

7 염소산칼륨에 대한 설명으로 옳지 않은 것은?

① 무색, 무취의 결정으로 물에 잘 녹는다.

② 강한 산화제로 폭발의 위험이 있다.

③ 농황산과 폭발적으로 반응하여 위험하다.

④ 섬유의 표백, 펄프, 인화지의 살균에 사용된다.

> NOTE ④ 아염소산나트륨에 대한 설명이다.
> ※ 염소산칼륨은 성냥, 제초제, 산화제, 염료 등의 원료로 사용한다.

8 연한 황색의 육방결정계 결정으로 강력한 산화제는 무엇인가?

① 과염소산나트륨

② 과염소산암모늄

③ 과산화나트륨

④ 과산화바륨

NOTE ①②④ 무색이다.

9 과산화칼륨을 염산과 반응시켰을 때 발생되는 기체는 무엇인가?

① 질소

② 산소

③ 과산화수소

④ 질소

NOTE 과산화칼륨을 염산에 반응시키면 과산화수소가 발생된다.

10 과산화칼슘을 더운 물에 녹이면 무엇을 만들 수 있는가?

① 산소

② 과산화수소

③ 질소

④ 수산화바륨

NOTE 과산화칼슘은 더운 물에 녹아 과산화수소를 만든다.

11 질산칼륨에 대한 설명으로 옳지 않은 것은?

① 자연계에서 초석으로 산출된다.

② 열을 가하면 분해하여 산소를 방출한다.

③ 조해성이 있다.

④ 활성탄과 혼합하여 충격을 가하면 유독가스를 방출한다.

NOTE 질산칼륨은 유기물의 분말 또는 활성탄과 혼합하여 충격을 가하면 폭발을 한다.

12 다음 중 제1류 위험물 중 적자색을 나타내는 물질은?

① 질산나트륨   ② 과망간산칼륨

③ 요오드산암모늄   ④ 브롬산칼륨

> **NOTE** ①③④ 무색

13 제1류 위험물 중 담황색의 사방정계 바늘모양의 결정으로 차가운 물에 녹지 않으나 빛을 받으면 분해해서 검은색으로 변하는 것은?

① 이산화납   ② 아질산칼륨

③ 아질산은   ④ 중크롬산칼륨

> **NOTE** ① 흑갈색의 결정성 분말로 산과 반응하면 산소와 염소가스를 발생시킨다.
> ② 무색의 단사결정계 결정으로 찬물, 가열한 에탄올, 액체 암모니아에도 잘 녹는다.
> ④ 등적색결정으로 물에는 녹으나 알코올이나 에테르에는 녹지 않는다.

14 제1류 위험물의 저장 및 취급방법에 대한 설명으로 옳지 않은 것은?

① 조해성이 있으므로 햇빛에 주의하며 약품류와 분리하여 저장하여야 한다.

② 환기가 양호한 냉암소에 저장하여야 한다.

③ 가열·충격·마찰 등을 피하고 가연물과의 접촉을 피하여야 한다.

④ 환원제, 산 또는 화기와 가열위험이 있는 곳으로부터 멀리 저장하여야 한다.

> **NOTE** 조해성이 있으므로 습기에 주의하며 용기는 밀폐하여 저장하여야 한다.

Answer   12.②   13.③   14.①

15 제1류 위험물에 대한 설명으로 옳지 않은 것은?

① 제1류 위험물은 분해하면서 산소를 방출하기 때문에 연소가 급격하고 위험물 자체의 분해도 빠르게 진행된다.

② 제1류 위험물은 대량의 물을 사용하여 냉각하여 분해온도 이하로 내려 위험물의 분해와 가연물의 연소속도를 억제할 수 있다.

③ 물과 반응하여 산소를 방출하는 알칼리금속의 과산화물 등에 관련된 화재의 경우 초기단계에서 포말소화기, 할론소화기 등을 이용하여 냉각소화하여야 한다.

④ 제1류 위험물은 고온의 가열, 충격, 마찰에 의해 산소를 발생할 뿐 아니라 물, 이산화탄소와 반응하여도 산소를 발생한다.

> **NOTE** 물과 반응하여 산소를 방출하는 알칼리금속의 과산화물 등에 관련된 화재의 경우 초기단계에서는 탄산수소염류 등을 사용한 분말소화기, 마른 모래 등을 이용하여 질식소화한다.

✿ Answer   15.③

1 제2류 위험물에 대한 내용으로 옳지 않은 것은?

① 저온에서 착화하기 쉬운 물질이다.

② 물보다 가볍다.

③ 연소속도가 빠르다.

④ 금속분은 산과 접촉하면 수소가스를 발생하여 폭발한다.

> **NOTE** 제2류 위험물은 모두 물보다 무겁다.

2 제2류 위험물의 저장방법으로 틀린 것은?

① 가연물이므로 점화원 및 가열을 피해야 한다.

② 산소공급원과의 접촉을 금지시켜야 한다.

③ 할로겐원소와 같이 밀봉하여 저장시켜야 한다.

④ 금속분은 물이나 산과의 접촉을 피해야 한다.

> **NOTE** 제2류 위험물은 산화제 및 산소공급원과 접촉을 피해야 한다.

3 제2류 위험물의 품명과 지정수량의 연결이 잘못된 것은?

① 철분 – 500kg   ② 금속분 – 500kg

③ 마그네슘 – 500kg   ④ 유황 – 500kg

> **NOTE** 유황의 지정수량은 100kg이다.

Answer   1.② 2.③ 3.④

4 제2류 위험물 중 그 지정수량이 다른 하나는?

① 황화린   ② 금속분
③ 적린   ④ 유황

> NOTE ①③④ 지정수량 – 100kg
>   ② 지정수량 – 500kg

5 제2류 위험물에 대한 설명으로 틀린 것은?

① 이연성, 속연성 물질이다.
② 비중은 1보다 작다.
③ 강력한 환원성 물질이다.
④ 산화제와의 혼합 시 충격 등에 의해 폭발할 수 있다.

> NOTE 제2류 위험물은 비중이 1보다 크고 물에 녹지 않는다.

6 다음 중 고형알코올의 지정수량은 얼마인가?

① 50kg   ② 100kg
③ 500kg   ④ 1,000kg

> NOTE 고형알코올의 지정수량은 1,000kg이다.

7 다음 중 황화인의 3가지 종류가 아닌 것은?

① P_4S_3 ② P_4S_5
③ P_4S_7 ④ P_4S_9

> NOTE 황화인의 종류로는 삼산화인, 오산화인, 칠산화인이 있다.

Answer 4.② 5.② 6.④ 7.④

8 오황화인이 물과 반응하면 어떻게 되는가?

① 황화수소와 인산으로 된다.

② 황화수소와 황산으로 된다.

③ 이산화유황과 산화인으로 된다.

④ 황화수소와 이황화탄소로 된다.

> NOTE 오산화인은 물과 반응하면 물에 서서히 분해되어 황화수소와 인산으로 된다.

9 적린이 연소하여 발생되는 기체는?

① SO_4

② P_2O_5

③ P_2S_5

④ H_3

> NOTE 적린은 연소면 황린과 같은 유독성의 오산화인이 발생한다.

10 제2류 위험물인 알루미늄분에 대한 설명으로 옳지 않은 것은?

① 상온에서 표면에 치밀한 산화피막이 형성되어 내부를 보호한다.

② 연소하기 쉬우면 다량의 열을 발생한다.

③ 알칼리수용액과 반응하여 산소를 발생한다.

④ 강산화제와 혼합한 것은 가열, 충격 마찰에 의해 발화, 폭발한다.

> NOTE 알루미늄분은 산 또는 알칼리수용액과 반응하여 수소가스를 발생한다.

11 제2류 위험물인 마그네슘에 대한 내용으로 틀린 것은?

① 가열하면 연소하기 쉽고 양이 많은 경우 순간적으로 맹렬히 폭발한다.

② 공기 중 미세한 분말이 부유하면 분진폭발의 위험이 있다.

③ 이산화탄소에도 연소하고 더운물과 반응하여 수소가스를 발생한다.

④ 공기 중 산소와 반응하면 자연발화의 위험이 있다.

> NOTE 마그네슘은 공기 중 습기와 서서히 반응하여 열이 축적되면 자연발화의 위험이 있다.

Answer 8.① 9.② 10.③ 11.④

12 제2류 위험물 중 인화성 고체인 고형알코올에 대한 내용으로 틀린 것은?

① 합성수지에 메탄올을 혼합 침투시켜 한천 모양으로 만든 것이다.

② 30℃ 미만에서 가연성 증기가 발생하기 쉽다.

③ 가열 또는 화염에 의해 화재의 위험이 매우 높다.

④ 물, 에테르, 에탄올, 벤젠에 녹기 어렵다.

> NOTE ④ 메타알데히드에 대한 설명이다.
>
> ※ 고형알코올
>   ㉠ 합성수지에 메탄올을 혼합 침투시켜 한천 모양으로 만든 것이다.
>   ㉡ 30℃ 미만에서 가연성 증기가 발생하기 쉽고 매우 인화되기 쉽다.
>   ㉢ 가열 또는 화염에 의해 화재의 위험이 매우 높다.

13 제2류 위험물의 저장 및 취급방법에 대한 설명으로 옳지 않은 것은?

① 점화원으로부터 멀리하고 가열을 피한다.

② 용기의 파손으로 위험물의 누설에 주의한다.

③ 환원제와의 접촉을 피한다.

④ 금속분은 산 또는 물과의 접촉을 피한다.

> NOTE ③ 산화제와의 접촉을 피해야 한다.

14 제2류 위험물의 화재진압방법으로 옳지 않은 것은?

① 물, 거품, 건조제 등을 사용하여 소화하여야 한다.

② 황화인은 방염소화 또는 냉각소화하여야 한다.

③ 주수에 의하여 발연하는 황화인의 경우 마른 모래를 사용하여 질식소화하여야 한다.

④ 분진폭발이 우려되는 경우에는 충분한 안전거리를 확보하여야 한다.

> NOTE 황화인은 마른 모래 등으로 질식소화하거나 금속화재용 분말소화재를 이용하여야 한다.

Answer   12.④   13.③   14.②

15 가연성 고체가 일반적으로 입자가 작은 분말상태일 때 연소위험성이 증가하는 이유로 보기 어려운 것은?

① 표면적의 증가로 반응면적이 증가하기 때문에

② 체적의 증가로 인한 인화, 발화의 위험성이 증가하기 때문에

③ 보온성의 감소로 인한 발생열의 축적이 용이하기 때문에

④ 비열의 감소로 인한 적은 열로 고온이 형성되기 때문에

> **NOTE** 가연성 고체가 입자의 크기가 작은 분말상태일 때 연소위험성이 증가하는 이유
> ㉠ 표면적의 증가로 반응면적의 증가
> ㉡ 체적의 증가로 인한 인화, 발화의 위험성 증가
> ㉢ 보온성의 증가로 인한 발생열의 축적 용이
> ㉣ 비열의 감소로 인한 적은 열로 고온 형성
> ㉤ 유동성의 증가로 인한 공기와 혼합가스 형성
> ㉥ 부유성의 증가로 인한 분진운의 형설
> ㉦ 복사선의 흡수율 증가로 인한 수광면의 증가
> ㉧ 대전성의 증가로 인한 정전기의 발생

1 제3류 위험물에 대한 설명으로 옳은 것은?

① 산화성 고체　　　　　　　　② 가연성 고체

③ 자연발화성 물질　　　　　　④ 인화성 액체

> NOTE　① 제1류 위험물
> 　　　　② 제2류 위험물
> 　　　　④ 제4류 위험물

2 다음 중 제3류 위험물의 품명과 지정수량의 연결이 잘못된 것은?

① 칼륨 – 10kg　　　　　　　② 나트륨 – 10kg

③ 황린 – 10kg　　　　　　　④ 알킬알루미늄 – 10kg

> NOTE　황린의 지정수량은 20kg이다.

3 다음 중 염소화규소화합물의 지정수량은 얼마인가?

① 10kg　　　　　　　　　　② 20kg

③ 50kg　　　　　　　　　　④ 300kg

> NOTE　염소화규소화합물의 지정수량은 300kg이다.

4 다음 중 지정수량이 가장 큰 것은?

① 나트륨　　　　　　　　　　② 황린

③ 금속의 인화물　　　　　　④ 알칼리금속류

> NOTE　① 10kg
> 　　　　② 20kg
> 　　　　③ 300kg
> 　　　　④ 50kg

Answer　　1.③　2.③　3.④　4.③

5 칼륨을 물과 반응시킬 경우 발생하는 가스는?

① 산소　　　　　　　　　　② 수소

③ 질소　　　　　　　　　　④ 암모니아

> NOTE　칼륨은 물과 격렬히 반응하여 발열하고 수소를 발생한다.

6 다음 중 불꽃반응색의 연결이 잘못된 것은?

① 칼륨 – 검은색　　　　　　② 나트륨 – 황색

③ 리튬 – 녹색　　　　　　　④ 세슘 – 청색

> NOTE　칼륨은 가열하면 적자색의 불꽃을 낸다.

7 나트륨에 대한 설명으로 옳지 않은 것은?

① 실온의 공기 중에서 산화되어 피막을 형성하고 빨리 광택을 잃는다.

② 공기 중에 방치하면 자연발화하고 산소 중 가열하면 황색불꽃을 내면서 연소한다.

③ 물과 격렬히 반응하여 발열하고 질소를 발생한다.

④ 알코올, 산, 액체암모니아와 반응하여 수소를 발생한다.

> NOTE　물과 격렬히 반응하여 발열하고 수소를 발생한다.

8 트리에틸알루미늄을 물과 반응시킬 경우 발생하는 기체는?

① 수소　　　　　　　　　　② 질소

③ 에탄　　　　　　　　　　④ 암모니아

> NOTE　트리에틸알루미늄은 물과 접촉하면 폭발적으로 반응하여 에탄을 발생하고 발열, 폭발한다.

Answer　5.② 6.① 7.③ 8.③

9 다음 중 제3류 위험물 중 자연발화성 물질인 황린을 보호하기 위하여 사용하는 물질은 무엇인가?

① 알코올   ② 물

③ 공기   ④ 묽은 산

> **NOTE** 황린은 물속에 저장하여야 한다. 공기와의 접촉으로 발화하기 때문에 물속에 보관한다.

10 황린을 공기 중에 연소시키면 무엇이 발생하는가?

① 수소가스   ② 오산화인

③ 수산화리튬   ④ 에탄

> **NOTE** 황린은 공기와 접촉하면 격렬하게 연소하여 유독성 가스인 오산화인의 백연을 발생시킨다.

11 염류성 수소화물인 수소화나트륨을 물과 반응시킬 경우 발생하는 기체는?

① 산소   ② 질소

③ 오황화인   ④ 수소

> **NOTE** 수소화나트륨은 물과 격렬하게 반응하여 수소를 발생한다.

12 금속의 인화물인 인화알루미늄에 대한 설명으로 옳지 않은 것은?

① 물에 분해된다.

② 산화성물질과 심하게 반응하고 물, 산, 알칼리와 반응하여 인화수소가스를 발생한다.

③ 연소시 오산화인을 생성한다.

④ 암적색의 결정성 분말이다.

> **NOTE** ④ 인화칼슘에 대한 설명이다.
> ※ 인화알루미늄은 인 냄새가 나는 회색 결정이다.

Answer   9.②   10.②   11.④   12.④

13 탄화칼슘을 물과 반응시킬 경우 발생하는 물질은 무엇인가?

① 오산화인
② 아세틸렌
③ 에탄
④ 인화수소

> **NOTE** 탄화칼슘은 물과 습기과 격렬하게 반응하여 아세틸렌, 수산화칼슘을 발생한다.

14 탄화알루미늄을 물과 반응시킬 경우 발생하는 기체는?

① 수산화칼슘
② 오황화인
③ 메탄가스
④ 인화수소

> **NOTE** 탄화알루미늄은 물과 반응하여 가연성의 메탄가스가 발생한다.

15 제3류 위험물의 소화방법 중 물로 냉각소화가 가능한 것은?

① 황린
② 나트륨
③ 트리메틸알루미늄
④ 칼륨

> **NOTE** 금수성 물질은 물과 접촉하여 발화하거나 가연성 가스를 발생시킬 위험성이 있다. 제3류 위험물 중 황린만 물로 냉각소화가 가능하다.

Answer 13.② 14.③ 15.①

1 제4류 위험물에 대한 설명으로 옳지 않은 것은?

① 비중이 1보다 작은 것. 즉, 물보다 가벼운 것이 많다.
② 유동성이 있고 화재의 확대위험이 있다.
③ 증기 비중은 1보다 낮아 높은 곳에 체류하고 낮게 멀리 이동한다.
④ 물에 녹지 않는 것이 많다.

> NOTE 증기 비중은 1보다 커서 낮은 곳에 체류하고 낮게 멀리 이동한다.

2 다음 중 제4류 위험물의 품명과 지정수량의 연결이 잘못된 것은?

① 이황화탄소 – 50리터
② 아세톤 – 400리터
③ 메틸알코올 – 400리터
④ 등유 – 4,000리터

> NOTE 제2석유류 중 비수용성액체인 등유의 지정수량은 1,000리터이다.

3 다음 중 인화점이 가장 높은 것은?

① 디에틸에테르
② 아세톤
③ 벤젠
④ 피리딘

> NOTE ① 디에틸에테르 – $-40℃$
> ② 아세톤 – $-20℃$
> ③ 벤젠 – $-11℃$
> ④ 피리딘 – $20℃$

4 1기압에서 발화점이 섭씨 100도 이하인 것을 무엇이라 하는가?

① 특수인화물
② 제1석유류
③ 제2석유류
④ 알코올류

Answer 1.③ 2.④ 3.④ 4.①

5 다음 중 제4류 위험물 중 특수인화물인 이황화탄소의 발화점은 얼마인가?

① 90℃ ② 160℃
③ 465℃ ④ 8℃

6 다음 중 아세톤의 화학식으로 옳은 것은?

① CH_3COCH_3 ② $C_6H_5CH_3$
③ $CH_3COC_2H_5$ ④ CH_3COOCH_3

7 다음 중 발화점이 제일 낮은 것은?

① 피리딘 ② 휘발유
③ 이소프로판올 ④ 경유

8 디에틸에테르가 공기 중에 산화하여 생성하는 물질은?

① 벤젠 ② 과산화물

③ 브롬화수소 ④ 흑연

> **NOTE** 디에틸에테르는 공기 중에서 산화하여 알데히드 및 과산화물을 생성하여 폭발할 수 있다. 과산화물은 100℃ 이상에서 폭발한다.

9 다음 설명 중 옳지 않은 것은?

① 1기압에서 인화점이 섭씨 영하 20도 이하이고, 비점이 섭씨 40도 이하인 것을 특수인화물이라 한다.

② 1기압에서 인화점이 섭씨 21도 미만인 것을 제1석유류라 한다.

③ 1기압에서 인화점이 섭씨 21도 이상 70도 미만인 것을 제2석유류라 한다.

④ 1기압에서 인화점이 섭씨 70도 이상 섭씨 200도 미만인 것을 알코올류라 한다.

> **NOTE** ④ 제3석유류에 대한 내용이다.
> ※ 알코올류는 1분자를 구성하는 탄소원자의 수가 1개부터 3개까지인 포화 1가 알코올을 말하며, 1분자를 구성하는 탄소원자 수가 1개 내지 3개의 포화 1가 알코올의 함유량이 60중량퍼센트 미만인 수용액과 가연성 액체량이 60중량퍼센트 미만이고 인화점 및 연소점이 에틸알코올 60중량퍼센트수용액의 인화점 및 연소점을 초과하는 것을 제외한다.

10 메틸알코올에 대한 설명으로 옳지 않은 것은?

① 인화점이 11℃, 발화점은 464℃이다.

② 수용성이다.

③ 독성이 강하여 7~10m l를 마시면 실명한다.

④ 메탄올과 벤젠을 섞은 것을 말한다.

> **NOTE** ④ 변성알코올에 대한 설명이다.

11 경유에 대한 설명으로 옳은 것은?

① 포화–불포화탄화수소 화합물 ② 탄화수소화합물

③ 불포화탄화수소화합물 ④ 제1석유류

Answer 8.② 9.④ 10.④ 11.②

12 제3석유류에 해당하는 글리세린에 대한 설명으로 옳지 않은 것은?

① 연한 갈색의 끈기 있는 액체로 단맛이 난다.

② 수용성이다.

③ 인화점음 160℃, 발화점은 393℃이다.

④ 끓는점은 290℃이다.

13 다음 중 건성유에 해당하는 것은?

① 피마자유   ② 야자유

③ 아마인유   ④ 올리브유

14 제4류 위험물의 저장 및 취급방법에 대한 설명으로 옳지 않은 것은?

① 저장 취급시에는 인화점 이상으로 유지하여야 한다.

② 통풍이 잘되는 냉암소에 저장 취급하여야 한다.

③ 화기나 점화원으로부터 멀리 떨어져서 저장 취급하여야 한다.

④ 시냇물, 하수구 등에 유출되지 않도록 하여야 한다.

15 제4류 수용성 위험물화재에 사용해야 하는 소화약제는?

① 공기포 소화약제   ② 할로겐화물 소화약제

③ 내알코올포 소화약제   ④ 이산화탄소 소화약제

Answer 12.① 13.③ 14.① 15.③

5. 제5류 위험물

1 제5류 위험물의 품명과 지정수량의 연결이 잘못된 것은?

① 유기과산화물 – 10kg
② 히드록실아민 – 100kg
③ 질산구아니딘 – 200kg
④ 니트로글리세린 – 300kg

> **NOTE** 질산에스테르류의 지정수량은 10kg이다.

2 제5류 위험물에 대한 특징으로 옳지 않은 것은?

① 고체 또는 액체로 비중이 1보다 크며 연소하기 쉬운 물질이다.
② 산소를 함유하기 때문에 자기연소성이 있는 것이 많다.
③ 안정한 물질로 공기 중 장시간 저장 시 분해하여 분해열이 방사된다.
④ 강산화제 또는 강산류와 접촉시 위험성이 현저히 증가한다.

> **NOTE** ③ 불안정한 물질로 공기 중 장시간 저장시 분해하여 분해열에 축적되는 분위기에서는 자연발화의 위험이 있다.

3 유기과산화물인 과산화벤조일에 대한 설명으로 옳지 않은 것은?

① 수용성이다.
② 건조상태에서 마찰 및 충격에 의해 폭발할 수 있다.
③ 수분을 함유한 경우 안정하나 가열하면 열분해한다.
④ 쉽게 연소하고 화재나 강산과 접촉시 폭발할 수 있다.

> **NOTE** 과산화벤조일은 물에 녹지 않는다.

Answer   1.④   2.③   3.①

4 과산화벤조일을 열분해하면 무엇이 생성되는가?

① 에테르　　　　　　　　　　　② 디페닐
③ 올레핀　　　　　　　　　　　④ 산소

　　NOTE 과산화벤조일을 열분해하여 유독한 디페닐을 생성한다.

5 다음 중 발화점이 가장 높은 것은?

① 니트로셀룰로우스　　　　　　② 셀룰로이드
③ 니트로글리세린　　　　　　　④ 질산프로필

　　NOTE ① 160℃
　　　　 ② 165℃
　　　　 ③ 270℃
　　　　 ④ 117℃

6 질산에틸에 대한 설명으로 옳지 않은 것은?

① 무색투명한 액체로 단맛이 난다.
② 유기용제에 잘 녹는다.
③ 수용성이다.
④ 인화점이 낮다.

　　NOTE 질산에틸은 물에 녹지 않는다.

7 강력한 폭약으로 충격을 가하면 폭발하고 연소시 다량의 흑연을 발생하는 니트로화합물은 무엇인가?

① 트리니트로톨루엔　　　　　　② 트리니트로페놀
③ 니트로글리세린　　　　　　　④ 니크로글리콜

　　NOTE 트리니트로톨루엔
　　　　 ㉠ 무색결정이며, 햇빛에 의해 다갈색으로 변한다.
　　　　 ㉡ 발화점은 300℃, 눌에 녹지 않으며, 알코올, 벤젠, 아세톤 등에 잘 녹는다.
　　　　 ㉢ 강력한 폭약으로, 충격을 가하면 폭발하고 연소시에는 다량의 흑연을 발생한다.

8 다음 중 가열하면 포르말린, 암모니아, 질소 등을 생성하는 니트로소화합물은?

① 디니트로페놀 ② 파라디니트로소 벤젠

③ 파라디아조벤젠술폰산 ④ 질산프로필

> NOTE 파라디니트로소 벤젠
> ㉠ 황갈색의 분말이다.
> ㉡ 분해가 용이하고 가열, 마찰 또는 충격에 의해 폭발한다.
> ㉢ 가열하면 분해하여 포르말린, 암모니아, 질소 등을 생성한다.

9 제5류 위험물로 온수 속에서는 분해하고, 산과 작용하여 히드록실암모늄염을 만드는 것은?

① 아지드화나트륨 ② 히드록실아민

③ 질산구아니딘 ④ 질산메틸

> NOTE 히드록실아민
> ㉠ 무색의 사방경정계 결정으로 비점은 142℃이다.
> ㉡ 고체인 경우 실온에서 불안정하여 $NH_3 + N_2 + H_2O$로 되고, 일부는 N_2O가 되기도 한다.
> ㉢ 가열하면 130℃ 부근에서 폭발한다.
> ㉣ 조해성이 있으며, 물, 액체암모니아, 메탄올에 녹기 쉽다.
> ㉤ 온수 속에서는 분해하고, 산과 작용하여 히드록실암모늄염을 만든다.

10 제5류 위험물의 저장 및 취급방법에 대한 내용으로 옳지 않은 것은?

① 화재발생시 소화가 곤란하므로 소분하여 저장하여야 한다.

② 다른 위험물과 동일한 장소에 저장하지 않아야 한다.

③ 용기는 밀봉하고 포장외부에 화기엄금, 충격주의 등 주의사항을 표시하여야 한다.

④ 유기과산화물을 흡수한 흡수제를 모을 경우 강철제의 공구를 사용하여야 한다.

> NOTE 유기과산화물은 불연성 물질을 사용하여 흡수 또는 혼합하여 제거하여야 하며, 유기과산화물을 흡수한 흡수제를 모을 경우 강철제의 공구를 사용해서는 안 된다.

Answer 8.② 9.② 10.④

11 제5류 위험물의 화재진압 방법으로 옳지 않은 것은?

① 질식소화가 적당하다.
② 다량의 물을 사용하는 것이 효과적이다.
③ 폭발위험이 있으므로 방수 시 무인방수포가 적당하다.
④ 밀폐 공간 내에서는 유독가스 질식에 주의하여야 한다.

 NOTE 제5류 위험물은 자기연소성 물질이기 때문에 이산화탄소, 분말, 할론, 포 등에 의한 질식소화는 효과가 없으며, 다량의 물로 냉각소화하는 것이 적당하다.

12 질산메틸의 지정수량은 얼마인가?

① 10kg   ② 100kg
③ 200kg   ④ 400kg

NOTE 질산에스테르류의 지정수량은 10kg이다.

13 다음 중 지정수량이 가장 많은 것은?

① 질산구아니딘   ② 히드록실아민
③ 셀룰로이드   ④ 니트로글리콜

NOTE ① 200kg
② 100kg
③ 10kg
④ 10kg

14 건조하면 발화위험이 있어 수분 또는 알코올을 습면시켜 저장하여야 하는 것은?

① 질산메틸   ② 니트로글리세린
③ 펜트리트   ④ 니트로셀룰로우스

NOTE 니트로셀룰로우스는 고체상태로 열, 빛, 습기에 의해 자연발화의 우려가 있으므로 수분 또는 알코올에 습면시켜 저장하여야 한다.

15 다음 중 제5류 위험물에 해당하는 것은?

① 과망간산나트륨　　　　② 탄화알루미늄

③ 디클로로에틸렌　　　　④ 질산에틸

　① 제1류 위험물
　② 제3류 위험물
　③ 제4류 위험물

6 제6류 위험물

1 다음 중 제6류 위험물의 성질로 옳은 것은?

① 산화성 고체　　　　　　　② 가연성 고체

③ 인화성 액체　　　　　　　④ 산화성 액체

> **NOTE** ① 제1류 위험물
> ② 제2류 위험물
> ③ 제4류 위험물

2 다음 중 제6류 위험물에 해당하지 않는 것은?

① 과염소산　　　　　　　　② 과산화나트륨

③ 과산화수소　　　　　　　④ 질산

> **NOTE** ② 제1류 위험물 중 무기과산화물에 해당한다.

3 제6류 위험물의 품명과 지정수량의 연결이 잘못된 것은?

① 과염소산 – 300kg　　　　② 과산화수소 – 300kg

③ 질산 – 100kg　　　　　　④ 할로겐간화합물 – 300kg

> **NOTE** 제6류 위험물의 지정수량은 모두 300kg이다.

4 제6류 위험물에 대한 설명으로 옳지 않은 것은?

① 산화성 액체로 산화성 고체에 비해 위험성이 더 크다.

② 불연성이나 산화성이 강하다.

③ 물과 격렬하게 반응하는 물질이 존재한다.

④ 강력한 환원성 물질이다.

> **NOTE** 제6류 위험물은 부식성이 있어 피부를 손상시키고, 발생한 증기는 유해하다. 모두 불연성이며 산화성이 강하다.

Answer　　1.④　2.②　3.③　4.④

5 **과산화수소를 위험물로 보는 기준은?**

① 농도 14wt% 이상인 것

② 농도 22wt% 이상인 것

③ 농도 36wt% 이상인 것

④ 농도 60wt% 이상인 것

> NOTE 과산화수소는 농도가 36wt% 이상인 것에 한하여 위험물로 본다.

6 **과염소산에 대한 설명으로 옳지 않은 것은?**

① 염소의 산소산 중에서 가장 강한 산이다.

② 공기 중에서 백연을 내고 방치하면 1수화물로 된다.

③ 불수용성이며, 알코올 및 에테르 등 유기용매에 잘 녹는다.

④ 물에 넣으면 소리를 내면서 발연한다.

> NOTE 과염소산은 물에 잘 녹으며, 알코올 및 에테르에 폭발위험이 있다.

7 **질산을 위험물로 보는 기준은 얼마인가?**

① 비중이 0.49 이상인 것 ② 비중이 1.49 이상인 것

③ 비중이 2.49 이상인 것 ④ 비중이 3.49 이상인 것

> NOTE 질산은 비중이 1.49 이상인 것에 한해 위험물로 본다.

8 **과산화수소에 대한 설명으로 틀린 것은?**

① 가연성, 인화성이 강하다.

② 진한용액은 맹독성이다.

③ 고농도일 경우 폭발의 위험이 있다.

④ 알칼리금속이 촉매가 되어 폭발적으로 산소를 방출한다.

> NOTE 과산화수소는 가연성, 인화성은 없으나 분해하여 산소를 방출하고 발열한다.

Answer 5.③ 6.③ 7.② 8.①

9 다음 중 과산화수소를 녹일 수 없는 물질은?

① 물　　　　　　　　　　　② 에테르

③ 벤젠　　　　　　　　　　④ 알코올

> NOTE　과산화수소는 물, 알코올, 에테르에 잘 녹고, 벤젠, 석유에는 녹지 않는다.

10 질산에 대한 설명으로 옳지 않은 것은?

① 자극적인 냄새가 나는 무색의 액체이다.

② 금속에 대하여 산 및 산화제로 작용한다.

③ 공기와의 접촉으로 적색의 증기가 발생한다.

④ 이온화 경향이 큰 금속과의 반응에서 이산화질소를 발생한다.

> NOTE　이온화 경향이 큰 금속과의 반응에서 수소를 발생한다.

11 질산을 가열하면 무엇이 발생하는가?

① 수소　　　　　　　　　　② 이산화질소

③ 산소　　　　　　　　　　④ 황화수소

> NOTE　질산을 가열하면 이산화질소를 생성한다.

12 금과 백금을 녹일 수 있는 왕수를 제작하는 방법으로 옳은 것은?

① 염산과 질산을 1 : 1의 부피비로 혼합

② 염산과 질산을 1 : 3의 부피비로 혼합

③ 염산과 질산을 3 : 1의 부피비로 혼합

④ 염산과 질산을 3 : 2의 부피비로 혼합

> NOTE　왕수는 염산과 질산을 3 : 1의 부피비로 혼합한 용액을 말한다.

Answer　9.③　10.④　11.②　12.③

13 액체로서 산화력의 잠재적인 위험성을 판단하기 위하여 고시로 정하는 시험에서 고시로 정하는 성질과 상태를 나타내는 것은?

① 자기반응성물질
② 인화성 액체
③ 자연발화성물질 및 금수성물질
④ 산화성 액체

> NOTE ① 고체 또는 액체로서 폭발의 위험성 또는 가열분해의 격렬함을 판단하기 위하여 고시로 정하는 시험에서 고시로 정하는 성질과 상태를 나타내는 것
> ② 액체(제3석유류, 제4석유류 및 동식물유류에 있어서는 1기압과 섭씨 20도에서 액상인 것에 한함)로서 인화의 위험성이 있는 것
> ③ 고체 또는 액체로서 공기 중에서 발화의 위험성이 있거나 물과 접촉하여 발화하거나 가연성가스를 발생하는 위험성이 있는 것

14 제6류 위험물의 저장 및 취급방법에 대한 내용으로 옳지 않은 것은?

① 저장용기는 내산성인 것이어야 한다.
② 용기를 밀봉하고 파손으로 위험물이 새어나오지 않도록 하여야 한다.
③ 유기물, 물과의 접촉을 피하고 직사광선에 보관하여야 한다.
④ 피부에 닿을 경우 즉시 세척하여야 한다.

> NOTE 화기, 직사광선은 피해서 저장하여야 한다.

15 제6류 위험물로 인한 화재발생시 진압방법으로 틀린 것은?

① 연소물에 대응한 소화법으로 소화하고 2차 재해의 방지도 고려하여야 한다.
② 상황에 따라 다량의 물을 사용하지만 위험물이 비산하지 않도록 주의하여야 한다.
③ 유출 사고 시에는 다량의 물로 냉각소화하여야 한다.
④ 재해현장 위쪽에 위치하고 발생하는 가스에 대비하여 안전장구를 착용하여야 한다.

> NOTE 유출 사고 시에는 마른 모래를 뿌리거나 중화제로 중화하여야 한다.

Answer   13.④   14.③   15.③

1 위험물의 저장 및 취급의 공통기준으로 보기 어려운 것은?

① 허가 품명 및 수량의 준수

② 위험물의 가격에 따른 관리

③ 이물질의 혼입 방지

④ 위험물의 누출방지

> **NOTE** 위험물의 저장 및 취급의 공통기준
> ㉠ 허가 품명 및 수량의 준수
> ㉡ 위험물의 성질에 따른 관리
> ㉢ 이물질의 혼입 방지 및 정비작업 시 잔류위험물 제거
> ㉣ 위험물의 누출방지 및 점화원 제거

2 다음 설명 중 옳지 않은 것은?

① 위험물의 품명, 수량 및 지정수량의 배수를 변경하고자 할 경우 소방서에 신고하여야 한다.

② 위험물을 용기에 수납하여 저장 또는 취급할 때에는 그 용기는 당해 위험물의 성질에 적응하고 파손 · 부식 · 균열 등이 없는 것으로 하여야 한다.

③ 위험물을 저장 또는 취급하는 건축물 그 밖의 공작물 또는 설비는 당해 위험물의 성질에 따라 차광 및 환기를 실시하여야 한다.

④ 위험물이 남아 있거나 남아 있을 우려가 있는 설비, 기계, 용기 등을 수리하는 경우에는 적정한 온도, 습도 또는 압력을 유지하도록 하여야 한다.

> **NOTE** 위험물이 남아 있거나 남아 있을 우려가 있는 설비, 기계, 용기 등을 수리하는 경우에는 안전한 장소에서 위험물을 완전하게 제거한 후 실시하도록 한다.

Answer   1.②   2.④

3 다음 중 위험물을 취급하는 과정에 대한 내용이 틀린 것은?

① 제1류 위험물은 가연물과의 접촉·혼합이나 분해를 촉진하는 물품과의 접근 또는 과열·충격·마찰 등을 피하도록 한다.

② 제2류 위험물은 산화제와의 접촉·혼합이나 불티·불꽃·고온체와의 접근 또는 과열을 피해야 한다.

③ 제3류 위험물은 불티·불꽃·고온체와의 접근 또는 과열을 피하고, 함부로 증기를 발생시키지 말아야 한다.

④ 제6류 위험물은 가연물과의 접촉·혼합이나 분해를 촉진하는 물질과의 접근 또는 과열을 피하여야 한다.

> **NOTE** 제3류 위험물은 불티·불꽃·고온체와의 접근·과열 또는 공기와의 접촉을 피하고, 금수성 물질에 있어서는 물과의 접촉을 피하여야 한다.

4 위험물 저장의 원칙에 대한 설명으로 옳지 않은 것은?

① 위험물은 위험물 전용의 저장소에 유별로 분리하여 저장하여야 한다.

② 유별을 달리하는 위험물은 동일한 저장소에 저장하지 말아야 한다.

③ 물속에 저장하는 물품과 금수성 물품은 동일한 저장소에 혼재하여도 된다.

④ 황린 및 물속에 저장하는 물품과 금수성물질은 동일한 저장소에 저장하지 아니하여야 한다.

> **NOTE** 물속에 저장하는 물품과 금수성 물품은 혼재하지 말아야 한다. 물과의 반응으로 인한 화재위험이 높기 때문이다.

5 다음 중 옥내저장소에 유별을 달리하는 위험물을 혼재할 수 있는 경우가 아닌 것은?

① 제1류 위험물 중 알칼리금속의 과산화물과 제5류 위험물을 저장하는 경우

② 제1류 위험물과 제3류 위험물 중 자연발화성물질을 저장하는 경우

③ 제2류 위험물 중 인화성고체와 제4류 위험물을 저장하는 경우

④ 제3류 위험물 중 알킬알루미늄 등과 제4류 위험물 중 알킬알루미늄을 함유한 것을 저장하는 경우

> **NOTE** ① 제1류 위험물(알칼리금속의 과산화물 또는 이를 함유한 것 제외)와 제5류 위험물을 저장하는 경우

Answer   3.③ 4.③ 5.①

6 다음 중 옥내저장소에 위험물과 비위험물을 혼재할 수 있는 경우가 아닌 것은?

① 위험물과 당해 위험물에 속하는 품명란에 정한 물품을 주성분으로 함유한 것으로서 위험물에 해당하지 아니하는 물품은 1m 이상의 간격을 두고 혼재할 수 있다.

② 제2류 위험물 중 인화성고체와 위험물에 해당하지 아니하는 고체 또는 액체로서 인화점을 갖는 것 또는 합성수지류 또는 이들 중 어느 하나 이상을 주성분으로 함유한 것으로서 위험물에 해당하지 아니하는 물품은 1m 이상의 간격을 두고 혼재할 수 있다.

③ 제4류 위험물과 합성수지류 또는 제4류의 품명란에 정한 물품을 주성분으로 함유한 것으로 위험물에 해당하지 아니하는 물품은 1m 이상의 간격을 두고 혼재할 수 있다.

④ 제4류 위험물 중 유기과산화물 또는 이를 함유한 것과 위험물에 해당하지 아니하는 화약류의 물품은 1m 이상의 간격을 두고 혼재할 수 있다.

> **NOTE** 제4류 위험물 중 유기과산화물 또는 이를 함유한 것과 유기과산화물 또는 유기과산화물만을 함유한 것으로서 위험물에 해당하지 아니하는 물품은 1m 이상의 간격을 두고 혼재할 수 있다.

7 옥내저장소에 동일 품명의 위험물이더라도 자연발화의 우려가 있는 위험물 또는 재해가 현저하게 증대할 우려가 있는 위험물을 다량으로 저장하는 경우 위험을 분산하기 위해 지정수량의 10배 이하마다 구분하여 상호간에 몇 m의 간격을 두고 저장하여야 하는가?

① 0.1m

② 0.2m

③ 0.3m

④ 0.5m

> **NOTE** 옥내저장소에서 동일 품명의 위험물이더라도 자연발화의 우려가 있는 위험물 또는 재해가 현저하게 증대할 우려가 있는 위험물을 다량 저장하는 경우에는 위험을 분산하기 위해 지정수량의 10배 이하마다 구분하여 상호간 0.3m 이상의 간격을 두어 저장하여야 한다.

8 옥내저장소에 위험물을 저장하는 경우 그 기준 높이의 연결이 잘못된 것은?

① 기계에 의하여 하역하는 구조된 용기만을 겹쳐 쌓는 경우 - 6m

② 제4류 위험물 중 제3석유류, 제4석유류 및 동식물유류를 수납하는 용기만을 겹쳐 쌓는 경우 - 4m

③ 제3류 위험물을 수납하는 용기만을 겹쳐 쌓는 경우 - 4m

④ 제1류 위험물만을 수납하는 용기만을 겹쳐 쌓는 경우 - 3m

> **NOTE** 제3류 위험물을 수납하는 용기만을 겹쳐 쌓는 경우 3m이다.

Answer 6.④ 7.③ 8.③

9 옥외저장소에 위험물을 수납한 용기를 선반에 저장하는 경우 저장 높이는 얼마로 제한하는가?

① 4m

② 5m

③ 6m

④ 7m

> **NOTE** 옥외저장소에서 위험물을 수납한 용기를 선반에 저장하는 경우에는 6m를 초과하여 저장하지 아니하여야 한다.

10 이동저장탱크에 알킬알루미늄을 저장하는 경우에 대한 설명으로 옳은 것은?

① 10kPa 이하의 압력으로 불활성기체를 봉입하여야 한다.

② 20kPa 이하의 압력으로 불활성기체를 봉입하여야 한다.

③ 10kPa 이하의 압력으로 활성기체를 봉입하여야 한다.

④ 20kPa 이하의 압력으로 활성기체를 봉입하여야 한다.

> **NOTE** 이동저장탱크에 알킬알루미늄 등을 저장하는 경우에는 20kPa 이하의 압력으로 불활성기체를 봉입하여 두어야 한다.

11 일반주유취급소에서 자동차 등에 주유를 할 때 주의하여야 할 사항으로 보기 어려운 것은?

① 자동차 등에 주유를 할 때에는 고정주유설비를 사용하여 직접 주유하여야 한다.

② 인화점 40℃ 미만의 위험물을 주유할 때에는 자동차 등의 원동기를 정지하지 아니할 수 있다.

③ 자동차 등에 주유를 할 때에는 고정주유설비에 접속된 탱크의 주입구로부터 4m 이내의 부분에 다른 자동차 등의 주차를 금지한다.

④ 이동저장탱크로부터 전용탱크에 위험물을 주입할 때에는 전용탱크의 주입구로부터 3m 이내의 부분 및 전용탱크 통기관의 선단으로부터 수평거리 1.5m 이내의 부분에 있어서는 다른 자동차 등의 주차를 금지하고 자동차 등의 점검 · 정비 또는 세정을 하지 말아야 한다.

> **NOTE** ② 인화점 40℃ 미만의 위험물을 주유할 때에는 자동차 등의 원동기를 정지시켜야 한다. 다만 연료탱크에 위험물을 주유하는 동안 방출되는 가연성 증기를 회수하는 설비가 부착된 고정주유설비에 의하여 주유하는 경우에는 원동기를 정지하지 아니할 수 있다.

Answer   9.③   10.②   11.②

12 옥외저장소에 저장할 수 없는 위험물은 무엇인가?

① 제2류 위험물 중 유황

② 제4류 위험물 중 가솔린

③ 제6류 위험물

④ 국제해사기구가 채택한 국제해상위험물규칙에 적합한 용기에 수납된 위험물

> **NOTE** 옥외저장소에 저장할 수 있는 제4류 위험물 중 제1석유류는 인화점이 0℃ 이상인 것에 한하므로 가솔린의 경우 인화점이 낮으므로 옥외저장소에 저장할 수 없다.

13 옥외저장탱크 중 압력탱크에 저장하는 아세트알데히드의 온도는 얼마 이하로 유지하여야 하는가?

① 15℃   ② 30℃

③ 40℃   ④ 60℃

> **NOTE** 옥외저장탱크·옥내저장탱크 또는 지하저장탱크 중 압력탱크에 저장하는 아세트알데히드 등 또는 디에틸에테르 등의 온도는 40℃ 이하로 유지하여야 한다.

14 보냉장치가 없는 이동저장탱크에 저장하는 디에틸에테르의 저장온도는 얼마 이하로 유지하여야 하는가?

① 비점   ② 15℃

③ 30℃   ④ 40℃

> **NOTE** 보냉장치가 없는 이동저장탱크에 저장하는 아세트알데히드 등 또는 디에틸에테르 등의 온도는 40℃ 이하로 유지하여야 한다.

15 이동저장탱크의 상부로부터 위험물을 주입할 때에는 위험물의 액표면이 주입관의 선단을 넘는 높이가 될 때까지 그 주입관내의 유속을 초당 몇 m 이하로 하여야 하는가?

① 1m   ② 1.5m

③ 2m   ④ 2.5m

> **NOTE** 이동저장탱크의 상부로부터 위험물을 주입할 때에는 위험물의 액표면이 주입관의 선단을 넘는 높이가 될 때까지 그 주입관내의 유속을 초당 1m 이하로 하여야 한다.

Answer   12.②   13.③   14.④   15.①

16 알킬알루미늄 등의 이동탱크저장소에 있어 이동저장탱크로부터 알킬알루미늄 등을 꺼낼 때에는 동시에 몇 kPa 이하의 압력으로 불활성기체를 봉입하여야 하는가?

① 100kPa ② 150kPa

③ 200kPa ④ 300kPa

> NOTE 알킬알루미늄 등의 이동탱크저장소에 있어 이동저장탱크로부터 알킬알루미늄 등을 꺼낼 때에는 동시에 200kPa 이하의 압력으로 불활성 기체를 봉입하여야 한다.

17 제조소 또는 일반취급소에서 아세트알데히드 등을 취급하는 설비에는 연소성 혼합기체의 생성에 의한 폭발의 위험이 생겼을 경우 불활성기체 또는 수증기를 봉입하여야 하는데 다음 중 봉입하지 않아도 되는 경우에 해당하는 것은?

① 옥외에 있는 탱크 또는 옥내에 있는 탱크로서 그 용량이 지정수량의 5분의 1 미만의 것

② 옥외에 있는 탱크 또는 옥내에 있는 탱크로서 그 용량이 지정수량의 3분의 1 미만의 것

③ 옥외에 있는 탱크 또는 옥내에 있는 탱크로서 그 용량이 지정수량의 2분의 1 미만의 것

④ 옥외에 있는 탱크 또는 옥내에 있는 탱크로서 그 용량이 지정수량의 10배 미만의 것

> NOTE 아세트알데히드 등의 제조소 또는 일반취급소에 있어서 아세트알데히드 등을 취급하는 설비에는 연소성 혼합기체의 생성에 의한 폭발의 위험이 생겼을 경우에 불활성의 기체 또는 수증기[아세트알데히드 등을 취급하는 탱크(옥외에 있는 탱크 또는 옥내에 있는 탱크로서 그 용량이 지정수량의 5분의 1 미만의 것을 제외)에 있어서는 불활성 기체]를 봉입하여야 한다.

18 위험물 운반용기의 재질로 사용할 수 없는 것은?

① 강판 ② 유리

③ 금속관 ④ 비닐

> NOTE 위험물 운반용기의 재질은 강판 · 알루미늄판 · 양철판 · 유리 · 금속관 · 종이 · 플라스틱 · 섬유판 · 고무류 · 합성섬유 · 삼 · 짚 또는 나무로 한다.

Answer 16.③ 17.① 18.④

19 액체위험물의 운반용기가 틀로 둘러싸인 형태일 경우 운반용기가 갖추어야 할 조건으로 보기 어려운 것은?

① 용기본체는 항상 틀 내에 보호되어 있어야 한다.

② 용기본체는 틀과의 접촉에 의하여 손상을 입을 우려가 없어야 한다.

③ 배출을 위한 배관 및 밸브에 외부로부터의 충격에 의한 손상방지 조치가 강구되어 있어야 한다.

④ 운반용기는 용기본체 또는 틀의 신축 등에 의하여 손상이 생기지 아니하여야 한다.

> **NOTE** 용기본체가 틀로 둘러싸인 운반용기의 요건
> ㉠ 용기본체는 항상 틀 내에 보호되어 있을 것
> ㉡ 용기본체는 틀과의 접촉에 의하여 손상을 입을 우려가 없을 것
> ㉢ 운반용기는 용기본체 또는 틀의 신축 등에 의하여 손상이 생기지 아니할 것

20 위험물을 운반용기에 수납하여 적재할 경우 그 기준에 대한 설명으로 옳지 않은 것은?

① 위험물이 온도변화 등에 의하여 누설되지 아니하도록 운반용기를 밀봉하여 수납하여야 한다.

② 수납하는 위험물과 위험한 반응을 일으키지 아니하는 등 당해 위험물의 성질에 적합한 재질의 운반용기에 수납하여야 한다.

③ 고체위험물은 운반용기 내용적의 95% 이하의 수납률로 수납하여야 한다.

④ 액체위험물은 운반용기 내용적의 90% 이하의 수납률로 수납하여야 한다.

> **NOTE** 액체위험물은 운반용기 내용적의 98% 이하의 수납률로 수납하되, 55도의 온도에서 누설되지 아니하도록 충분한 공간용적을 유지하도록 하여야 한다.

21 자연발화성 물질 중 알킬알루미늄 등은 운반용기의 내용적의 몇 % 이하의 수납률로 수납하여야 하는가?

① 90% ② 95%

③ 98% ④ 99%

> **NOTE** 자연발화성 물질 중 알킬알루미늄 등은 운반용기의 내용적의 90% 이하의 수납률로 수납하되, 50℃의 온도에서 5% 이상의 공간용적을 유지하도록 하여야 한다.

Answer 19.③ 20.④ 21.①

22 브롬산염류의 운반용기 중 적응성 있는 내장용기의 종류 및 최대용적 또는 중량을 나타낸 것으로 옳지 않은 것은? (단, 외장용기는 나무상자, 플라스틱상자이며 최대용적 또는 중량은 125kg이다)

① 플라스틱용기 – 10l ② 금속제용기 – 30l

③ 유리용기 – 10l ④ 플라스틱필름포대 – 50kg

> **NOTE** 플라스틱필름포대 – 125kg

23 위험물 적재기준에 대한 설명으로 옳지 않은 것은?

① 위험물은 당해 위험물이 전락하거나 위험물을 수납한 운반용기가 전도·낙하 또는 파손되지 아니하도록 적재하여야 한다.

② 운반용기는 수납구를 아래로 향하게 하여 적재하여야 한다.

③ 적재하는 위험물의 성질에 따라 일광의 직사 또는 빗물의 침투를 방지하기 위하여 유효하게 피복하는 등의 조치를 하여야 한다.

④ 위험물은 종류를 달리하는 위험물 또는 재해를 발생시킬 우려가 있는 물품과 함께 적재하지 아니하여야 한다.

> **NOTE** 운반용기는 수납구를 위로 향하게 하여 적재하여야 한다.

24 위험물을 수납한 운반용기를 겹쳐 쌓는 경우 그 높이는 몇 m 이하로 하여야 하는가?

① 1m   ② 2m

③ 3m   ④ 5m

> **NOTE** 위험물을 수납한 운반용기를 겹쳐 쌓는 경우에는 그 높이를 3m 이하로 하고, 용기의 상부에 걸리는 하중은 당해 용기 위에 당해 용기와 동종의 용기를 겹쳐 쌓아 3m 높이로 하였을 때에 걸리는 하중 이하로 하여야 한다.

Answer   22.④ 23.② 24.③

25 위험물의 운반용기의 외부에 표시하여야 할 내용이 아닌 것은?

① 위험물의 품명

② 위험물의 수량

③ 원소명

④ 위험등급

> **NOTE** 위험물은 그 운반용기의 외부에 위험물의 품명·위험등급·화학명 및 수용성, 위험물의 수량 및 주의사항을 표기하여야 한다.

26 제6류 위험물의 경우 수납하는 위험물에 적어야 할 주의사항은?

① 화기엄금

② 물기엄금

③ 충격주의

④ 가연물접촉주의

> **NOTE** 제6류 위험물에 있어서는 가연물접촉주의를 표기하여야 한다.

27 위험물의 운반방법에 대한 설명으로 옳지 않은 것은?

① 위험물을 수납한 운반용기가 현저하게 마찰 또는 동요를 일으키지 아니하도록 운반하여야 한다.

② 지정수량 이상의 위험물을 차량으로 운반하는 경우에는 차량에 위험물이라는 표시를 하여야 한다.

③ 지정수량 이상의 위험물을 차량으로 운반하는 경우 다른 차량에 바꾸어 싣거나 휴식·고장 등으로 차량을 일시 정지시킬 때에는 안전한 장소를 택하고 운반하는 위험물의 안전확보에 주의하여야 한다.

④ 지정수량 이상의 위험물을 차량으로 운반하는 경우 당해 위험물에 적응성이 있는 분말포 소화기를 당해 위험물의 소요단위에 상응하는 능력 단위에 맞게 갖추어야 한다.

> **NOTE** 지정수량 이상의 위험물을 차량으로 운반하는 경우 당해 위험물에 적응성이 있는 소형수동식 소화기를 당해 위험물의 소요단위에 상응하는 능력 단위 이상 갖추어야 한다.

Answer 25.③ 26.④ 27.④

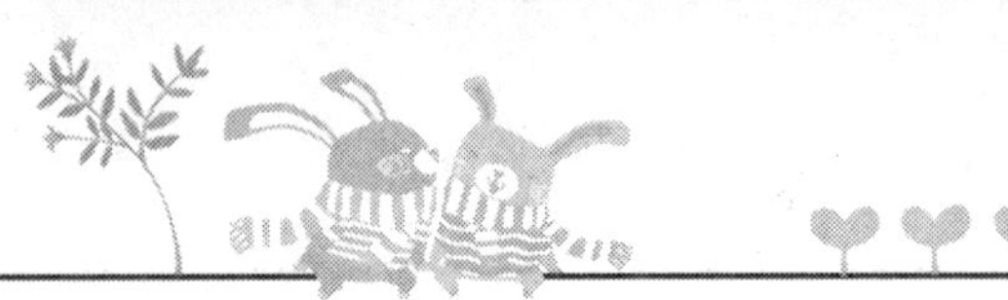

28 다음 중 위험등급 I 에 해당하지 않는 위험물은?

① 질산에스테르류

② 알킬알루미늄

③ 황화인

④ 과염소산염류

   NOTE ③ 위험등급 II 에 해당하는 위험물이다.

29 고체위험물의 운반용기 중 외장용기로 사용하는 금속제드럼의 최대용량은 얼마인가?

① 125kg

② 225kg

③ 250kg

④ 300kg

   NOTE 금속제드럼의 최대용량은 250kg이다.

30 다음 중 위험물을 혼재할 수 있는 경우는?

① 제2류 위험물과 제3류 위험물

② 제3류 위험물과 제5류 위험물

③ 제4류 위험물과 제6류 위험물

④ 제5류 위험물과 제2류 위험물

   NOTE 제5류 위험물은 제2류와 제4류 위험물과 혼재할 수 있다.

31 다음 중 위험등급 II 에 해당하는 위험물은?

① 나트륨

② 황린

③ 유황

④ 무기과산화물

   NOTE 위험등급 II 에 해당하는 위험물로는 브롬산염류, 질산염류, 요오드산염류, 황화린, 적린, 유황, 알칼리금속 및 알칼리토금속, 유기금속화합물, 제1석유류, 알코올 등이다.

32 다음 중 위험물 운반에 관한 혼재기준을 적용하지 않는 기준으로 옳은 것은?

① 지정수량의 1/2 이하　　　　② 지정수량의 1/3 이하

③ 지정수량의 1/5 이하　　　　④ 지정수량의 1/10 이하

> NOTE　지정수량의 1/10 이하의 위험물에 대하여는 적용하지 아니한다.

33 지정수량 이상의 위험물을 차량으로 운반하는 경우 당해 차량에 표지를 설치하여야 하는 기준으로 보기 어려운 것은?

① 한 변의 길이가 0.3m 이상, 다른 한 변의 길이가 0.6m 이상인 직사각형의 판으로 하여야 한다.

② 바탕은 흑색으로 하고, 황색의 반사도료 그 밖의 반사성이 있는 재료로 위험물이라고 표시하여야 한다.

③ 최대용적이 3l 이하일 경우에는 위험물의 표시를 하지 않아도 된다.

④ 표지는 차량의 전면 및 후면의 보기 쉬운 곳에 내걸어야 한다.

> NOTE　위험물의 표지 설치
> ㉠ 한 변의 길이가 0.3m 이상, 다른 한 변의 길이가 0.6m 이상인 직사각형의 판으로 할 것
> ㉡ 바탕은 흑색으로 하고, 황색의 반사도료 그 밖의 반사성이 있는 재료로 "위험물"이라고 표시할 것
> ㉢ 표지는 차량의 전면 및 후면의 보기 쉬운 곳에 내걸 것

34 제2류 위험물 중 철분·마그네슘의 운반용기 외부에 표시하여야 할 주의사항으로 옳은 것은?

① 화기주의 및 물기엄금　　　　② 화기주의 및 충격주의

③ 화기엄금 및 공기접촉엄금　　　　④ 가연물접촉주의 및 충격주의

> NOTE　제2류 위험물 중 철분·금속분·마그네슘 또는 이들 중 어느 하나 이상을 함유한 것에 있어서는 화기주의 및 물기엄금, 인화성고체에 있어서는 화기엄금, 그 밖의 것에 있어서는 화기주의를 표시하여야 한다.

35 판매취급소에서 위험물을 배합하는 작업을 할 수 있는 위험물의 종류가 아닌 것은?

① 도료류

② 제1류 위험물 중 염소산염류

③ 제3류 위험물 중 황린

④ 인화점이 38℃ 이상인 제4류 위험물

> NOTE 판매취급소에서는 도료류, 제1류 위험물 중 염소산염류 및 염소산염류만을 함유한 것, 유황 또는 인화점이 38℃ 이상인 제4류 위험물을 배합실에서 배합하는 경우 외에는 위험물을 배합 하거나 옮겨 담는 작업을 하지 말아야 한다.

36 다음과 같은 타원형 탱크의 내용적은 얼마인가?

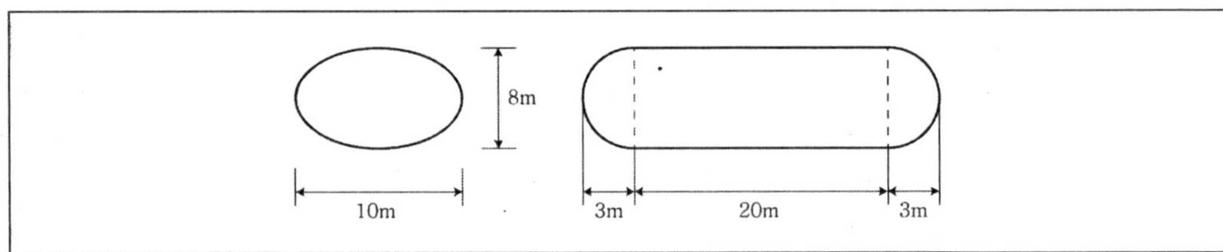

① 998.5m³

② 1,005.8m³

③ 1,381.6m³

④ 1,527.4m³

> NOTE 양쪽이 볼록한 모양의 타원형 탱크의 내용적은 $\dfrac{\pi ab}{4} \times \left(l + \dfrac{l_1 + l_2}{3}\right)$ 으로 구하여야 하므로
>
> $$\dfrac{\pi ab}{4} \times \left(l + \dfrac{l_1 + l_2}{3}\right) = \dfrac{3.14 \times 10 \times 8}{4}\left(20 + \dfrac{3+3}{3}\right) = 1,381.6\,\text{m}^3$$

♥ Answer **35.③ 36.③**

37 다음과 같은 타원형 탱크의 내용적은 얼마인가?

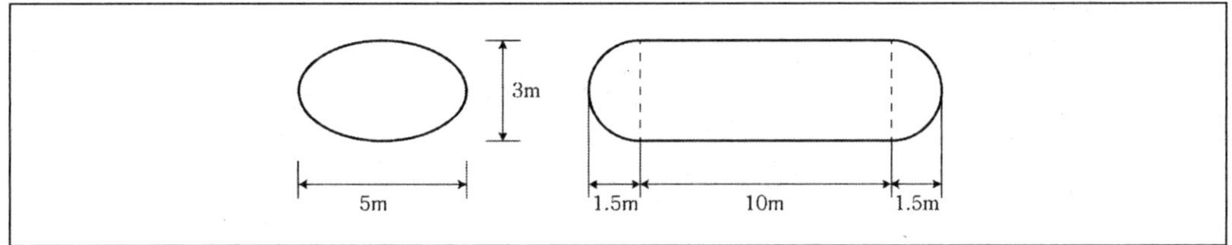

① 101.4m^3 ② 129.5m^3

③ 138.1m^3 ④ 148.2m^3

NOTE 양쪽이 볼록한 모양의 타원형 탱크의 내용적은 $\dfrac{\pi ab}{4}\times\left(l+\dfrac{l_1+l_2}{3}\right)$ 으로 구하여야 하므로

$$\dfrac{\pi ab}{4}\times\left(l+\dfrac{l_1+l_2}{3}\right)=\dfrac{3.14\times5\times3}{4}\left(10+\dfrac{1.5+1.5}{3}\right)=129.525\,\text{m}^3$$

38 다음과 같은 타원형 탱크의 내용적을 바르게 구한 것은?

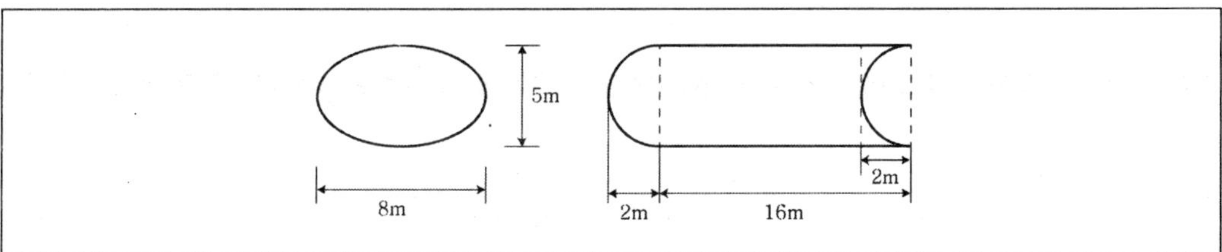

① 502.4m^3 ② 612.4m^3

③ 683.6m^3 ④ 794.3m^3

NOTE 한쪽은 볼록하고 다른 한쪽은 오목한 모양의 타원형 탱크의 내용적은 $\dfrac{\pi ab}{4}\times\left(l+\dfrac{l_1-l_2}{3}\right)$ 으로

구하므로 $\dfrac{\pi ab}{4}\times\left(l+\dfrac{l_1-l_2}{3}\right)=\dfrac{3.14\times8\times5}{4}\left(16+\dfrac{2-2}{3}\right)=502.4\,\text{m}^3$

Answer 37.② 38.①

39 다음과 같이 횡으로 설치된 원형 탱크의 용량은 얼마인가? (단, 공간용적은 내용적의 10/100이다)

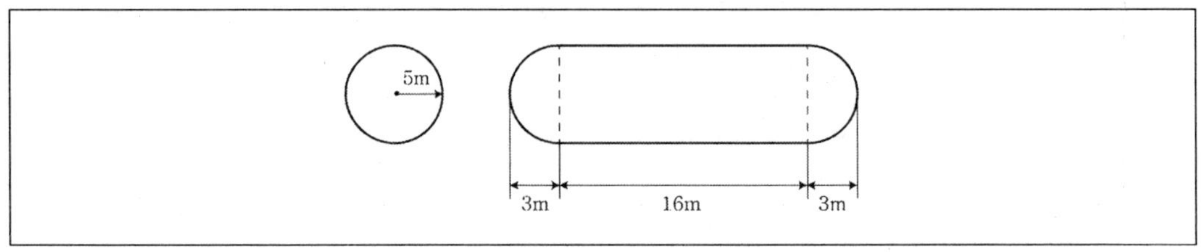

① 1,201.7m³

② 1,271.7m³

③ 1,335.5m³

④ 1,690.4m³

> **NOTE** 횡으로 설치된 원형 탱크의 내용적은 $\pi r^2 \times \left(l + \dfrac{l_1 + l_2}{3}\right)$ 으로 계산하므로
>
> $$\pi r^2 \times \left(l + \dfrac{l_1 + l_2}{3}\right) = 3.14 \times 5 \times 5 \times \left(16 + \dfrac{3+3}{3}\right) = 1,413\,\text{m}^3$$
>
> 문제에서 공간용적이 10%라고 주어졌으므로 90%가 되어야 하므로
> $$1,413 \times 0.9 = 1,271.7\,\text{m}^3$$

40 다음의 원통형 종으로 설치된 탱크에서 공간용적을 내용적의 10라고 하면 탱크 용량은 얼마인가?

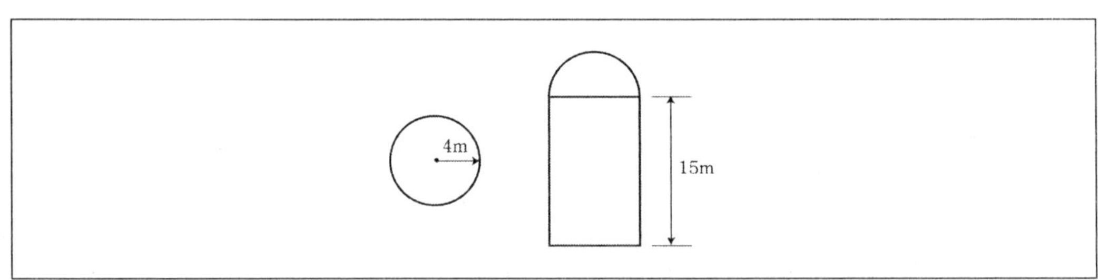

① 594.34m³

② 653.15m³

③ 678.24m³

④ 753.64m³

> **NOTE** 종으로 설치된 원형 탱크의 내용적은 $\pi r^2 l$ 로 구하므로
> $$\pi r^2 l = 3.14 \times 4 \times 4 \times 15 = 753.6\,\text{m}^3$$
> 공간용적이 내용적의 10%라고 했으므로 탱크 용량은 90%가 된다.
> $$753.6 \times 0.9 = 678.24\,\text{m}^3$$

Answer 39.② 40.③

03 기술기준

1 제조소등의 위치·구조·설비기준

1 위험물제조소 등을 위험물의 이용 목적에 따라 분류할 경우 그 종류에 해당하지 않는 것은?

① 위험물제조소
② 위험물저장소
③ 위험물취급소
④ 위험물관리소

> **NOTE** 위험물제조소 등은 위험물의 이용 목적에 따라 제조가 목적인 위험물제조소, 저장이 목적인 위험물저장소, 취급이 목적인 위험물취급소로 구분한다.

2 전용의 건축물 내 또는 건축물의 전용실내에 설치된 탱크에 위험물을 저장하는 장소는?

① 옥내저장소
② 옥외탱크저장소
③ 옥내탱크저장소
④ 지하탱크저장소

> **NOTE** ① 옥내에서 위험물을 용기에 담아 저장하는 장소
> ② 옥외에 있는 탱크에 위험물을 저장하는 장소로 옥외의 지반 또는 가대 위에 탱크를 고정해서 설치하여 대량으로 위험물을 저장
> ④ 지하에 매설된 탱크에 위험물을 저장하는 장소

3 위험물취급소의 종류에 해당하지 않는 것은?

① 주유취급소
② 판매취급소
③ 할인취급소
④ 일반취급소

> **NOTE** 위험물취급소의 종류 … 주유취급소, 판매취급소, 이송취급소, 일반취급소

Answer   1.④ 2.③ 3.③

4 제조소로부터 의료기관까지의 안전거리는 최소 얼마 이상인가?

① 10m 이상

② 20m 이상

③ 30m 이상

④ 50m 이상

> NOTE 학교·병원·극장 그 밖에 다수인을 수용하는 시설로 사용되는 것에 있어서는 30m 이상의 안전거리를 두어야 한다.

5 제조소로부터의 안전거리의 연결이 잘못된 것은?

① 아파트단지 – 10m 이상

② 영화상연관 – 30m 이상

③ 지정문화재 – 20m 이상

④ 고압가스저장시설 – 20m 이상

> NOTE 문화재보호법의 규정에 의한 유형문화재와 기념물 중 지정문화재에 있어서는 50m 이상의 안전거리를 두어야 한다.

6 다음 중 안전거리를 단축시킬 수 있는 것은?

① 보유공지

② 게시판

③ 소화설비

④ 방화상 유효한 담

> NOTE 주거용, 학교, 병원, 극장, 유형·지정문화재 등의 건축물은 불연재료로 된 방화상 유효한 담 또는 벽을 설치하는 경우에는 안전거리를 단축할 수 있다.

7 지정수량의 20배를 초과하는 위험물을 제조하는 경우 이 제조소의 보유공지는 얼마 이상을 확보하여야 하는가?

① 2m

② 3m

③ 4m

④ 5m

> NOTE 취급하는 위험물의 최대 수량이 지정수량의 10배를 초과하는 경우에는 공지의 너비는 5m 이상이 되도록 확보하여야 한다.

Answer 4.③ 5.③ 6.④ 7.④

8 위험물을 취급하는 제조소와 다른 작업장 사이에 방화벽을 설치하면 공지를 보유하지 않아도 된다. 이 방화벽의 구조로 옳은 것은?

① 불연구조　　　　　　　　　　　　② 자동구조

③ 내화구조　　　　　　　　　　　　④ 돌출구조

　　NOTE　방화벽은 내화구조로 하여야 한다. 다만 취급하는 위험물이 제6류 위험물인 경우에는 불연재료로 할 수 있다.

9 위험물제조소에는 "위험물제조소"라는 표지를 설치하여야 한다. 다음 중 이 표지의 바탕색과 문자색으로 옳은 것은?

① 바탕은 청색, 문자는 백색　　　　② 바탕은 백색, 문자는 흑색

③ 바탕은 흑색, 문자는 백색　　　　④ 바탕은 적색, 문자는 청색

　　NOTE　표지의 바탕은 백색으로, 문자는 흑색으로 하여야 한다.

10 위험물제조소에는 방화에 관하여 필요한 사항을 게시판으로 게시하여야 한다. 다음 중 게시판에 기재할 내용이 아닌 것은?

① 위험물의 유별　　　　　　　　　　② 위험물의 품명

③ 위험물의 최대지정수량　　　　　　④ 위험물의 취급최대수량

　　NOTE　게시판에는 저장 또는 취급하는 위험물의 유별·품명 및 저장최대수량 또는 취급최대수량, 지정수량의 배수 및 안전관리자의 성명 또는 직명을 기재하여야 한다.

11 제1류 위험물 중 알칼리 금속의 과산화물에는 '물기엄금'이라는 주의사항을 표시하여야 한다. '물기엄금'의 표기를 한 게시판의 표시색상으로 옳은 것은?

① 청색바탕에 백색문자　　　　　　　② 적색바탕에 백색문자

③ 흑색바탕에 백색문자　　　　　　　④ 녹색바탕에 백색문자

　　NOTE　게시판의 색은 '물기엄금'을 표기하는 것에 있어서는 청색바탕에 백색문자로 하여야 한다.

Answer　　8.③　9.②　10.③　11.①

12 위험물을 취급하는 건축물의 구조에서 불연재료로 하여야 하는 곳이 아닌 것은?

① 기둥

② 바닥

③ 외벽

④ 계단

> **NOTE** 벽·기둥·바닥·보·서까래 및 계단을 불연재료로 하고 연소의 우려가 있는 외벽은 출입구 외의 개구부가 없는 내화구조의 벽으로 하여야 한다.

13 위험물을 취급하는 제조소의 환기설비방식으로 옳은 것은?

① 전속배기방식

② 자연배기방식

③ 강제배기방식

④ 흡입배기방식

> **NOTE** 위험물을 취급하는 건축물의 환기는 자연배기방식으로 하여야 한다.

14 위험물제조소에 설치하는 증기 또는 미분을 배출하는 시설에 사용되는 방식은?

① 강제배기방식

② 순환배기방식

③ 자연배기방식

④ 흡입배기방식

> **NOTE** 배출설비는 배풍기·배출닥트·후드 등을 이용하여 강제적으로 배출하는 것으로 하여야 한다.

15 위험물의 성질에 따라 안전밸브의 작동이 곤란한 가압설비에 설치하는 안전장치는?

① 자동적으로 압력의 상승을 정지시키는 장치

② 감압측에 안전밸브를 부착한 감압밸브

③ 안전밸브를 병용하는 경보장치

④ 파괴판

> **NOTE** ①②③ 위험물을 가압하는 설비 또는 그 취급하는 위험물의 압력이 상승할 우려가 있는 설비에 설치하는 안전장치에 해당한다.

Answer 12.③ 13.② 14.① 15.④

16 위험물을 취급함에 있어 정전기가 발생할 우려가 있는 설비에 사용되는 정전기 제거 방법으로 옳지 않은 것은?

① 접지에 의한 방법

② 공기 중의 상대습도를 70% 이상으로 하는 방법

③ 공기를 이온화 하는 방법

④ 파괴장치를 이용하는 방법

> **NOTE** 정전기 제거 방법
> ㉠ 접지에 의한 방법
> ㉡ 공기 중의 상대습도를 70% 이상으로 하는 방법
> ㉢ 공기를 이온화 하는 방법

17 위험물을 취급하는 제조소에 피뢰침을 설치하여야 하는 위험물 지정수량의 기준은?

① 지정수량의 2배 이상 ② 지정수량의 5배 이상

③ 지정수량의 7배 이상 ④ 지정수량의 10배 이상

> **NOTE** 지정수량의 10배 이상의 위험물을 취급하는 제조소에는 피뢰침을 설치하여야 한다. 다만, 제조소의 주위의 상황에 따라 안전상 지장이 없는 경우에는 피뢰침을 설치하지 아니할 수 있다.

18 제조소의 옥외에 있는 위험물취급탱크의 방유제 설치기준으로 옳지 않은 것은?

① 하나의 취급탱크 주위에 설치하는 방유제의 용량은 당해 탱크용량의 50% 이상으로 한다.

② 2 이상의 취급탱크 주위에 하나의 방유제를 설치하는 경우 그 방유제의 용량은 당해 탱크 중 용량이 최대인 것의 50%에 나머지 탱크용량 합계의 30%를 가산한 양 이상이 되게 하여야 한다.

③ 방유제는 높이 0.5m 이상 3m 이하, 두께 0.2m 이상, 지하매설깊이 1m 이상으로 하여야 한다.

④ 방유제에는 그 내부에 고인 물을 외부로 배출하기 위한 배수구를 설치하고 이를 개폐하는 밸브 등을 방유제의 외부에 설치하여야 한다.

> **NOTE** 2 이상의 취급탱크 주위에 하나의 방유제를 설치하는 경우 그 방유제의 용량은 당해 탱크 중 용량이 최대인 것의 50%에 나머지 탱크용량 합계의 10%를 가산한 양 이상이 되게 하여야 한다.

Answer 16.④ 17.④ 18.②

19 고인화점위험물은 무엇을 말하는가?

① 인화점이 100℃ 이상인 제1류 위험물
② 인화점이 100℃ 이상인 제2류 위험물
③ 인화점이 100℃ 이상인 제3류 위험물
④ 인화점이 100℃ 이상인 제4류 위험물

> **NOTE** 인화점이 100℃ 이상인 제4류 위험물을 고인화점위험물이라 한다.

20 알킬알루미늄을 취급하는 제조소의 설비로 볼 수 없는 것은?

① 불활성기체를 봉입하는 장치
② 누설범위를 국한하기 위한 설비
③ 누설된 알킬알루미늄 등을 안전한 장소에 설치된 저장실에 유입시키는 설비
④ 수증기를 봉입하는 장치

> **NOTE** 알킬알루미늄을 취급하는 제조소의 특례
> ㉠ 알킬알루미늄 등을 취급하는 설비의 주위에는 누설범위를 국한하기 위한 설비와 누설된 알킬알루미늄 등을 안전한 장소에 설치된 저장실에 유입시킬 수 있는 설비를 갖출 것
> ㉡ 알킬알루미늄 등을 취급하는 설비에는 불활성기체를 봉입하는 장치를 갖출 것

21 아세트알데히드 등을 취급하는 제조소의 특례에 대한 설명으로 옳지 않은 것은?

① 아세트알데히드 등을 취급하는 설비는 은·수은·동·마그네슘 또는 이들을 성분으로 하는 합금으로 만들지 아니하여야 한다.
② 아세트알데히드 등을 취급하는 설비에는 연소성 혼합기체의 생성에 의한 폭발을 방지하기 위한 불활성기체 또는 수증기를 봉입하는 장치를 갖추어야 한다.
③ 아세트알데히드 등을 취급하는 탱크에는 냉각장치 및 보냉장치를 갖추지 아니하여도 된다.
④ 아세트알데히드 등을 취급하는 탱크를 지하에 매설하는 경우에는 탱크를 탱크전용실에 설치하여야 한다.

> **NOTE** 아세트알데히드 등을 취급하는 탱크에는 냉각장치 또는 보냉장치 및 연소성 혼합기체의 생성에 의한 폭발을 방지하기 위한 불활성기체를 봉입하는 장치를 갖추어야 한다.

Answer 19.④ 20.④ 21.③

22 히드록실아민을 300kg 제조하는 제조소로부터 학교까지의 안전거리는 얼마인가?

① 34.7m

② 44.1m

③ 51.1m

④ 64.5m

> **NOTE** 히드록실아민의 지정수량은 100kg이므로 300kg의 경우는 지정수량의 3배가 된다.
> 안전거리 공식= $\dfrac{51.1 \times N}{3}$ 이며, 여기서 N이 지정수량의 배수를 의미하므로
> N에 3을 대입하여 구하면 51.1m가 된다.

23 옥내제조소에 위험물취급탱크를 2기 설치할 경우 방유턱 내에 설치하는 취급탱크의 용량이 각각 8,000l와 4,000l일 때 방유턱의 용량은 얼마인가? (단, 취급탱크 2기 모두 실제 수납하는 위험물의 양을 표기한 것이다)

① 4,000l

② 6,000l

③ 8,000l

④ 12,000l

> **NOTE** 하나의 방유턱 안에 2 이상의 탱크가 있는 경우 당해 탱크 중 실제로 수납하는 위험물의 양이 최대인 탱크의 양으로 한다.

24 히드록실아민을 취급하는 제조소의 주위에 담 또는 토제를 설치하는 기준으로 적합하지 않은 것은?

① 토제는 제조소의 외벽 또는 이에 상당하는 공작물의 외측으로부터 1m 이상 떨어진 장소에 설치하여야 한다.

② 담의 높이는 히드록실아민을 취급하는 부분의 높이 이상으로 하여야 한다.

③ 담은 두께 15cm 이상의 철근콘크리트조·철골철근콘크리트조 또는 두께 20cm 이상의 보강콘크리트블록조로 하여야 한다.

④ 토제의 경사면의 경사도는 60도 미만으로 하여야 한다.

> **NOTE** 담 또는 토제는 제조소의 외벽 또는 이에 상당하는 공작물의 외측으로부터 2m 이상 떨어진 장소에 설치하여야 한다.

Answer 22.③ 23.③ 24.①

25 위험물제조소등의 방화상 유효한 담에 대한 설명으로 틀린 것은?

① 방화상 유효한 담은 제조소등으로부터 5m 미만의 거리에 설치하는 경우에 내화구조로 하여야 한다.

② 방화상 유효한 담은 제조소등으로부터 3m 이상의 거리에 설치하는 경우 불연재료로 하여야 한다.

③ 제조소등의 벽을 높게 하여 방화상 유효한 담을 갈음하는 경우 그 벽을 내화구조로 하여야 한다.

④ 제조소등의 벽을 높게 하여 방화상 유효한 담을 갈음하는 경우 개구부를 설치하여서는 아니된다.

> **NOTE** 방화상 유효한 담은 제조소등으로부터 5m 이상의 거리에 설치하는 경우 불연재료로 하여야 한다.

26 안전거리를 두지 아니할 수 있는 옥내저장소에 해당하지 않는 것은?

① 지정수량의 20배 미만의 제4석유류를 저장하는 옥내저장소
② 제6류 위험물을 저장 또는 취급하는 옥내저장소
③ 지정수량의 20배 이하의 위험물을 저장하는 창고의 벽이 내화구조인 옥내저장소
④ 지정수량의 20배 이하의 동식물유류를 저장하는 옥내저장소

> **NOTE** 안전거리를 두지 아니할 수 있는 옥내저장소
> ㉠ 제4석유류 또는 동식물유류의 위험물을 저장 또는 취급하는 옥내저장서로서 그 최대수량이 지정수량의 20배 미만인 것
> ㉡ 제6류 위험물을 저장 또는 취급하는 옥내저장소
> ㉢ 지정수량의 20배(하나의 저장창고의 바닥면적이 150m^2 이하인 경우에는 50배) 이하의 위험물을 저장 또는 취급하는 옥내저장소로 다음의 기준에 적합한 것
> • 저장창고의 벽 · 기둥 · 바닥 · 보 및 지붕이 내화구조인 것
> • 저장창고의 출입구에 수시로 열 수 있는 자동폐쇄방식의 갑종방화문이 설치되어 있을 것
> • 저장창고에 창을 설치하지 아니할 것

Answer　25.② 26.④

27 벽·기둥 및 바닥이 내화구조로 된 옥내저장소에 일일 최대량으로 휘발유 5,000*l*를 저장한다고 할 때 이 옥내저장소가 확보해야 할 보유공지는?

① 1m 이상
② 2m 이상
③ 3m 이상
④ 4m 이상

 **NOTE** 제1석유류에 해당하는 휘발유의 지정수량은 200*l*로 지정수량의 배수는 $\frac{5,000}{200}=25$배, 지정수량의 20배 초과 또는 50배 이하일 경우 벽·기둥 및 바닥이 내화구조로 된 건축물의 경우 보유공지는 3m 이상이어야 한다.

28 지정수량의 20배를 초과하는 옥내저장소와 동일한 부지 내에 있는 다른 옥내저장소와의 사이에 보유하여야 할 공지의 너비는 얼마인가?

① 보유공지 너비의 3분의 1
② 보유공지 너비의 2분의 1
③ 보유공지 너비의 2배
④ 보유공지 너비의 3배

NOTE 지정수량의 20배를 초과하는 옥내저장소와 동일한 부지 내에 있는 다른 옥내저장소와의 사이에는 보유공지 너비의 3분의 1의 공지를 보유할 수 있다.

29 옥내저장소는 일반적으로 단층건물로 하고 그 바닥을 지반면보다 높게 하여야 하며, 지면에서 처마까지의 높이는 얼마로 하여야 하는가?

① 2m
② 3m
③ 4m
④ 6m

NOTE 옥내저장소는 지면에서 처마까지의 높이가 6m 미만인 단층건물로 하고 그 바닥을 지반면보다 높게 하여야 한다.

30 제2류 또는 제4류 위험물만을 저장하는 옥내저장소의 설비기준으로 옳지 않은 것은?

① 처마높이는 20m 이하로 할 수 있다.
② 벽·기둥·보 및 바닥을 내화구조로 하여야 한다.
③ 출입구에 을종방화문을 설치하여야 한다.
④ 피뢰침을 설치하여야 한다.

NOTE 출입구에 갑종방화문을 설치하여야 한다.

Answer 27.③ 28.① 29.④ 30.③

31 옥내저장소에 난연재료로 된 천장을 설치할 수 있는 경우에 해당하는 위험물의 유별은?

① 제2류 위험물   ② 제4류 위험물

③ 제5류 위험물   ④ 제6류 위험물

> **NOTE** 제5류 위험물만의 저장창고에 있어서는 당해 저장창고내의 온도를 저온으로 유지하기 위하여 난연재료 또는 불연재료로 된 천장을 설치할 수 있다.

32 저장창고의 바닥에 물이 스며 나오거나 스며들지 아니하는 구조로 해야 하는 위험물의 종류가 아닌 것은?

① 알칼리금속의 과산화물   ② 철분

③ 제4류 위험물   ④ 제6류 위험물

> **NOTE** 제1류 위험물 중 알칼리금속의 과산화물 또는 이를 함유하는 것, 제2류 위험물 중 철분·금속분·마그네슘 또는 이중 어느 하나 이상을 함유하는 것, 제3류 위험물 중 금수성물질 또는 제4류 위험물의 저장창고의 바닥은 물이 스며 나오거나 스며들지 아니하는 구조로 하여야 한다.

33 다음 중 옥내저장소에 배출설비를 설치하여야 하는 경우에 해당하는 것은?

① 인화점이 70℃ 미만인 위험물을 저장하는 경우

② 인화점이 50℃ 미만인 위험물을 저장하는 경우

③ 인화점이 70℃ 이상인 위험물을 저장하는 경우

④ 인화점이 50℃ 이상인 위험물을 저장하는 경우

> **NOTE** 옥내저장소의 채광·조명·환기 및 배출설비 … 저장창고에는 제조소의 규정에 준하여 채광·조명·환기의 설비를 갖추어야 하고, 인화점이 70℃ 미만인 위험물의 저장창고에 있어서는 내부에 체류한 가연성의 증기를 지붕 위로 배출하는 설비를 갖추어야 한다.

34 다음 중 지정수량의 10배 이상을 저장하는 옥내저장소에 피뢰침을 설치하지 않아도 되는 저장 위험물은?

① 제3류 위험물

② 제4류 위험물

③ 제5류 위험물

④ 제6류 위험물

> **NOTE** 지정수량의 10배 이상의 저장창고(제6류 위험물의 저장창고 제외)에는 피뢰침을 설치하여야 한다.

35 다층건물 옥내저장소에 대한 설명으로 옳지 않은 것은?

① 저장창고는 각층의 바닥을 지면보다 높게 하고, 바닥면으로부터 상층의 바닥까지의 높이를 4m 미만으로 하여야 한다.

② 하나의 저장창고의 바닥면적의 합계는 $1,000m^2$ 이하로 하여야 한다.

③ 저장창고의 벽 · 기둥 · 바닥 및 보를 내화구조로 하고 계단을 불연재료로 하여야 한다.

④ 2층 이상의 층의 바닥에는 개구부는 두지 아니하여야 한다.

> **NOTE** 저장창고는 각층의 바닥을 지면보다 높게 하고, 바닥면으로부터 상층의 바닥까지의 높이를 6m 미만으로 하여야 한다.

36 복합용도 건축물의 옥내저장소에서 위험물을 저장하는 경우 옥내저장소의 용도에 사용되는 부분의 바닥면적은 얼마이어야 하는가?

① $50m^2$

② $75m^2$

③ $100m^2$

④ $125m^2$

> **NOTE** 옥내저장소의 용도에 사용되는 부분의 바닥면적은 $75m^2$ 이하로 하여야 한다.

Answer   34.④ 35.① 36.②

37 다음 중 지정과산화물의 정의로 옳은 것은?

① 제5류 위험물 중 무기과산화물 또는 이를 함유하는 것으로서 지정수량이 50kg인 것
② 제5류 위험물 중 과염소산염류 또는 이를 함유하는 것으로서 지정수량이 50kg인 것
③ 제5류 위험물 중 유기과산화물 또는 이를 함유하는 것으로서 지정수량이 50kg인 것
④ 제5류 위험물 중 유기과산화물 또는 이를 함유하는 것으로서 지정수량이 10kg인 것

> NOTE 제5류 위험물 중 유기과산화물 또는 이를 함유하는 것으로서 지정수량이 10kg인 것을 지정과산화물이라 한다.

38 지정과산화물을 저장 및 취급하는 옥내저장소에 대한 설명으로 옳지 않은 것은?

① 저장창고는 150m² 이내마다 격벽으로 완전하게 구획하여야 한다.
② 저장창고의 외벽은 두께 30cm 이상의 철근콘크리트조로 하여야 한다.
③ 저장창고의 출입구에는 갑종방화문을 설치하여야 한다.
④ 저장창고의 창은 바닥면으로부터 2m 이상의 높이에 두어야 한다.

> NOTE 저장창고의 외벽은 두께 20㎝ 이상의 철근콘크리트조나 철골철근콘크리트조 또는 두께 30㎝ 이상의 보강콘크리트블록조로 하여야 한다.

39 지정과산화물을 저장, 취급하는 옥내저장소에 설치하여야 하는 격벽의 기준으로 틀린 것은?

① 격벽은 두께 30cm 이상의 철근콘크리트조로 한다.
② 격벽은 두께 30cm 이상의 보강콘크리트블록조로 한다.
③ 격벽은 저장창고의 양측의 외벽으로부터 1m 이상 돌출하게 한다.
④ 격벽은 상부의 지붕으로부터 50cm 이상 돌출하게 한다.

> NOTE 저장창고는 150m² 이내마다 격벽으로 완전하게 구획하여야 한다. 이 경우 당해 격벽은 두께 30㎝ 이상의 철근콘크리트조 또는 철골철근콘크리트조로 하거나 두께 40㎝ 이상의 보강콘크리트블록조로 하고, 당해 저장창고의 양측의 외벽으로부터 1m 이상, 상부의 지붕으로부터 50㎝ 이상 돌출하게 하여야 한다.

Answer 37.④ 38.② 39.②

40 옥외저장탱크에 경유 500,000*l*를 저장할 경우 필요한 보유공지는?

① 3m

② 5m

③ 9m

④ 12m

> NOTE 경유는 제4류 위험물 중 제2석유류로 비수용성이므로 지정수량은 1,000*l*이다.
>
> 지정수량의 배수는 $\dfrac{500,000}{1,000} = 500$배
>
> 지정수량의 500배 이하일 경우 공지의 너비는 3m 이상이다.

41 제6류 위험물을 저장하는 옥외저장탱크의 보유공지는 제6류 위험물 외의 위험물을 저장하는 옥외저장탱크의 보유공지의 얼마 이상으로 하여야 하는가?

① 2분의 1

② 3분의 1

③ 4분의 1

④ 5분의 1

> NOTE 제6류 위험물을 저장 또는 취급하는 옥외저장탱크는 제6류 위험물 외의 위험물을 저장 또는 취급하는 옥외저장탱크의 보유공지의 3분의 1 이상으로 하여야 한다.

42 제6류 위험물을 저장하는 옥외저장탱크를 동일구 내에 2개 이상 인접하여 설치하는 경우 그 인접하는 방향의 보유공지는 얼마로 하여야 하는가?

① 2분의 1

② 3분의 1

③ 4분의 1

④ 5분의 1

> NOTE 제6류 위험물을 저장 또는 취급하는 옥외저장탱크를 동일구 내에 2개 이상 인접하여 설치하는 경우 그 인접하는 방향의 보유공지는 옥외저장탱크 보유공지의 3분의 1 이상으로 할 수 있다.

Answer 40.① 41.② 42.②

43 특정옥외탱크저장소의 정의로 옳은 것은?

① 옥외탱크저장소 중 그 저장 또는 취급하는 액체위험물의 최대수량이 400*l* 이상인 것
② 옥외탱크저장소 중 그 저장 또는 취급하는 액체위험물의 최대수량이 1,000*l* 이상인 것
③ 옥외탱크저장소 중 그 저장 또는 취급하는 액체위험물의 최대수량이 2,000*l* 이상인 것
④ 옥외탱크저장소 중 그 저장 또는 취급하는 액체위험물의 최대수량이 100만*l* 이상인 것

> **NOTE** 옥외탱크저장소 중 그 저장 또는 취급하는 액체위험물의 최대수량이 100만*l* 이상인 것을 특정 옥외탱크저장소라 한다.

44 물분무소화설비를 옥외저장탱크에 설치할 경우 보유공지는 얼마로 단축할 수 있는가?

① 3분의 1 이상
② 2분의 1 이상
③ 2배 이상
④ 3배 이상

> **NOTE** 물분무소화설비로 방호조치를 하는 경우에는 보유공지의 2분의 1 이상의 너비로 할 수 있다.

45 옥외저장탱크의 통기관에 대한 설명으로 틀린 것은?

① 밸브없는 통기관의 직경은 30mm 이상으로 한다.
② 밸브없는 통기관의 선단은 수평면보다 45도 이상 구부려 빗물의 침투를 막는 구조로 한다.
③ 인화점이 70℃ 이상의 위험물을 취급하는 탱크의 통기관에는 인화방지장치를 하여야 한다.
④ 대기밸브부착 통기관은 5kPa 이하의 압력차이로 작동할 수 있어야 한다.

> **NOTE** 밸브없는 통기관에는 가는 눈의 구리망 등으로 인화방지장치를 하여야 한다. 다만, 인화점 70℃ 이상의 위험물만을 해당 위험물의 인화점 미만의 온도로 저장 또는 취급하는 탱크에 설치하는 통기관에 있어서는 그러하지 아니하다.

46 인화점이 21℃ 미만인 위험물의 옥외저장탱크 주입구에 설치하는 게시판에 대한 내용으로 옳지 않은 것은?

① 한 변이 0.3m 이상, 다른 한 변이 0.6m 이상인 직사각형으로 하여야 한다.

② 옥외저장탱크 주입구라고 표시하여야 한다.

③ 위험물의 유별, 품명, 주의사항 등을 표시하여야 한다.

④ 게시판은 흑색바탕에 백색문자로 적어야 한다.

> NOTE 게시판은 백색바탕에 흑색문자로 하여야 한다.

47 옥외저장탱크 펌프설비의 보유공지는 얼마로 하여야 하는가?

① 너비 1m 이상 ② 너비 2m 이상

③ 너비 3m 이상 ④ 너비 5m 이상

> NOTE 옥외저장탱크 펌프설비의 주위에는 너비 3m 이상의 공지를 보유하여야 한다.

48 옥외저장탱크의 펌프설비에 대한 설명으로 틀린 것은?

① 펌프설비로부터 옥외저장탱크까지 사이에는 당해 옥외저장탱크의 보유공지 너비의 3분의 1 이상의 거리를 유지하도록 한다.

② 펌프설비는 견고한 기초 위에 고정시켜야 한다.

③ 펌프 및 이에 부속하는 전동기를 위한 건축의 벽·기둥·바닥 및 보는 불연재료로 하여야 한다.

④ 펌프실의 바닥의 주위에는 높이 0.1m 이상의 턱을 만들고 바닥은 콘크리트 등 위험물이 스며들지 아니하는 재료로 하여야 한다.

> NOTE 펌프실의 바닥의 주위에는 높이 0.2m 이상의 턱을 만들고 바닥은 콘크리트 등 위험물이 스며들지 아니하는 재료로 적당히 경사지게 하여 그 최저부에는 집유설비를 설치하여야 한다.

♥♥ Answer 46.④ 47.③ 48.④

49 액체위험물의 옥외저장탱크의 주위에 위험물이 세었을 경우 그 유출을 방지하기 위해 설치하는 것은?

① 통기관
② 계량장치
③ 방유제
④ 교반기

 액체위험물의 옥외저장탱크의 주위에는 위험물이 세었을 경우에 그 유출을 방지하기 위한 방유제를 설치하여야 한다.

50 이황화탄소 옥외저장탱크의 바닥의 두께는 얼마 이상이어야 하는가?

① 0.1m
② 0.2m
③ 0.3m
④ 0.4m

 이황화탄소의 옥외저장탱크는 벽 및 바닥의 두께가 0.2m 이상이고 누수가 되지 아니하는 철근콘크리트의 수조에 넣어 보관하여야 한다.

51 하나의 방유제 안에 설치된 탱크가 하나인 경우 인화성액체위험물을 저장하는 옥외저장탱크의 방유제의 용량은?

① 그 탱크 용량의 90% 이상
② 그 탱크 용량의 100% 이상
③ 그 탱크 용량의 110% 이상
④ 그 탱크 용량의 120% 이상

 하나의 방유제 안에 설치된 탱크가 하나인 때에는 그 탱크 용량의 110% 이상이다.

52 옥외저장탱크 방유제의 높이는 최대 얼마인가?

① 0.5m
② 1m
③ 2m
④ 3m

 옥외저장탱크 방유제의 높이는 0.5m 이상 3m 이하로 하여야 한다.

Answer   49.③ 50.② 51.③ 52.④

53 옥외저장탱크의 방유제의 두께는 얼마로 하여야 하는가?

① 0.1m 이상　　　　　　　　　　② 0.2m 이상

③ 0.3m 이상　　　　　　　　　　④ 0.4m 이상

    NOTE　옥외저장탱크의 방유제의 두께는 0.2m 이상으로 하여야 한다.

54 옥외저장탱크의 방유제내의 면적은 얼마로 하여야 하는가?

① 2만m² 이하　　　　　　　　　② 4만m² 이하

③ 6만m² 이하　　　　　　　　　④ 8만m² 이하

    NOTE　옥외저장탱크의 방유제내의 면적은 8만m² 이하로 하여야 한다.

55 다음 중 방유제 내에 설치하는 옥외저장탱크의 수로 옳은 것은?

① 하나의 방유제 내에 설치하는 옥외저장탱크의 수 – 20개 이하

② 인화점 70℃ 이상 200℃ 미만의 위험물을 저장하는 옥외저장탱크의 수 – 20개 이하

③ 인화점 200℃ 이상인 위험물을 저장하는 옥외저장탱크의 수 – 20개 이하

④ 인화점 70℃ 미만의 위험물을 저장하는 옥외저장탱크의 수 – 20개 이하

    NOTE　방유제 내의 설치하는 옥외저장탱크의 수는 10개 이하로 한다. 방유제 내에 설치하는 모든 옥외저장탱크의 용량이 20만ℓ 이하이고, 당해 옥외저장탱크에 저장 또는 취급하는 위험물의 인화점이 70℃ 이상 200℃ 미만인 경우에는 20개 이하로 한다. 인화점이 200℃ 이상인 위험물을 저장 또는 취급하는 옥외저장탱크에 있어서는 그 개수를 제한하지 않는다.

56 방유제 외면의 얼마 이상을 자동차 등이 통행할 수 있는 도로에 직접 접하도록 하여야 하는가?

① 외면의 4분의 1 이상　　　　　② 외면의 3분의 1 이상

③ 외면의 2분의 1 이상　　　　　④ 외면의 완전히 접하도록

    NOTE　방유제 외면의 2분의 1 이상은 자동차 등이 통행할 수 있는 3m 이상의 노면폭을 확보한 구내도로(옥외저장탱크가 있는 부지 내의 도로를 말함)에 직접 접하도록 하여야 한다.

Answer　53.② 54.④ 55.② 56.③

57 지름이 14m인 옥외저장탱크의 옆판으로부터 방유제까지의 거리는 얼마 이상이 되어야 하는가?

① 탱크 높이의 2분의 1 이상

② 탱크 높이의 3분의 1 이상

③ 탱크 높이의 4분의 1 이상

④ 탱크 높이의 5분의 1 이상

> NOTE 방유제는 옥외저장탱크의 지름에 따라 그 탱크의 옆판으로부터 다음에 정하는 거리를 유지하여야 한다. 다만, 인화점이 200℃ 이상인 위험물을 저장 또는 취급하는 것에 있어서는 그러하지 아니하다.
> ㉠ 지름이 15m 미만인 경우에는 탱크 높이의 3분의 1 이상
> ㉡ 지름이 15m 이상인 경우에는 탱크 높이의 2분의 1 이상

58 방유제 내 설치한 옥외저장탱크의 용량이 얼마 이상인 경우 각 탱크마다 간막이 둑을 설치하여야 하는가?

① 10만l

② 100만l

③ 1,000만l

④ 10,000l

> NOTE 용량이 1,000만l 이상인 옥외저장탱크의 주위에 설치하는 방유제에는 당해 탱크마다 간막이 둑을 설치하여야 한다.

59 높이가 1m를 넘는 방유제 및 간막이 둑의 안팎에는 방유제 내에 출입하기 위한 계단 또는 경사로를 몇 m 간격으로 설치해야 하는가?

① 20m

② 30m

③ 40m

④ 50m

> NOTE 높이가 1m를 넘는 방유제 및 간막이 둑의 안팎에는 방유제 내에 출입하기 위한 계단 또는 경사로를 약 50m마다 설치하여야 한다.

60 옥내탱크저장소의 옥내저장탱크의 용량은 얼마이어야 하는가?

① 지정수량의 10배 이하   ② 지정수량의 20배 이하

③ 지정수량의 30배 이하   ④ 지정수량의 40배 이하

> **NOTE** 옥내저장탱크의 용량은 지정수량의 40배 이하이어야 한다.

61 옥내저장탱크의 밸브 없는 통기관의 선단은 지면으로부터 몇 m 이상의 높이에 설치하여야 하는가?

① 1m   ② 2m

③ 3m   ④ 4m

> **NOTE** 통기관의 선단은 건축물의 창·출입구 등의 개구부로부터 1m 이상 떨어진 옥외의 장소에 지면으로부터 4m 이상의 높이로 설치하되, 인화점이 40℃ 미만인 위험물의 탱크에 설치하는 통기관에 있어서는 부지경계선으로부터 1.5m 이상 이격하여야 한다.

62 지하탱크저장소에 대한 설명으로 옳지 않은 것은?

① 지하저장탱크는 지하철, 지하가 또는 지하터널로부터 수평거리 10m 이내에는 설치하여서는 아니된다.

② 지하저장탱크는 뚜껑에 걸리는 중량이 직접 당해 탱크에 걸리지 아니하는 구조이어야 한다.

③ 지하저장탱크는 견고한 기초 위에 고정하여야 한다.

④ 지하저장탱크는 지하의 가장 가까운 벽·피트·가스관 등의 시설물 및 대지경계선으로부터 0.3m 이상 떨어진 곳에 매설하여야 한다.

> **NOTE** 지하저장탱크는 지하의 가장 가까운 벽·피트·가스관 등의 시설물 및 대지경계선으로부터 0.5m 이상 떨어진 곳에 매설하여야 한다.

63 지하저장탱크 전용실 내부에 채우는 마른 자갈분의 입자 크기는 얼마인가?

① 3mm   ② 5mm

③ 7mm   ④ 10mm

> **NOTE** 탱크의 주위에 마른 모래 또는 습기 등에 의하여 응고되지 아니하는 입자지름 5mm 이하의 마른 자갈분을 채워야 한다.

Answer   60.④   61.④   62.④   63.②

64 지하저장탱크 중 압력탱크 외의 탱크의 수압시험 압력은?

① 46kPa
② 58kPa
③ 70kPa
④ 83kPa

> **NOTE** 지하저장탱크 중 압력탱크 외의 탱크에 있어서는 70kPa의 압력으로 10분간 수압시험을 실시하여 새거나 변형되지 않아야 한다.

65 탱크전용실에 설치하는 지하저장탱크의 외면 보호를 위한 방법이 아닌 것은?

① 탱크의 외면에 방청도장을 한다.
② 탱크의 외면에 방청제 및 아스팔트프라이머의 순으로 도장을 한 후 아스팔트 루핑 및 철망의 순으로 탱크를 피복하고, 그 표면에 두께 2mm 이상에 이를 때까지 모르타르를 도장한다.
③ 탱크의 외면에 프라이머를 도장하고 그 표면에 복장재를 휘감은 후 에폭시수지에 의한 피복을 탱크의 외면으로부터 두께 2mm 이상에 이를 때까지 실시한다.
④ 탱크의 외면에 프라이머를 도장하고, 그 표면에 유리섬유 등을 강화제로 한 강화플라스틱에 의한 피복을 두께 3mm 이상에 이를 때까지 실시한다.

> **NOTE** 탱크의 외면에 방청제 및 아스팔트프라이머의 순으로 도장을 한 후 아스팔트 루핑 및 철망의 순으로 탱크를 피복하고, 그 표면에 두께 2cm 이상에 이를 때까지 모르타르를 도장한다.

66 옥외에 설치하는 간이탱크저장소의 보유공지는 얼마인가?

① 0.5m 이상
② 1m 이상
③ 1,5m 이상
④ 2m 이상

> **NOTE** 간이탱크저장소를 옥외에 설치하는 경우 그 탱크의 주위에 너비 1m 이상의 공지를 두고, 전용실 안에 설치하는 경우에는 탱크와 전용실의 벽과의 사이에 0.5m 이상의 간격을 유지하여야 한다.

Answer 64.③ 65.② 66.②

67 하나의 간이탱크저장소에 설치하는 간이저장탱크의 수는 몇 개 이하인가?

① 1개

② 2개

③ 3개

④ 4개

> NOTE 하나의 간이탱크저장소에 설치하는 간이저장탱크는 그 수를 3 이하로 하고, 동일한 품질의 위험물의 간이저장탱크를 2 이상 설치하지 아니하여야 한다.

68 하나의 간이저장탱크의 용량은 얼마로 하여야 하는가?

① 500l 이하

② 600l 이하

③ 700l 이하

④ 800l 이하

> NOTE 간이저장탱크의 용량은 600l 이하이어야 한다.

69 간이저장탱크의 밸브 없는 통기관의 지름은 얼마로 하여야 하는가?

① 15mm 이상

② 20mm 이상

③ 25mm 이상

④ 30mm 이상

> NOTE 밸브 없는 통기관의 지름은 25mm 이상으로 하여야 한다.

70 간이저장탱크의 밸브 없는 통기관은 옥외에 설치하여야 하며, 그 선단의 높이는 얼마로 하여야 하는가?

① 지상 1m 이상

② 지상 1.5m 이상

③ 지상 2m 이상

④ 지상 2.5m 이상

> NOTE 간이저장탱크의 밸브 없는 통기관은 옥외에 설치하되, 그 선단의 높이는 지상 1.5m 이상으로 하여야 한다.

Answer 67.③ 68.② 69.③ 70.②

71 옥외에 있는 이동탱크저장소의 상치장소는 화기를 취급하는 장소와 인근의 건축물로부터 몇 m 이상으로 하여야 하는가?

① 3m 이상　　　　　　　　　② 4m 이상

③ 5m 이상　　　　　　　　　④ 6m 이상

> **NOTE** 옥외에 있는 상치장소는 화기를 취급하는 장소 또는 인근의 건축물로부터 5m 이상의 거리를 확보하여야 한다.

72 다음 괄호 안에 들어갈 알맞은 것은?

> 최대상용압력이 46.7kPa 이상인 압력탱크 외의 탱크는 (　　　)의 압력으로, 압력탱크는 최대상용압력의 (　　　)의 압력으로 각각 (　　　)의 수압시험을 실시하여 새거나 변형되지 아니하여야 한다.

① 70kPa, 1.5배, 10분간

② 70kPa, 2.5배, 10분간

③ 80kPa, 1.5배, 20분간

④ 80kPa, 2.5배, 10분간

> **NOTE** 압력탱크 외의 탱크는 70kPa의 압력으로, 압력탱크는 최대상용압력의 1.5배의 압력으로 각각 10분간의 수압시험을 실시하여 새거나 변형되지 아니하여야 한다.

73 이동저장탱크의 내부에 설치하는 칸막이로 사용하는 강철판의 두께와 용량은 얼마인가?

① 3.2mm 이상, 2,000*l* 이하

② 3.2mm 이상, 4,000*l* 이하

③ 6mm 이상, 2,000*l* 이하

④ 6mm 이상, 4,000*l* 이하

> **NOTE** 이동저장탱크는 그 내부에 4,000*l* 이하마다 3.2mm 이상의 강철판 또는 이와 동등 이상의 강도·내열성 및 내식성이 있는 금속성의 것으로 칸막이를 설치하여야 한다.

Answer　71.③　72.①　73.②

74 다음 중 방파판의 두께와 방호틀의 두께를 바르게 나열한 것은?

① 방파판 1.6mm 이상, 방호틀 3.2mm 이상

② 방파판 1.5mm 이상, 방호틀 2.3mm 이상

③ 방파판 2.3mm 이상, 방호틀 1.6mm 이상

④ 방파판 1.6mm 이상, 방호틀 2.3mm 이상

> **NOTE** 방파판은 두께 1.6mm 이상의 강철판 또는 이와 동등 이상의 강도·내열성 및 내식성이 있는 금속성의 것으로 하여야 하며, 방호틀의 두께는 2.3mm 이상의 강철판 또는 이와 동등 이상의 기계적 성질이 있는 재료로써 산모양의 형상으로 하거나 이와 동등 이상의 강도가 있는 형상으로 하여야 한다.

75 하나의 구획부분에 설치하는 각 방파판의 면적의 합계는 얼마 이상으로 하여야 하는가?

① 40% 이상

② 50% 이상

③ 60% 이상

④ 70% 이상

> **NOTE** 하나의 구획부분에 설치하는 각 방파판의 면적의 합계는 당해 구획부분의 최대 수직단면적의 50% 이상으로 하여야 한다. 다만, 수직단면이 원형이거나 짧은 지름이 1m 이하의 타원형일 경우에는 40% 이상으로 할 수 있다.

76 이동탱크저장소에 주입설비를 설치하는 경우 그 기준으로 옳지 않은 것은?

① 위험물이 샐 우려가 없고 화재예방상 안전한 구조로 하여야 한다.

② 주입설비의 길이는 50m 이내로 하여야 한다.

③ 주입설비의 선단에 축적되는 정전기를 유효하게 제거할 수 있는 장치를 하여야 한다.

④ 분당 토출량은 100l 이하로 하여야 한다.

> **NOTE** 분당 토출량은 200l 이하로 하여야 한다.

77 이동탱크저장소에 접지도선을 설치하여야 하는 위험물이 아닌 것은?

① 특수인화물 ② 제1석유류

③ 알코올류 ④ 제2석유류

> NOTE 제4류 위험물 중 특수인화물, 제1석유류 또는 제2석유류의 이동탱크저장소에는 접지도선을 설치하여야 한다.

78 컨테이너식 이동탱크저장소의 이동저장탱크·맨홀 및 주입구의 뚜껑의 두께는 얼마로 하여야 하는가?

① 5mm ② 6mm

③ 7mm ④ 8mm

> NOTE 이동저장탱크·맨홀 및 주입구의 뚜껑은 두께 6mm 이상의 강판 또는 이와 동등 이상의 기계적 성질이 있는 재료로 하여야 한다.

79 알킬알루미늄 등을 저장 또는 취급하는 이동탱크저장소의 이동저장탱크의 두께는 얼마로 하여야 하는가?

① 3.2mm ② 6.4mm

③ 9.6mm ④ 10mm

> NOTE 알킬알루미늄 등을 저장 또는 취급하는 이동탱크저장소의 이동저장탱크는 두께 10mm 이상의 강판 또는 이와 동등 이상의 기계적 성질이 있는 재료로 기밀하게 제작되고 1MPa 이상의 압력으로 10분간 실시하는 수압시험에서 새거나 변형하지 아니하는 것이어야 한다.

80 알킬알루미늄 등을 저장 또는 취급하는 이동저장탱크의 용량은 얼마로 하여야 하는가?

① 6,000l 미만 ② 4,000l 미만

③ 2,000l 미만 ④ 1,900l 미만

> NOTE 알킬알루미늄 등을 저장 또는 취급하는 이동탱크저장소의 이동저장탱크의 용량은 1,900l 미만이어야 한다.

Answer 77.③ 78.② 79.④ 80.④

81 경유 90,000*l*를 저장하는 옥외저장소의 보유공지는 최소 얼마로 하여야 하는가?

① 5m 이상 ② 9m 이상
③ 12m 이상 ④ 15m 이상

> **NOTE** 경유는 제4류 위험물 제2석유류 비수용성액체로 지정수량이 1,000*l*이다.
> 지정수량의 배수는 $\dfrac{90,000}{1,000} = 90$배이므로, 지정수량의 50배 초과 200배 이하인 경우 보유공지는 12m 이상 되어야 한다.

82 실린더유 1,200,000*l*를 저장하는 옥외저장소의 보유공지는 최소 얼마로 하여야 하는가?

① 3m 이상 ② 4m 이상
③ 5m 이상 ④ 6m 이상

> **NOTE** 실린더유는 제4류 위험물 제4석유류로 지정수량은 6,000*l*이다.
> 지정수량의 배수는 $\dfrac{1,200,000}{6,000} = 200$배이므로 지정수량의 50배 초과 200배 이하인 경우 보유공지는 12m 이상이 되어야 한다.
> 그러나 제4류 위험물 중 제4석유류와 제6류 위험물을 저장 또는 취급하는 옥외저장소의 보유공지는 공지 너비의 3분의 1 이상의 너비로 할 수 있다.
> 그러므로 $\dfrac{12}{3} = 4$m 이상이 되어야 한다.

83 옥외저장소에 선반을 설치하는 경우 그 기준에 대한 설명으로 옳지 않은 것은?

① 선반은 불연재료로 만들고 견고한 지반면에 고정하여야 한다.
② 선반은 당해 선반 및 그 부속설비의 자중·저장하는 위험물의 중량·풍하중·지진의 영향 등에 의하여 생기는 응력에 대하여 안전하여야 한다.
③ 선반의 높이는 10m를 초과하지 아니하여야 한다.
④ 선반에는 위험물을 수납한 용기가 쉽게 낙하하지 않도록 조치를 강구하여야 한다.

> **NOTE** 선반의 높이는 6m를 초과하지 아니하여야 한다.

84 옥외저장소 중 덩어리 상태의 유황만을 지반면에 설치한 경계표시의 안쪽에서 저장 또는 취급하는 경우 하나의 경계표시의 내부 면적은 얼마로 하여야 하는가?

① 100m² 이하 ② 150m² 이하

③ 200m² 이하 ④ 250m² 이하

> NOTE 하나의 경계표시의 내부의 면적은 100m² 이하이어야 한다.

85 옥외저장소 중 덩어리 상태의 유황만을 경계표시의 안쪽에 저장하는 때 2 이상의 경계표시를 설치하는 경우 각각의 경계표시 내부의 면적은 얼마로 하여야 하는가?

① 내부면적을 합산한 면적은 500m² 이하로 한다.

② 내부면적을 합산한 면적은 1,000m² 이하로 한다.

③ 내부면적을 합산한 면적은 2,000m² 이하로 한다.

④ 내부면적을 합산한 면적은 3,000m² 이하로 한다.

> NOTE 2 이상의 경계표시를 설치하는 경우에 있어서는 각각의 경계표시 내부의 면적을 합산한 면적은 1,000m² 이하로 하고, 인접하는 경계표시와 경계표시와의 간격을 공지 너비의 2분의 1 이상으로 하여야 한다.

86 옥외저장소 경계표시의 높이는 얼마로 하여야 하는가?

① 1m ② 1.5m

③ 2m ④ 2.5m

> NOTE 경계표시의 높이는 1.5m 이하로 하여야 한다.

87 다음 중 옥외저장소에 살수설비를 설치하여야 하는 위험물이 아닌 것은?

① 인화성고체 ② 제1석유류

③ 제4석유류 ④ 알코올류

> NOTE 인화성고체, 제1석유류 또는 알코올류를 저장 또는 취급하는 장소에는 당해 위험물을 적당한 온도로 유지하기 위한 살수설비 등을 설치하여야 한다.

Answer 84.① 85.② 86.② 87.③

88 암반탱크저장소에 설치하는 암반탱크의 설치기준으로 적합하지 않은 것은?

① 암반탱크는 암반투수계수가 1초당 20만분의 1m 이하인 천연암반 내에 설치하여야 한다.

② 암반탱크는 저장할 위험물의 증기압을 억제할 수 있는 지하수면 하에 설치하여야 한다.

③ 암반탱크의 내벽은 암반균열에 의한 낙반을 방지할 수 있도록 볼트·콘크리트 등으로 보강하여야 한다.

④ 암반탱크의 상부로 물을 주입하여 수압을 유지할 필요가 있는 경우에는 수벽공을 설치하여야 한다.

> **NOTE** 암반탱크는 암반투수계수가 1초당 10만분의 1m 이하인 천연암반 내에 설치하여야 한다.

89 암반탱크저장소에 대한 설명으로 틀린 것은?

① 암반탱크 내로 유입되는 지하수의 양은 암반 내의 지하수 충전양보다 적어야 한다.

② 암반탱크에 가해지는 지하수압은 저장소의 최대 운영압보다 항상 크게 유지하여야 한다.

③ 암반탱크저장소에는 위험물의 양과 내부로 유입되는 지하수의 양을 측정할 수 있는 계량구와 자동측정이 가능한 계량장치를 설치하여야 한다.

④ 암반탱크저장소에 액중펌프를 설치한 경우 점검 및 보수를 위하여 사람의 출입이 용이한 구조의 전용공동에 설치하여야 한다.

> **NOTE** 암반탱크저장소의 펌프설비는 점검 및 보수를 위하여 사람의 출입이 용이한 구조의 전용공동에 설치하여야 한다. 다만, 액중펌프(펌프 또는 전동기를 저당탱크 또는 암반탱크 안에 설치하는 것)를 설치한 경우에는 그러하지 아니하다.

90 암반탱크저장소의 암반탱크에 수벽공을 설치해야 하는 경우에 해당하는 것은?

① 암반탱크 내벽의 암반균열에 의한 낙반을 방지하기 위한 경우

② 위험물의 양과 내부로 유입되는 지하수의 양을 측정할 경우

③ 상부로 물을 주입하여 수압을 유지할 필요가 있는 경우

④ 지하수위 및 지하수의 흐름 등을 통제하기 위한 경우

> **NOTE** 암반탱크의 상부로 물을 주입하여 수압을 유지할 필요가 있는 경우에는 수벽공을 설치하여야 한다.

Answer   88.①   89.④   90.③

91 주유취급소의 주유공지에 대한 설명으로 알맞은 것은?

① 너비 10m 이상, 길이 6m 이상의 콘크리트 등으로 포장한 공지
② 너비 10m 이상, 길이 8m 이상의 콘크리트 등으로 포장한 공지
③ 너비 15m 이상, 길이 6m 이상의 콘크리트 등으로 포장한 공지
④ 너비 15m 이상, 길이 8m 이상의 콘크리트 등으로 포장한 공지

> **NOTE** 주유취급소의 고정주유설비의 주위에는 주유를 받으려는 자동차 등이 출입할 수 있도록 너비 15m 이상, 길이 6m 이상의 콘크리트 등으로 포장한 공지를 보유하여야 한다.

92 다음 중 주유취급소에 설치하는 게시판 중 주유중엔진정지 표시의 색상으로 옳은 것은?

① 황색 바탕에 백색 문자
② 황색 바탕에 흑색 문자
③ 적색 바탕에 흑색 문자
④ 적색 바탕에 흑색 문자

> **NOTE** 주유취급소에는 위험물주유취급소라는 표시를 한 표지, 방화에 관하여 필요한 사항을 게시한 게시판 및 황색 바탕에 흑색 문자로 주유중엔진정지라는 표시를 한 게시판을 설치하여야 한다.

93 주유취급소의 고정주유설비에 접속하는 전용탱크 용량은 얼마이어야 하는가?

① 20,000l 이하
② 30,000l 이하
③ 40,000l 이하
④ 50,000l 이하

> **NOTE** 자동차 등에 주유하기 위한 고정주유설비에 직접 접속하는 전용탱크의 용량은 50,000l 이하의 것으로 하여야 한다.

94 다음 중 주유취급소에 설치하는 전용탱크의 용량이 잘못된 것은?

① 고정주유설비의 경우 50,000l 이하
② 보일러 등의 경우 10,000l 이하
③ 폐유·윤활유의 경우 10,000l 이하
④ 고정급유설비의 경우 50,000l 이하

Answer 91.③ 92.② 93.④ 94.③

NOTE 자동차 등을 점검·정비하는 작업장 등(주유취급소 안에 설치된 것에 한함)에서 사용하는 폐유·윤활유 등의 위험물을 저장하는 탱크는 용량(2 이상 설치하는 경우에는 각 용량의 합계)이 2,000*l* 이하인 탱크로 하여야 한다.

95 고정주유설비의 주유관 선단에서 제1석유류의 최대토출량은 얼마인가?

① 분당 50*l* 이하　　　　　　② 분당 80*l* 이하
③ 분당 180*l* 이하　　　　　　④ 분당 300*l* 이하

NOTE 주유관 선단에서의 최대토출량은 제1석유류의 경우 분당 50*l* 이하이다.

96 고정주유설비의 주유관 선단의 분당 토출량이 200*l* 이상인 경우에는 주유설비에 관계된 모든 배관의 안지름을 얼마 이상으로 하여야 하는가?

① 10mm 이상　　　　　　② 20mm 이상
③ 30mm 이상　　　　　　④ 40mm 이상

NOTE 주유관 선단에서의 분당 토출량이 200*l* 이상의 것의 경우에는 주유설비에 관계된 모든 배관의 안지름을 40mm 이상으로 하여야 한다.

97 고정주유설비의 주유관의 길이는 얼마인가?

① 3m 이내　　　　　　② 4m 이내
③ 5m 이내　　　　　　④ 6m 이내

NOTE 고정주유설비의 주유관의 길이는 5m 이내로 하고 그 선단에는 축적된 정전기를 유효하게 제거할 수 있는 장치를 설치하여야 한다.

98 고정주유설비와 고정급유설비의 사이는 얼마 이상의 거리를 유지하여야 하는가?

① 1m 이상　　　　　　② 2m 이상
③ 3m 이상　　　　　　④ 4m 이상

NOTE 고정주유설비와 고정급유설비의 사이에는 4m 이상의 거리를 유지하여야 한다.

Answer　95.① 96.④ 97.③ 98.④

99 고정주유설비의 중심선을 기점으로 하여 도로경계선까지의 거리는 얼마로 하여야 하는가?

① 1m 이상

② 2m 이상

③ 3m 이상

④ 4m 이상

> **NOTE** 고정주유설비의 중심선을 기점으로 하여 도로경계선까지 4m 이상, 부지경계선·담 및 건축물의 벽까지 2m(개구부가 없는 벽까지는 1m) 이상의 거리를 유지하여야 한다.

100 주유취급소의 직원 외의 자가 출입하는 용도에 제공하는 부분의 면적의 합은 얼마를 초과할 수 없는가?

① 1,000m^2

② 1,500m^2

③ 2,000m^2

④ 2,500m^2

> **NOTE** 주유취급소의 직원 외의 자가 출입하는 사무소, 자동차 점검 및 간이정비 작업장, 점포·휴게음식점 및 전시장의 용도로 제공하는 부분의 면적의 합은 1,000m^{2}를 초과할 수 없다.

101 주유취급소에 증기세차기를 설치하는 경우 담과 고정주유설비 사이의 거리는 얼마로 하여야 하는가?

① 1m

② 2m

③ 3m

④ 4m

> **NOTE** 증기세차기를 설치하는 경우에는 그 주위에 불연재료로 된 높이 1m 이상의 담을 설치하고 출입구가 고정주유설비에 면하지 아니하도록 하여야 한다. 이 경우 담은 고정주유설비로부터 4m 이상 떨어지게 하여야 한다.

102 셀프용 고정주유설비에서 휘발유를 주유할 경우 1회 연속주유량의 상한은 얼마인가?

① 100l 이하

② 150l 이하

③ 200l 이하

④ 250l 이하

> **NOTE** 셀프용 고정주유설비에서 1회의 연속주유량 및 주유시간의 상한을 미리 설정할 수 있다. 주유량의 상한은 휘발유는 100l 이하, 경유는 200l 이하로 하며, 주유시간의 상한은 4분 이하로 한다.

Answer 99.④ 100.① 101.④ 102.①

103 주유취급소의 담 또는 벽에 유리를 부착할 수 있는 기준에 대한 설명으로 옳지 않은 것은?

① 주유취급소 내의 지반면으로부터 70cm를 초과하는 부분에 한하여 유리를 부착하여야 한다.

② 하나의 유리판의 가로의 길이는 4m 이내로 하여야 한다.

③ 유리판의 테두리를 금속제의 구조물에 견고하게 고정하고 해당 구조물을 담 또는 벽에 견고하게 부착하여야 한다.

④ 유리의 구조는 접합유리로 하되, 시험하여 비차열 30분 이상의 방화성능이 인정되어야 한다.

> **NOTE** 하나의 유리판의 가로의 길이는 2m 이내로 하여야 한다.

104 판매취급소에 대한 설명으로 옳은 것은?

① 저장 또는 취급하는 위험물의 수량이 지정수량의 20배 이하인 판매취급소를 제1종 판매취급소라 한다.

② 제1종 판매취급소는 건축물의 1층에 설치하여야 한다.

③ 위험물을 배합하는 실은 바닥면적이 $6m^2$ 이상 $15m^2$ 이하로 하여야 한다.

④ 위험물을 배합하는 실은 내화구조로 된 벽으로 구획하여야 한다.

> **NOTE** 위험물을 배합하는 실은 바닥면적이 $1m^2$ 이상 $10m^2$ 이하로 하여야 한다.

105 위험물 판매취급소에서 위험물을 배합하는 실의 출입구 문턱의 높이는 바닥면으로부터 얼마로 하여야 하는가?

① 0.1m 이상　　　　　　　② 0.2m 이상
③ 0.3m 이상　　　　　　　④ 0.4m 이상

> **NOTE** 위험물을 배합하는 실의 출입구 문턱의 높이는 바닥면으로부터 0.1m 이상으로 하여야 한다.

106 저장 또는 취급하는 위험물의 수량이 지정수량의 40배 이하인 판매취급소를 무엇이라 하는가?

① 제1종 판매취급소　　　　　　　② 제2종 판매취급소

③ 제3종 판매취급소　　　　　　　④ 제4종 판매취급소

> NOTE　제2종 판매취급소는 저장 또는 취급하는 위험물의 수량이 지정수량의 40배 이하인 판매취급
> 소를 말한다.

107 다음 중 위험물 이송취급소를 설치할 수 있는 장소는?

① 도로의 터널 안

② 붕괴의 위험이 없는 경사지역

③ 고속국도의 중앙분리대

④ 저수지 등의 수리의 수원이 되는 곳

> NOTE　이송취급소는 다음의 장소 외의 장소에 설치하여야 한다.
> ㉠ 철도 및 도로의 터널 안
> ㉡ 고속국도 및 자동차전용도로(도로법에 따라 지정된 도로)의 차도·길어깨 및 중앙분리대
> ㉢ 호수·저수지 등으로서 수리의 수원이 되는 곳
> ㉣ 급경사지역으로서 붕괴의 위험이 있는 지역

108 이송취급소에 설치하는 배관의 외경이 150mm일 경우 배관의 두께는 얼마로 하여야 하는가?

① 4.5mm 이상　　　　　　　　　② 4.9mm 이상

③ 5.1mm 이상　　　　　　　　　④ 5.5mm 이상

> NOTE　배관의 외경이 139.8mm 이상 165.2mm 미만인 경우 배관의 두께는 5.1mm 이상으로 하여야
> 한다.

109 이송취급소의 배관설치 기준의 종류에 해당하지 않는 것은?

① 지하매설　　　　　　　　　　　② 도로 밑 매설

③ 철도부지 밑 매설　　　　　　　④ 도로 위 매설

> NOTE　이송취급소 배관설치 기준의 종류
> ㉠ 지하매설

Answer　　106.② 107.② 108.③ 109.④

ⓛ 도로 밑 매설
ⓒ 철도부지 밑 매설
ⓔ 하천 홍수관리구역 내 매설
ⓜ 지상설치
ⓗ 해저설치
ⓢ 해상설치
ⓞ 도로횡단설치
ⓩ 철도 밑 횡단매설
ⓒ 하천 등 횡단설치

110 이송취급소의 지하에 배관을 매설하는 경우 건축물까지의 안전거리는 그 외면으로부터 얼마가 되어야 하는가?

① 1.5m 이상

② 3m 이상

③ 10m 이상

④ 300m 이상

> **NOTE** 배관은 그 외면으로부터 건축물·지하가·터널 또는 수도시설까지 각각 다음의 규정에 의한 안전거리를 두어야 한다.
> ㉠ 건축물(지하가 내의 건축물을 제외) : 1.5m 이상
> ㉡ 지하가 및 터널 : 10m 이상
> ㉢ 수도법에 의한 수도시설(위험물의 유입우려가 있는 것에 한함) : 300m 이상

111 이송기지 내의 지상에 설치된 배관등은 전체 용접부의 몇 % 이상을 발췌하여 시험할 수 있는가?

① 10% 이상

② 20% 이상

③ 30% 이상

④ 40% 이상

> **NOTE** 배관등의 용접부는 비파괴시험을 실시하여 합격하여야 하며, 이송기지 내의 지상에 설치된 배관등은 전체 용접부의 20% 이상을 발췌하여 시험할 수 있다.

Answer   110.①   111.②

112 이송취급소의 이송기지에 설치하여야 하는 경보설비로 옳은 것은?

① 비상방송설비　　　　　　　　　　　② 비상유도등

③ 비상벨장치　　　　　　　　　　　　④ 비상탐지장치

> **NOTE** 이송취급소에는 다음의 기준에 따라 경보설비를 설치하여야 한다.
> ㉠ 이송기지에는 비상벨장치 및 확성장치를 설치하여야 한다.
> ㉡ 가연성증기를 발생하는 위험물을 취급하는 펌프실 등에는 가연성증기경보설비를 설치하여야 한다.

113 이송취급소에 펌프 및 그 부속설비를 설치하는 경우 펌프등의 최대사용압력이 2MPa일 경우 보유하여야 할 공지의 너비는 얼마인가?

① 3m 이상　　　　　　　　　　　　　② 5m 이상

③ 10m 이상　　　　　　　　　　　　④ 15m 이상

> **NOTE** 펌프등은 그 주위에 다음 표에 의한 공지를 보유하여야 한다.

펌프등의 최대상용압력	공지의 너비
1MPa 미만	3m 이상
1MPa 이상 3MPa 미만	5m 이상
3MPa 이상	15m 이상

114 이송취급소의 피그장치 설치기준으로 옳지 않은 것은?

① 피그장치는 배관의 강도와 동등한 강도를 가져야 한다.

② 피그장치는 당해 장치의 외부압력을 안전하게 방출할 수 있고 내부압력을 방출한 후가 아니면 피그를 삽입하거나 배출할 수 없는 구조로 하여야 한다.

③ 피그장치는 배관 내에 이상응력이 발생하지 아니하도록 설치하여야 한다.

④ 피그장치를 설치한 장소의 바닥은 위험물이 침투하지 아니하는 구조로 하여야 한다.

> **NOTE** 피그장치는 배관의 강도와 동등 이상의 강도를 가져야 한다.

115 이송취급소의 피그장치의 주변에 보유해야 할 공지의 너비는 얼마인가?

① 1m 이상

② 2m 이상

③ 3m 이상

④ 4m 이상

> **NOTE** 피그장치의 주변에는 너비 3m 이상의 공지를 보유하여야 한다. 다만 펌프실 내에 설치하는 경우에는 그러하지 아니하다.

116 분무도장작업등의 일반취급소에서 취급하는 위험물의 종류로 볼 수 없는 것은?

① 적린

② 휘발유

③ 이황화탄소

④ 황화린

> **NOTE** 분무도장작업 등의 일반취급소란 도장, 인쇄 또는 도포를 위하여 제2류 위험물(황화린, 적린, 유황, 철분, 금속분, 마그네슘 등) 또는 제4류 위험물[특수인화물(이황화탄소) 제외][제1석유류(아세톤, 휘발유), 알코올류, 제2석유류(등유, 경유), 제3석유류(중유, 클레오소드유), 제4석유류(기어유, 실린더유), 동식물유류]을 취급하는 일반취급소로서 지정수량의 30배 미만의 것(위험물을 취급하는 설비를 건축물에 설치하는 것에 한하며, 이하 "분무도장작업등의 일반취급소"라 한다)을 취급하는 설비를 건축물에 설치하는 경우를 말한다.

117 세장작업 일반취급소에서 세정을 위하여 취급하는 위험물의 범위에 해당하는 것은?

① 인화점이 40℃ 미만인 제4류 위험물에 한한다.

② 인화점이 20℃ 이하인 제4류 위험물에 한한다.

③ 인화점이 21℃ 미만인 제4류 위험물에 한한다.

④ 인화점이 40℃ 이상인 제4류 위험물에 한한다.

> **NOTE** 세정을 위하여 위험물(인화점이 40℃ 이상인 제4류 위험물에 한함)을 취급하는 일반취급소로서 지정수량의 30배 미만의 것

Answer   115.③   116.③   117.④

118 열처리작업 등의 일반취급소에서 열처리작업 및 방전가공을 위하여 취급하는 위험물의 범위로 옳은 것은?

① 인화점이 40℃ 이상인 제4류 위험물에 한한다.
② 인화점에 70℃ 이상인 제4류 위험물에 한한다.
③ 인화점이 -40℃ 미만인 제4류 위험물에 한한다.
④ 인화점에 -70℃ 미만인 제4류 위험물에 한한다.

> **NOTE** 열처리작업 또는 방전가공을 위하여 위험물(인화점이 70℃ 이상인 제4류 위험물에 한함)을 취급하는 일반취급소로서 지정수량의 30배 미만의 것

119 충전하는 일반취급소에서 이동저장탱크에 주입할 수 있는 액체위험물은?

① 디에틸에테르　　　　　　　　② 알킬알루미늄
③ 아세트알데히드　　　　　　　④ 히드록실아민

> **NOTE** 이동저장탱크에 액체위험물(알킬알루미늄등, 아세트알데히드등 및 히드록실아민등을 제외)을 주입하는 일반취급소를 충전하는 일반취급소라 한다.

120 세정작업 일반취급소에 설치하는 위험물을 취급하는 탱크의 주위에 설치하여햐 하는 것은?

① 보유공지　　　　　　　　　　② 방유턱
③ 집유설비　　　　　　　　　　④ 방화문

> **NOTE** 위험물을 취급하는 탱크의 주위에는 방유턱을 설치하여야 한다.

Answer　118.② 119.① 120.②

2 제조소등의 소화설비, 경보설비 및 피난설비기준

1 소화난이도등급Ⅰ에 해당하는 위험물제조소의 연면적은 얼마인가?

① 500m^2 ② 1,000m^2

③ 600m^2 ④ 1,200m^2

> **NOTE** 소화난이도등급Ⅰ에 해당하는 위험물제조소는 연면적 1,000m^2 이상이어야 한다.

2 소화난이도등급Ⅰ에 해당하지 않는 제조소등은?

① 지정수량의 100배 이상인 것을 저장하는 위험물제조소

② 제1류 위험물을 저장하는 옥외저장탱크로 액표면적이 40m^2 이상인 것

③ 모든 이송취급소

④ 지정수량의 100배 이상인 것을 저장하는 옥외저장소

> **NOTE** 소화난이도등급Ⅱ에 해당한다.

3 소화난이도등급Ⅰ에 해당하는 제조소등으로 볼 수 없는 것은?

① 지정수량 150배 이상인 것을 저장하는 옥내저장소

② 액표면적이 40m^2 이상인 것을 저장하는 암반탱크저장소

③ 직원 외의 자가 출입하는 부분의 면적의 합이 500m^{2}를 초과하는 주유취급소

④ 제2류 또는 제4류 위험물을 저장하는 저장창고가 다층건물인 옥내저장소

> **NOTE** ④ 소화난이도등급Ⅱ에 해당한다.

Answer   1.② 2.④ 3.④

4 처마높이가 6m 이상인 단층건물에 설치한 옥내저장소에 필요한 소화설비는?

① 옥내소화전설비　　　　　　　　　② 옥외소화전설비
③ 스프링클러설비　　　　　　　　　④ 포소화설비

> **NOTE** 처마높이가 6m 이상인 단층건물 또는 다른 용도의 부분이 있는 건축물에 설치한 옥내저장소
> 에는 스프링클러설비 또는 이동식 외의 물분무소화설비를 설치하여야 한다.

5 다음 중 소화난이도등급 I 에 해당하는 위험물제조소에 설치하여야 하는 소화설비로 볼 수 없는 것은?

① 옥내소화전설비　　　　　　　　　② 옥외소화전설비
③ 스프링클러설비　　　　　　　　　④ 분말소화설비

> **NOTE** 제조소 및 일반취급소에는 옥내소화전설비, 옥외소화전설비, 스프링클러설비 또는 물분무등소
> 화설비(화재발생시 연기가 충만할 우려가 있는 장소에는 스프링클러설비 또는 이동식 외의 물
> 분무소화설비에 한함)를 설치하여야 한다.

6 인화점이 70℃ 이상의 제4류 위험물만을 저장하는 옥외탱크저장소에 설치하여야 하는 소화설비에 해당하는 것은?

① 스프링클러설비　　　　　　　　　② 할로겐화합물소화설비
③ 고정식 포소화설비　　　　　　　　④ 이동식 불활성가스소화설비

> **NOTE** 인화점 70℃ 이상의 제4류 위험물만을 저장·취급하는 옥외탱크저장소에는 물분부소화설비
> 또는 고정식 포소화설비를 설치하여야 한다.

7 소화난이도등급 II 에 해당하는 위험물제조소의 연면적은 얼마인가?

① 500m^2 이상　　　　　　　　　② 600m^2 이상
③ 1,000m^2 이상　　　　　　　　④ 1,500m^2 이상

> **NOTE** 소화난이도등급 II 에 해당하는 제조소 및 일반취급소의 연면적은 600m^2 이상이어야 한다.

Answer　　4.③　5.④　6.③　7.②

8 소화난이도등급 I에 해당하는 제조소등에 설치하여야 하는 소화설비에 대한 설명으로 틀린 것은?

① 고인화점위험물만을 100℃ 미만의 온도에서 취급하는 제조소 또는 일반취급소의 위험물에 대해서는 대형수동식소화기 1개 이상과 당해 위험물의 소요단위에 해당하는 능력단위의 소형수동식소화기를 설치하여야 한다.

② 가연성증기 또는 가연성미분이 체류할 우려가 있는 건축물 또는 실내에는 대형수동식소화기 1개 이상과 당해 건축물, 그 밖의 공작물 및 위험물의 소요단위에 해당하는 능력단위의 소형수동식소화기 등을 추가로 설치하여야 한다.

③ 제4류 위험물을 저장 또는 취급하는 옥외탱크저장소 또는 옥내탱크저장소에는 대형수동식소화기 등을 2개 이상 설치하여야 한다.

④ 제조소, 옥내탱크저장소, 이송취급소 또는 일반취급소의 작업공정상 소화설비의 방사능력 범위 내에 당해 제조소등에서 저장 또는 취급하는 위험물의 전부가 포함되지 아니하는 경우에는 당해 위험물에 대하여 대형수동식소화기 1개 이상과 당해 위험물의 소요단위에 해당하는 능력단위의 소형수동식소화기 등을 추가로 설치하여야 한다.

> **NOTE** 제4류 위험물을 저장 또는 취급하는 옥외탱크저장소 또는 옥내탱크저장소에는 소형수동식소화기 등을 2개 이상 설치하여야 한다.

9 위험물안전관리법령상 옥내주유취급소는 소화난이도등급 몇에 해당하는가?

① 소화난이도등급 I　　　　　② 소화닌이도등급 II
③ 소화난이도등급 III　　　　　④ 소화난이도등급 IV

> **NOTE** 옥내주유취급소는 소화난이도등급 II에 해당한다.

10 다음 중 소화난이도등급 II에 해당하지 않는 제조소등은?

① 제2종 판매취급소
② 지정수량 100배 이상의 것을 저장하는 옥외저장소
③ 다층건물인 옥내저장소
④ 제1종 판매취급소

> **NOTE** ④ 소화난이도등급 III에 해당한다.

11 소화난이도등급 II에 해당하는 옥외탱크저장소, 옥내탱크저장소에 설치하여야 하는 대형수동식소화기와 소형수동식소화기의 개수는?

① 대형수동식소화기 1개 이상, 소형수동식소화기 1개 이상

② 대형수동식소화기 1개 이상, 소형수동식소화기 2개 이상

③ 대형수동식소화기 2개 이상, 소형수동식소화기 1개 이상

④ 대형수동식소화기 2개 이상, 소형수동식소화기 2개 이상

> **NOTE** 소화난이도등급 II에 해당하는 옥외탱크저장소, 옥내탱크저장소에는 대형수동식소화기 및 소형수동식소화기 등을 각각 1개 이상 설치하여야 한다.

12 소화난이도등급 II의 제조소, 옥내저장소, 옥외저장소 등에 대형수동식소화설비를 설치하여야 하는 경우에 해당하는 것은? (단, 당해 소화설비의 방사능력범위 내의 부분에 한함)

① 옥내소화전설비를 설치한 경우

② 옥외소화전설비를 설치한 경우

③ 스프링클러설비를 설치한 경우

④ 포소화설비를 설치한 경우

> **NOTE** 소화난이도등급 II이 제조소등에 옥내소화전설비, 옥외소화전설비, 스프링클러설비 또는 물분무소화설비를 설치한 경우에는 당해 소화설비의 방사능력범위 내의 부분에 대해서는 대형수동식소화기를 설치하지 아니할 수 있다.

13 소화난이도등급 III에 해당하는 지하탱크저장소에 설치하는 소형수동식소화기 등의 능력단위 수치와 설치개수의 연결이 바른 것은?

① 능력단위의 수치 : 1 이상, 설치개수 : 1개 이상

② 능력단위의 수치 : 2 이상, 설치개수 : 1개 이상

③ 능력단위의 수치 : 3 이상, 설치개수 : 2개 이상

④ 능력단위의 수치 : 4 이상, 설치개수 : 2개 이상

> **NOTE** 소화난이도등급 III에 해당하는 지하탱크저장소에 설치하는 소형수동식소화기 등의 설치기준으로는 능력단위의 수치가 3 이상이어야 하며, 2개 이상을 설치하여야 한다.

Answer 11.① 12.④ 13.③

14 소화난이도등급Ⅲ에 해당하는 알킬알루미늄 등을 저장 또는 취급하는 이동탱크저장소에 자동차용소화기를 설치하는 외에 추가로 설치하여야 하는 간이소화용구가 아닌 것은?

① 마른모래　　　　　　　　　　　② 팽창질석

③ 팽창진주암　　　　　　　　　　④ 인산염류

> NOTE　알킬알루미늄 등을 저장 또는 취급하는 이동탱크저장소에 있어서는 자동차용소화기를 설치하는 외에 마른모래나 팽창질석 또는 팽창진주암을 추가로 설치하여야 한다.

15 다음 중 전기설비의 화재에 효과가 없는 소화설비는?

① 물분무소화설비　　　　　　　　② 불활성가스소화설비

③ 할로겐화합물소화설비　　　　　④ 포소화설비

> NOTE　전기설비의 화재에 효과가 있는 소화설비로는 물분무소화설비, 불활성가스소화설비, 할로겐화합물소화설비, 인산염류 등 및 탄산수소염류 등을 사용하는 분말소화설비이다.

16 제1류 위험물 중 알칼리금속과산화물에 적응성이 있는 소화설비에 해당하는 것은?

① 스프링클러설비　　　　　　　　② 탄산수소염류 분말소화설비

③ 인산염류 분말소화설비　　　　　④ 불활성가스소화설비

> NOTE　제1류 위험물 중 알칼리금속과산화물에 적응성이 있는 소화설비는 탄산수소염류 분말소화설비이다.

17 모든 류별 위험물의 화재에 모두 적응성을 가지고 있는 소화설비는?

① 수조　　　　　　　　　　　　　② 포소화기

③ 팽창질석　　　　　　　　　　　④ 무상수소화기

> NOTE　제1류 위험물, 제2류 위험물, 제3류 위험물, 제4류 위험물, 제5류 위험물, 제6류 위험물 모두에 적응성을 가지고 있는 소화설비로는 건조사, 팽창질석 또는 팽창진주암이다.

Answer　14.④　15.④　16.②　17.③

18 제3류 위험물 중 금수성물품에 적응성이 있는 소화기구에 해당하는 것은?

① 봉상수소화기

② 이산화탄소소화기

③ 무상강화액소화기

④ 탄산수소염류소화기

> **NOTE** 제3류 위험물 중 금수성물품에 적응성이 있는 소화기구는 탄산수소염류소화기이다.

19 제5류 위험물의 화재에 적응성이 없는 소화설비는?

① 불활성가스소화설비

② 옥외소화전설비

③ 불문부소화설비

④ 스프링클러설비

> **NOTE** 제5류 위험물의 화재에 적응성이 있는 소화설비로는 옥내소화전설비, 옥외소화전설비, 스프링클러설비, 물분무소화설비, 포소화설비이다.

20 제6류 위험물의 화재에 적응성이 있는 소화설비는?

① 할로겐화합물소화설비

② 불활성가스소화설비

③ 인산염류 분말소화설비

④ 탄산수소염류 분말소화설비

> **NOTE** 제6류 위험물의 화재에 적응성이 있는 소화설비로는 인산염류 분말소화설비, 옥내소화전설비, 옥외소화전설비, 스프링클러설비, 물분무소화설비, 포소화설비이다.

21 외벽이 내화구조인 위험물제조소의 건축물 연면적이 $1,000\,\text{m}^2$인 경우 소요단위는 얼마인가?

① 1단위

② 5단위

③ 7단위

④ 10단위

> **NOTE** 위험물제조소 또는 취급소의 건축물은 외벽이 내화구조인 것은 연면적 $100\,\text{m}^2$를 1소요단위로 한다.
> 그러므로 $\dfrac{1,000}{100} = 10$단위가 된다.

Answer 18.④ 19.① 20.③ 21.④

22 외벽이 내화구조로 된 위험물 저장소 건축물의 연면적이 450m^2일 경우 소요단위는 얼마인가?

① 1단위   ② 2단위

③ 3단위   ④ 4단위

> **NOTE** 저장소의 건축물은 외벽이 내화구조인 것은 연면적 150m^2를 1소요단위로 한다.
> 그러므로 $\frac{450}{150}=3$단위가 된다.

23 위험물의 1소요단위는 지정수량의 몇 배로 계산하여야 하는가?

① 1배   ② 10배

③ 100배   ④ 1,000배

> **NOTE** 위험물은 지정수량의 10배를 1소요단위로 한다.

24 간이소화용구로 팽창질석 또는 팽창진주암을 삽과 함께 준비한 경우 능력단위 2에 해당하는 양은?

① $160l$ ② $320l$

③ $480l$ ④ $560l$

> **NOTE** 팽창질석 또는 팽창진주암을 삽과 함께 준비한 경우 능력단위 1당 $160l$이므로 능력단위 2는 $160\times2=320l$가 된다.

25 다음 중 소화전용물통 $16l$의 소화 능력 단위는?

① 0.3   ② 0.6

③ 0.9   ④ 1.2

> **NOTE** 소화전용물통 $8l$당 소화 능력 단위는 0.3이므로 $16l$인 경우에는 0.6단위가 된다.

Answer   22.③   23.②   24.②   25.②

26 위험물 저장소의 건축물로서 외벽이 내화구조로 된 경우 1소요단위에 해당하는 연면적은 얼마인가?

① 75m^2

② 100m^2

③ 150m^2

④ 200m^2

> **NOTE** 저장소의 건축물은 외벽이 내화구조인 것은 연면적 150m^{2}를 1소요단위로 한다.

27 알코올류 10,000l의 소화설비설치시 소요단위는?

① 1

② 1.5

③ 2

④ 2.5

> **NOTE** 지정수량의 10배를 1소요단위로 하므로 $\dfrac{10,000}{400 \times 10} = 2.5$

28 마른 모래 0.5단위가 의미하는 것은?

① 삽 1개를 포함한 마른 모래 50l 이상의 것 1포

② 삽 1개를 포함한 마른 모래 160l 이상의 것 1포

③ 삽 2개를 포함한 마른 모래 50l 이상의 것 1포

④ 삽 2개를 포함한 마른 모래 160l 이상의 것 1포

> **NOTE** 마른 모래의 0.5단위는 삽 1개를 포함한 마른 모래 50l 이상의 것 1포를 말한다.

29 위험물 저장소의 건축물로서 외벽이 내화구조가 아닌 것은 연면적 몇 m^{2}를 소요단위 1단위로 하는가?

① 50m^2

② 75m^2

③ 100m^2

④ 150m^2

> **NOTE** 위험물 저장소의 건축물로서 외벽이 내화구조가 아닌 것은 연면적 75m^{2}를 1소요단위로 한다.

Answer 26.③ 27.④ 28.① 29.②

30 탄화칼슘 30,000kg에 대한 소화설비의 설치시 소요단위는?

① 10단위　　　　　　　　　　　② 20단위

③ 30단위　　　　　　　　　　　④ 40단위

> **NOTE** 위험물은 지정수량의 10배를 1소요단위로 하여야 하므로 $\dfrac{30,000}{300 \times 10} = 10$단위

31 옥내소화전설비의 수원의 수량을 계산하는 방식으로 옳은 것은?

① 옥내소화전이 가장 많이 설치된 층의 옥내소화전 설치개수에 $7.8m^2$를 곱한 양 이상

② 옥내소화전이 가장 많이 설치된 층의 옥내소화전 설치개수에 $15.6m^2$를 곱한 양 이상

③ 옥내소화전이 가장 적게 설치된 층의 옥내소화전 설치개수에 $7.8m^2$를 곱한 양 이상

④ 옥내소화전이 가장 적게 설치된 층의 옥내소화전 설치개수에 $15.6m^2$를 곱한 양 이상

> **NOTE** 수원의 수량은 옥내소화전이 가장 많이 설치된 층의 옥내소화전 설치개수에 $7.8m^2$를 곱한 양 이상이 되도록 설치하여야 한다.

32 옥외소화전설비에서 모든 옥외소화전을 동시에 사용할 경우 방수량은 1분당 얼마 이상이 되어야 하는가?

① 350l　　　　　　　　　　　② 400l

③ 450l　　　　　　　　　　　④ 500l

> **NOTE** 옥외소화전설비는 모든 옥외소화전(설치개수가 4개 이상인 경우는 4개의 옥외소화전)을 동시에 사용할 경우에 각 노즐 선단의 방수압력이 350MPa 이상이고, 방수량이 1분당 450l 이상의 성능이 되도록 하여야 한다.

33 개방형 스프링클러헤드를 이용한 스프링클러설비의 방사구역은 얼마 이상이 되어야 하는가?

① 100m^2　　　　　　　　　　② 150m^2

③ 200m^2　　　　　　　　　　④ 250m^2

> **NOTE** 개방형 스프링클러헤드를 이용한 스프링클러설비의 방사구역(하나의 일제개방밸브에 의하여 동시에 방사되는 구역)은 $150m^2$ 이상(방호대상물의 바닥면적이 $150m^2$ 미만인 경우에는 당해 바닥면적)으로 하여야 한다.

Answer　30.①　31.①　32.③　33.②

34 물분무소화설비의 수원의 수량은 분무헤드가 가장 많이 설치된 방사구역의 모든 분무헤드를 동시에 사용할 경우 당해 방사구역의 표면적의 $1m^2$당 1분당 몇 l의 비율로 계산한 양으로 30분간 방사할 수 있는 양 이상이 되도록 설치하여야 하는가?

① 10l
② 20l
③ 30l
④ 40l

> **NOTE** 수원의 수량은 분무헤드가 가장 많이 설치된 방사구역의 모든 분무헤드를 동시에 사용할 경우에 당해 방사구역의 표면적 $1m^2$당 1분당 20l의 비율로 계산한 양으로 30분간 방사할 수 있는 양 이상이 되도록 설치하여야 한다.

35 포소화전 등 고정된 포수용액 공급장치로부터 호스를 통하여 포수용액을 공급받아 이동식 노즐에 의하여 방사하도록 된 소화설비를 무엇이라 하는가?

① 이동식 포소화설비
② 스프링클러설비
③ 불활성가스소화설비
④ 물분무소화설비

> **NOTE** 이동식 포소화설비에 대한 설명이다. 이동식 포소화설비는 옥내, 옥외에 따라 설치규정이 다르다.

36 옥내저장소에 설치하여야 하는 경보설비로 옳은 것은?

① 비상경보설비
② 비상확성장치
③ 비상방송설비
④ 자동화재탐지설비

> **NOTE** 제조소 및 일반취급소, 옥내저장소에는 자동화재탐지설비를 경보설비로 설치하여야 한다.

37 자동화재탐지설비의 설치 시 하나의 경계구역의 면적은 얼마로 하여야 하는가?

① $400m^2$
② $600m^2$
③ $800m^2$
④ $1,000m^2$

> **NOTE** 하나의 경계구역의 면적은 $600m^2$ 이하로 하여야 한다.

Answer 34.② 35.① 36.④ 37.②

38 다음 중 자동화재탐지설비의 감지기 설치장소로 적당한 것은?

① 처마 밑

② 지하실 벽 면

③ 지붕

④ 벽의 옥외

> NOTE 자동화재탐지설비의 감지기는 지붕(상층이 있는 경우에는 상층의 바닥) 또는 벽의 옥내에 면한 부분(천장이 있는 경우에는 천장 또는 벽의 옥내에 면한 부분 및 천장의 뒷부분)에 유효하게 화재의 발생을 감지할 수 있도록 설치하여야 한다.

39 옥내주유취급소에 유도등을 설치하여야 하는 장소로 보기 어려운 것은?

① 사무소 출입구

② 사무소 피난구

③ 피난구로 통하는 통로

④ 부지 밖으로 통하는 통로

> NOTE 옥내주유취급소에 있어서는 당해 사무소 등의 출입구 및 피난구와 당해 피난구로 총하는 통로 · 계단 및 출입구에 유도등을 설치하여야 한다.

40 다음 중 피난기구로 보기 어려운 것은?

① 구조대

② 완강기

③ 피난교

④ 유도등

> NOTE 피난기구의 종류 … 피난 사다리, 완강기, 구조대, 미끄럼대, 로프, 피난교, 피난용 트랩 등

Answer 38.③ 39.④ 40.④

04 위험물안전관리법상 행정사항

1 제조소등 설치 및 후속절차

1 제조소등의 설치허가를 받으려는 자가 신청서와 함께 첨부하여야 할 서류가 아닌 것은?

① 제조소등의 위치·구조 및 설비에 관한 도면
② 당해 제조소등에 해당하는 구조설비명세표
③ 소화설비와 소화기구를 설치하는 제조소등의 경우에는 당해 설비의 설계도서
④ 화재탐지설비를 설치하는 제조소등의 경우에는 당해 설비의 설계도서

> **NOTE** 위험물안전관리법에 따라 제조소등의 설치허가를 받으려는 자는 신청서에 다음의 서류를 첨부하여 특별시장·광역시장·특별자치시장·도지사 또는 특별자치도지사(이하 "시·도지사"라 한다)나 소방서장에게 제출하여야 한다. 다만, 전자정부법에 따른 행정정보의 공동이용을 통하여 첨부서류에 대한 정보를 확인할 수 있는 경우에는 그 확인으로 첨부서류에 갈음할 수 있다.
> ㉠ 다음의 사항을 기재한 제조소등의 위치·구조 및 설비에 관한 도면
> • 당해 제조소등을 포함하는 사업소 안 및 주위의 주요 건축물과 공작물의 배치
> • 당해 제조소등이 설치된 건축물 안에 제조소등의 용도로 사용되지 아니하는 부분이 있는 경우 그 부분의 배치 및 구조
> • 당해 제조소등을 구성하는 건축물, 공작물 및 기계·기구 그 밖의 설비의 배치(제조소 또는 일반취급소의 경우에는 공정의 개요를 포함한다)
> • 당해 제조소등에서 위험물을 저장 또는 취급하는 건축물, 공작물 및 기계·기구 그 밖의 설비의 구조(주유취급소의 경우에는 건축물 및 공작물의 구조를 포함한다)
> • 당해 제조소등에 설치하는 전기설비, 피뢰설비, 소화설비, 경보설비 및 피난설비의 개요
> • 압력안전장치·누설점검장치 및 긴급차단밸브 등 긴급대책에 관계된 설비를 설치하는 제조소등의 경우에는 당해 설비의 개요
> ㉡ 당해 제조소등에 해당하는 구조설비명세표
> ㉢ 소화설비(소화기구 제외)를 설치하는 제조소등의 경우에는 당해 설비의 설계도서
> ㉣ 화재탐지설비를 설치하는 제조소등의 경우에는 당해 설비의 설계도서
> ㉤ 50만리터 이상의 옥외탱크저장소의 경우에는 당해 옥외탱크저장소의 탱크의 기초·지반 및 탱크본체의 설계도서, 공사계획서, 공사공정표, 지질조사자료 등 기초·지반에 관하여 필요한 자료와 용접부에 관한 설명서 등 탱크에 관한 자료

Answer 1.③

ⓑ 암반탱크저장소의 경우에는 당해 암반탱크의 탱크본체·갱도(坑道) 및 배관 그 밖의 설비의 설계도서, 공사계획서, 공사공정표 및 지질·수리(水理)조사서

ⓐ 옥외저장탱크가 지중탱크(저부가 지반면 아래에 있고 상부가 지반면 이상에 있으며 탱크내 위험물의 최고액면이 지반면 아래에 있는 원통종형식의 위험물탱크를 말한다. 이하 같다)인 경우에는 당해 지중탱크의 지반 및 탱크본체의 설계도서, 공사계획서, 공사공정표 및 지질조사자료 등 지반에 관한 자료

ⓞ 옥외저장탱크가 해상탱크[해상의 동일장소에 정치(定置)되어 육상에 설치된 설비와 배관 등에 의하여 접속된 위험물탱크]인 경우에는 당해 해상탱크의 탱크본체·정치설비(해상탱크를 동일장소에 정치하기 위한 설비를 말한다. 이하 같다) 그 밖의 설비의 설계도서, 공사계획서 및 공사공정표

ⓩ 이송취급소의 경우에는 공사계획서, 공사공정표 및 규정에 의한 서류

ⓒ 소방산업의 진흥에 관한 법률에 따른 한국소방산업기술원이 발급한 기술검토서(기술원의 기술검토를 미리 받은 경우에 한한다)

2 제조소등의 위치·구조 또는 설비의 변경 없이 당해 제조소등에서 저장하거나 취급하는 위험물의 품명·수량 또는 지정수량의 배수를 변경하고자 하는 자는 변경하고자 하는 날의 며칠 전까지 총리령이 정하는 바에 따라 시·도지사에게 신고하여야 하는가?

① 1일

② 2일

③ 3일

④ 5일

> **NOTE** 제조소등의 위치·구조 또는 설비의 변경없이 당해 제조소등에서 저장하거나 취급하는 위험물의 품명·수량 또는 지정수량의 배수를 변경하고자 하는 자는 변경하고자 하는 날의 1일 전까지 총리령이 정하는 바에 따라 시·도지사에게 신고하여야 한다.

3 다음 중 허가를 받지 아니하고 당해 제조소등을 설치하거나 그 위치·구조 또는 설비를 변경할 수 있는 제조소등이 아닌 것은?

① 주택의 난방시설을 위한 저장소

② 공동주택의 중앙난방시설을 위한 저장소

③ 축산용 난방시설을 위한 지정수량 20배 이하의 저장소

④ 수산용 건조시설을 위한 지정수량 20배 이하의 저장소

> **NOTE** 다음의 어느 하나에 해당하는 제조소등의 경우에는 허가를 받지 아니하고 당해 제조소등을 설치하거나 그 위치·구조 또는 설비를 변경할 수 있으며, 신고를 하지 아니하고 위험물의 품명·수량 또는 지정수량의 배수를 변경할 수 있다.
> ㉠ 주택의 난방시설(공동주택의 중앙난방시설을 제외한다)을 위한 저장소 또는 취급소
> ㉡ 농예용·축산용 또는 수산용으로 필요한 난방시설 또는 건조시설을 위한 지정수량 20배 이하의 저장소

Answer　2.① 3.②

4 다음 중 탱크안전성능검사의 검사종류로 볼 수 없는 것은?

① 기초 · 지반공사
② 총수 · 수압검사
③ 용접부검사
④ 지하탱크검사

 **NOTE** 탱크안전성능검사의 종류
㉠ 기초 · 지반검사
㉡ 총수 · 수압검사
㉢ 용접부검사
㉣ 암반탱크검사

5 다음 중 탱크안전성능검사의 대상이 되는 탱크로 볼 수 없는 것은?

① 옥외탱크저장소의 액체위험물탱크 중 그 용량이 100만리터 이상인 탱크
② 일반취급소에 설치된 탱크로서 용량이 지정수량 미만인 탱크
③ 액체위험물을 저장 또는 취급하는 탱크
④ 액체위험물을 저장 또는 취급하는 암반내의 공간을 이용한 탱크

NOTE 탱크안전성능검사의 대상이 되는 탱크
㉠ 옥외탱크저장소의 액체위험물탱크 중 그 용량이 100만리터 이상인 탱크
㉡ 액체위험물을 저장 또는 취급하는 탱크
㉢ 액체위험물을 저장 또는 취급하는 암반내의 공간을 이용한 탱크

6 한국소방안전기술원이 위탁받아 시행하는 탱크안전성능검사의 범위에 해당하지 않는 것은?

① 용량이 100만리터 이상인 액체위험물을 저장하는 탱크
② 암반탱크
③ 지하탱크저장소의 위험물탱크 중 이중벽 탱크
④ 용량이 100만리터 미만인 액체위험물을 저장하는 탱크

NOTE 시 · 도지사의 탱크안전성능검사 중 다음에 해당하는 탱크에 대한 탱크안전성능검사는 한국소방안전기술원에 위탁할 수 있다.
㉠ 용량이 100만리터 이상인 액체위험물을 저장하는 탱크
㉡ 암반탱크
㉢ 지하탱크저장소의 위험물탱크 중 총리령이 정하는 액체위험물탱크 : 이중벽탱크

Answer 4.④ 5.② 6.④

7 다음 중 한국소방산업기술원이 위탁받아 실시할 수 있는 완공검사로 옳지 않은 것은?

① 지정수량의 3천배 이상의 위험물을 취급하는 제조소의 설치에 따른 완공검사

② 암반탱크저장소의 변경에 따른 완공검사

③ 지정수량의 3천배 이상의 위험물을 취급하는 일반취급소의 변경에 따른 완공검사

④ 30만*l* 이하의 용량을 가진 옥외탱크저장소의 설치에 따른 완공검사

> **NOTE** 한국소방산업기술원이 위탁받아 실시할 수 있는 완공검사의 종류
> ㉠ 지정수량의 3천배 이상의 위험물을 취급하는 제조소 또는 일반취급소의 설치 또는 변경(사용 중인 제조소 또는 일반취급소의 보수 또는 부분적인 증설은 제외한다)에 따른 완공검사
> ㉡ 옥외탱크저장소(저장용량이 50만 리터 이상인 것만 해당한다) 또는 암반탱크저장소의 설치 또는 변경에 따른 완공검사

8 위험물제조소 등의 설치자의 지위를 승계한 자는 승계한 날부터 며칠 이내에 시·도지사에게 신고하여야 하는가?

① 7일　　　　　　　　　　　② 10일
③ 15일　　　　　　　　　　④ 30일

> **NOTE** 제조소등의 설치자의 지위를 승계한 자는 총리령이 정하는 바에 따라 승계한 날부터 30일 이내에 시·도지사에게 그 사실을 신고하여야 한다.

9 제조소등의 관계인이 당해 제조소등의 용도를 폐지한 경우 폐지한 날로부터 며칠 이내에 시·도지사에게 신고하여야 하는가?

① 7일　　　　　　　　　　　② 10일
③ 14일　　　　　　　　　　④ 30일

> **NOTE** 제조소등의 관계인(소유자·점유자 또는 관리자를 말한다)은 당해 제조소등의 용도를 폐지(장래에 대하여 위험물시설로서의 기능을 완전히 상실시키는 것)한 때에는 총리령이 정하는 바에 따라 제조소등의 용도를 폐지한 날부터 14일 이내에 시·도지사에게 신고하여야 한다.

Answer　　7.④　8.④　9.③

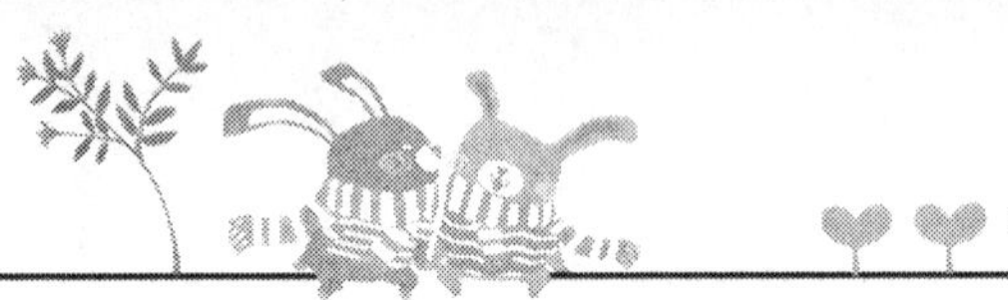

1 다음 중 위험물제조소등 설치허가의 취소와 사용정지 등을 명하는 처분권자는?

① 대통령   ② 총리

③ 시장 · 군수   ④ 시 · 도지사

> **NOTE** 위험물제조소등의 설치허가의 취소 및 사용정지는 시 · 도지사가 명한다.

2 다음 중 위험물제조소등의 허가취소 및 사용정지 사유에 해당하지 않는 것은?

① 완공검사를 받지 아니하고 제조소등을 사용한 때

② 변경허가를 받지 아니하고 제조소등의 위치 · 구조 또는 설비를 변경한 때

③ 위험물안전관리자를 선임한 때

④ 저장 · 취급기준 준수명령을 위반한 때

> **NOTE** 시 · 도지사는 제조소등의 관계인이 다음의 어느 하나에 해당하는 때에는 총리령이 정하는 바에 따라 허가를 취소하거나 6월 이내의 기간을 정하여 제조소등의 전부 또는 일부의 사용정지를 명할 수 있다.
> ㉠ 변경허가를 받지 아니하고 제조소등의 위치 · 구조 또는 설비를 변경한 때
> ㉡ 완공검사를 받지 아니하고 제조소등을 사용한 때
> ㉢ 수리 · 개조 또는 이전의 명령을 위반한 때
> ㉣ 위험물안전관리자를 선임하지 아니한 때
> ㉤ 대리자를 지정하지 아니한 때
> ㉥ 정기점검을 하지 아니한 때
> ㉦ 정기검사를 받지 아니한 때
> ㉧ 저장 · 취급기준 준수명령을 위반한 때

Answer 1.④ 2.③

3 시 · 도지사는 위험물제조소등에 대한 사용의 정지가 그 이용자에게 심한 불편을 주거나 그 밖에 공익을 해칠 우려가 있는 때에는 사용정지처분에 갈음하여 얼마의 과징금을 부과할 수 있는가?

① 5천만원 이하

② 7천만원 이하

③ 1억원 이하

④ 2억원 이하

> **NOTE** 시 · 도지사는 제조소등에 대한 사용의 정지가 그 이용자에게 심한 불편을 주거나 그 밖에 공익을 해칠 우려가 있는 때에는 사용정지처분에 갈음하여 2억원 이하의 과징금을 부과할 수 있다.

4 다음 중 행정처분기준의 연결이 잘못된 것은?

① 변경허가를 받지 아니하고, 제조소등의 위치 · 구조 또는 설비를 변경한 경우 2차 위반시 사용정지 60일에 처한다.

② 완공검사를 받지 아니하고 제조소등을 사용한 경우 1차 위반시 사용정지 15일에 처한다.

③ 정기검사를 받지 아니한 경우 1차 위반시 사용정지 15일에 처한다.

④ 제조소등에서의 위험물 저장 · 취급기준 준수명령을 위반한 경우 2차 위반시 사용정지 60일에 처한다.

> **NOTE**
> ① 변경허가를 받지 아니하고, 제조소등의 위치 · 구조 또는 설비를 변경한 경우 1차 위반 경고 또는 사용정지 15일, 2차 위반 사용정지 60일, 3차 우반 허가취소
> ② 완공검사를 받지 아니하고 제조소등을 사용한 경우 1차 위반 사용정지 15일, 2차 위반 사용정지 60일, 3차 위반 허가취소
> ③ 정기검사를 받지 아니한 경우 1차 위반 사용정지 10일, 2차 위반 사용정지 30일, 3차 위반 허가취소
> ④ 제조소등에서의 위험물 저장 · 취급기준 준수명령을 위반한 경우 1차 위반 사용정지 30일, 2차 위반 사용정지 60일, 3차 위반 허가취소

Answer 3.④ 4.③

5 위험물안전관리법령에서 규정하고 있는 사항으로 옳지 않은 것은?

① 제조소등의 설치자의 지위를 승계한 자는 승계한 날부터 30일 이내에, 제조소등의 용도를 폐지한 때에는 폐지한 날부터 14일 이내에 시·도지사에게 그 사실을 신고하여야 한다.

② 제조소등의 위치, 구조 및 설비 기준을 위반하여 사용한 때에는 시·도지사는 허가취소, 전부 또는 일부의 사용정지를 명할 수 있다.

③ 경유 20,000*l*를 수산용 건조시설에 사용하는 경우에는 위험물안전관리법의 허가는 받지 아니하고 저장소를 설치할 수 있다.

④ 제조소등의 위치·구조 또는 설비의 변경 없이 당해 제조소등에서 저장하거나 취급하는 위험물의 품명·수량 또는 지정수량의 배수를 변경하고자 하는 자는 변경하고자 하는 날의 1일 전까지 시·도지사에게 신고하여야 한다.

> **NOTE** 시·도지사는 제조소등의 관계인이 다음의 어느 하나에 해당하는 때에는 허가를 취소하거나 6월 이내의 기간을 정하여 제조소등의 전부 또는 일부의 사용정지를 명할 수 있다.
> ㉠ 변경허가를 받지 아니하고 제조소등의 위치·구조 또는 설비를 변경한 때
> ㉡ 완공검사를 받지 아니하고 제조소등을 사용한 때
> ㉢ 수리·개조 또는 이전의 명령을 위반한 때
> ㉣ 위험물안전관리자를 선임하지 아니한 때
> ㉤ 대리자를 지정하지 아니한 때
> ㉥ 정기점검을 하지 아니한 때
> ㉦ 정기검사를 받지 아니한 때
> ㉧ 저장·취급기준 준수명령을 위반한 때

Answer 5.②

1 안전관리자를 선임한 제조소등의 관계인은 그 안전관리자를 해임하거나 안전관리자가 퇴직한 때에는 해임하거나 퇴직한 날부터 며칠 이내에 다시 안전관리자를 선임하여야 하는가?

① 7일   ② 15일
③ 30일   ④ 60일

> **NOTE** 안전관리자를 선임한 제조소등의 관계인은 그 안전관리자를 해임하거나 안전관리자가 퇴직한 때에는 해임하거나 퇴직한 날부터 30일 이내에 다시 안전관리자를 선임하여야 한다.

2 다음 중 위험물취급자격자에 해당하지 않는 사람은?

① 위험물산업기사
② 위험물기능장
③ 안전관리자교육이수자
④ 소방공무원 근무 경력 2년 이상인 자

> **NOTE** 위험물취급자격자의 자격
> ㉠ 국가기술자격법에 따라 위험물기능장, 위험물산업기사, 위험물기능사의 자격을 취득한 사람
> ㉡ 안전관리자교육이수자
> ㉢ 소방공무원 근무 경력이 3년 이상인 자

3 다음 중 위험물제조소등의 관계인이 안전관리자를 선임한 경우 소방본부장 또는 소방서장에게 신고해야 하는 기간은?

① 5일 이내   ② 7일 이내
③ 10일 이내   ④ 14일 이내

> **NOTE** 제조소등의 관계인은 안전관리자를 선임한 경우에는 선임한 날부터 14일 이내에 총리령으로 정하는 바에 따라 소방본부장 또는 소방서장에게 신고하여야 한다.

Answer   1.③   2.④   3.④

4 다음 중 예방규정을 정해야 하는 제조소등에 해당하지 않는 것은?

① 지정수량의 200배 이상의 위험물을 저장하는 옥외탱크저장소

② 지정수량의 150배 이상의 위험물을 저장하는 옥내저장소

③ 암반탱크저장소

④ 옥외탱크저장소

> **NOTE** 관계인이 예방규정을 정하여야 하는 제조소등
> ㉠ 지정수량의 10배 이상의 위험물을 취급하는 제조소
> ㉡ 지정수량의 100배 이상의 위험물을 저장하는 옥외저장소
> ㉢ 지정수량의 150배 이상의 위험물을 저장하는 옥내저장소
> ㉣ 지정수량의 200배 이상의 위험물을 저장하는 옥외탱크저장소
> ㉤ 암반탱크저장소
> ㉥ 이송취급소
> ㉦ 지정수량의 10배 이상의 위험물을 취급하는 일반취급소

5 다음 중 정기점검 대상에 해당하지 않은 것은?

① 암반탱크저장소

② 이송취급소

③ 지정수량의 200배 이상의 위험물을 저장하는 옥외탱크저장소

④ 액체위험물을 저장 또는 취급하는 100만리터 이상의 옥외탱크저장소

> **NOTE** 정기점검의 대상인 제조소등
> ㉠ 다음에 해당하는 제조소등
> • 지정수량의 10배 이상의 위험물을 취급하는 제조소
> • 지정수량의 100배 이상의 위험물을 저장하는 옥외저장소
> • 지정수량의 150배 이상의 위험물을 저장하는 옥내저장소
> • 지정수량의 200배 이상의 위험물을 저장하는 옥외탱크저장소
> • 암반탱크저장소
> • 이송취급소
> • 지정수량의 10배 이상의 위험물을 취급하는 일반취급소
> ㉡ 지하탱크저장소
> ㉢ 이동탱크저장소
> ㉣ 위험물을 취급하는 탱크로서 지하에 매설된 탱크가 있는 제조소·주유취급소 또는 일반취급소

Answer   4.④   5.④

6 다음 중 한국소방산업기술원이 실시하는 안전교육에 해당하는 것은?

① 안전관리자가 되고자 하는 자에 대한 안전교육

② 안전관리자로 종사하는 자에 대한 안전교육

③ 위험물운송자로 종사하는 자에 대한 안전교육

④ 탱크시험자의 기술인력으로 종사하는 자에 대한 안전교육

> **NOTE** 안전교육

교육과정	교육대상자	교육시간	교육시기	교육기관
강습교육	안전관리자가 되고자 하는 자	24시간	신규종사 전	협회
	위험물운송자가 되고자 하는자	16시간		협회
실무교육	안전관리자	8시간 이내	신규종사 후 2년마다 1회	협회
	위험물운송자	8시간 이내	신규종사 후 3년마다 1회	협회
	탱크시험자의 기술인력	8시간 이내	가. 신규 종사 후 6개월 이내 나. 가목에 따른 교육을 받은 후 2년마다 1회	기술원

7 한국소방안전협회에서 실시하는 위험물안전관리자 실무교육은 신규종사 후 몇 년마다 몇 회의 교육을 받아야 하는가?

① 2년마다 1회　　　　　　　② 3년마다 1회
③ 2년마다 2회　　　　　　　④ 3년마다 2회

> **NOTE** 위험물안전관리자의 실무교육은 신규종사 후 2년마다 1회의 교육을 받아야 한다.

8 다음 중 자체소방대를 설치하여야 하는 제조소등에 해당하는 것은?

① 제1류 위험물을 취급하는 제조소　　② 제2류 위험물을 취급하는 제조소
③ 제3류 위험물을 취급하는 제조소　　④ 제4류 위험물을 취급하는 제조소

> **NOTE** 자체소방대를 설치하여야 하는 제조소등은 제4류 위험물을 취급하는 제조소 또는 일반취급소를 말한다. 다만, 보일러로 위험물을 소비하는 일반취급소 등 총리령이 정하는 일반취급소를 제외한다.

Answer 6.④ 7.① 8.④

9 탱크시험자의 기술인력 중 필수인력에 해당하는 자는?

① 누설비파괴검사기사
② 방사선비파괴검사기사
③ 초음파비파괴검사기사
④ 초음파비파괴검사기능사

> **NOTE** 탱크시험자의 기술인력
> ㉠ 필수인력
> - 위험물기능장 · 위험물산업기사 또는 위험물기능사 중 1명 이상
> - 비파괴검사기술사 1명 이상 또는 초음파비파괴검사 · 자기비파괴검사 및 침투비파괴검사별로 기사 또는 산업기사 각 1명 이상
> ㉡ 필요한 경우에 두는 인력
> - 충 · 수압시험, 전공시험, 기밀시험 또는 내압시험의 경우 : 누설비파괴검사 기사, 산업기사 또는 기능사
> - 수직 · 수평도시험의 경우 : 측량 및 지형공간정보 기술사, 기사, 산업기사 또는 측량기능사
> - 방사선투과시험의 경우 : 방사선비파괴검사 기사 또는 산업기사
> - 필수 인력의 보조 : 방사선비파괴검사 · 초음파비파괴검사 · 자기비파괴검사 또는 침투비파괴검사 기능사

10 다음에서 밑줄 친 대통령령이 정하는 수량이란 얼마를 의미하는가?

> 다량의 위험물을 저장 · 취급하는 제조소등으로서 대통령령이 정하는 제조소등이 잇는 동일한 사업소에서 <u>대통령령이 정하는 수량</u> 이상의 위험물을 저장 또는 취급하는 경우 당해 사업소의 관계인은 대통령령이 정하는 바에 따라 당해 사업소에 자체소방대를 설치하여야 한다.

① 지정수량의 100배
② 지정수량의 1,000배
③ 지정수량의 3,000배
④ 지정수량의 5,000배

> **NOTE** 대통령령이 정하는 수량이라 함은 지정수량의 3천배를 말한다.

11 자체소방대에 두는 화학소방자동차 및 인원에 대한 연결이 잘못된 것은?

① 제조소 또는 일반취급소에서 취급하는 제4류 위험물의 최대수량의 합이 지정수량의 12만배 미만인 사업소 – 화학소방자동차 1대 – 자체소방대원 3인

② 제조소 또는 일반취급소에서 취급하는 제4류 위험물의 최대수량의 합이 지정수량의 12만배 이상 24만배 미만인 사업소 – 화학소방자동차 2대 – 자체소방대원 10인

③ 제조소 또는 일반취급소에서 취급하는 제4류 위험물의 최대수량의 합이 지정수량의 24만배 이상 48만배 미만인 사업소 – 화학소방자동차 3대 – 자체소방대원 15인

④ 제조소 또는 일반취급소에서 취급하는 제4류 위험물의 최대수량의 합이 지정수량의 48만배 이상인 사업소 – 화학소방자동차 4대 – 차제소방대원 20인

> **NOTE** ① 제조소 또는 일반취급소에서 취급하는 제4류 위험물의 최대수량의 합이 지정수량의 12만배 미만인 사업소 – 화학소방자동차 1대 – 자체소방대원 5인

1 제조소등에서 위험물을 유출·방출 또는 확산시켜 사람의 생명·신체 또는 재산에 대하여 위험을 발생시킨 자에 대한 벌칙 기준은?

① 1년 이상 3년 이하의 징역
② 1년 이상 5년 이하의 징역
③ 1년 이상 7년 이하의 징역
④ 1년 이상 10년 이하의 징역

> **NOTE** 제조소등에서 위험물을 유출·방출 또는 확산시켜 사람의 생명·신체 또는 재산에 대하여 위험을 발생시킨 자는 1년 이상 10년 이하의 징역에 처한다.

2 업무상 과실로 제조소등에서 위험물을 유출·방출 또는 확산시켜 사람의 생명·신체 또는 재산에 대하여 위험을 발생시킨 자에 대한 벌칙 기준은?

① 3년 이하의 금고 또는 3천만원 이하의 벌금
② 5년 이하의 금고 또는 5천만원 이하의 벌금
③ 7년 이하의 금고 또는 7천만원 이하의 벌금
④ 10년 이하의 금고 또는 1억원 이하의 벌금

> **NOTE** 업무상 과실로 제조소등에서 위험물을 유출·방출 또는 확산시켜 사람의 생명·신체 또는 재산에 대하여 위험을 발생시킨 자는 7년 이하의 금고 또는 7천만원 이하의 벌금에 처한다.

3 다음 중 300만원 이하의 벌금에 해당하는 행위를 한 자는?

① 위험물의 저장 또는 취급에 관한 중요기준에 따르지 아니한 자
② 위험물의 취급에 관한 안전관리와 감독을 하지 아니한 자
③ 제조소등의 완공검사를 받지 아니하고 위험물을 저장·취급한 자
④ 변경허가를 받지 아니하고 제조소등을 변경한 자

> **NOTE** ①③④ 500만원 이하의 벌금에 처한다.

Answer   1.④ 2.③ 3.②

4 다음 중 1년 이하의 징역 또는 1천만원 이하의 벌금에 해당하는 경우가 아닌 것은?

① 저장소 또는 제조소등이 아닌 장소에서 지정수량 이상의 위험물을 저장 또는 취급한 자

② 제조소등의 설치허가를 받지 아니하고 제조소등을 설치한 자

③ 탱크시험자로 등록하지 아니하고 탱크시험자의 업무를 한 자

④ 위험물의 저장 또는 취급에 관한 중요기준에 따르지 아니한 자

> **NOTE** ④ 500만원 이하의 벌금에 처한다.
>
> ※ 1년 이하의 징역 또는 1천만원 이하의 벌금
> ㉠ 저장소 또는 제조소등이 아닌 장소에서 지정수량 이상의 위험물을 저장 또는 취급한 자
> ㉡ 제조소등의 설치허가를 받지 아니하고 제조소등을 설치한 자
> ㉢ 탱크시험자로 등록하지 아니하고 탱크시험자의 업무를 한 자
> ㉣ 정기점검을 하지 아니하거나 점검기록을 허위로 작성한 관계인으로서 허가(허가가 면제된 경우 및 협의로써 허가를 받은 것으로 보는 경우를 포함)를 받은 자
> ㉤ 정기검사를 받지 아니한 관계인으로서 허가를 받은 자
> ㉥ 자체소방대를 두지 아니한 관계인으로서 허가를 받은 자
> ㉦ 운반용기에 대한 검사를 받지 아니하고 운반용기를 사용하거나 유통시킨 자
> ㉧ 명령을 위반하여 보고 또는 자료제출을 하지 아니하거나 허위의 보고 또는 자료제출을 한 자 또는 관계공무원의 출입·검사 또는 수거를 거부·방해 또는 기피한 자
> ㉨ 제조소등에 대한 긴급 사용정지·제한명령을 위반한 자

5 위험물제조소등의 위치·구조 및 설비가 규정에 따른 기술기준에 부적합하게 유지·관리되고 있는 경우 시·도지사, 소방본부장 등이 명할 수 있는 사항이 아닌 것은?

① 제조소등의 위치 이전명령

② 설비의 수리명령

③ 설비의 개조명령

④ 제조소등의 허가취소명령

> **NOTE** 시·도지사, 소방본부장 또는 소방서장은 유지·관리의 상황이 규정에 따른 기술기준에 부적합하다고 인정하는 때에는 그 기술기준에 적합하도록 제조소등의 위치·구조 및 설비의 수리·개조 또는 이전을 명할 수 있다.

Answer 4.④ 5.④

6 다음 중 500만원 이하의 벌금에 행해지는 행위를 한 자가 아닌 자는?

① 업무정지명령을 위반한 자

② 수리 · 개조 또는 이전의 명령에 따르지 아니한 자

③ 안전관리자 또는 그 대리자가 참여하지 아니한 상태에서 위험물을 취급한 자

④ 탱크시험자에 대한 감독상 명령에 따르지 아니한 자

> **NOTE** ③ 300만원 이하의 벌금에 처한다.
>
> ※ **500만원 이하의 벌금**
> ㉠ 위험물의 저장 또는 취급에 관한 중요기준에 따르지 아니한 자
> ㉡ 변경허가를 받지 아니하고 제조소등을 변경한 자
> ㉢ 제조소등의 완공검사를 받지 아니하고 위험물을 저장 · 취급한 자
> ㉣ 제조소등의 사용정지명령을 위반한 자
> ㉤ 수리 · 개조 또는 이전의 명령에 따르지 아니한 자
> ㉥ 안전관리자를 선임하지 아니한 관계인으로서 허가를 받은 자
> ㉦ 대리자를 지정하지 아니한 관계인으로서 허가를 받은 자
> ㉧ 업무정지명령을 위반한 자
> ㉨ 탱크안전성능시험 또는 점검에 관한 업무를 허위로 하거나 그 결과를 증명하는 서류를 허위로 교부한 자
> ㉩ 예방규정을 제출하지 아니하거나 변경명령을 위반한 관계인으로서 허가를 받은 자
> ㉪ 정지지시를 거부하거나 국가기술자격증, 교육수료증 · 신원확인을 위한 증명서의 제시 요구 또는 신원확인을 위한 질문에 응하지 아니한 사람
> ㉫ 명령을 위반하여 보고 또는 자료제출을 하지 아니하거나 허위의 보고 또는 자료제출을 한 자 및 관계공무원의 출입 또는 조사 · 검사를 거부 · 방해 또는 기피한 자
> ㉬ 탱크시험자에 대한 감독상 명령에 따르지 아니한 자
> ㉭ 무허가장소의 위험물에 대한 조치명령에 따르지 아니한 자
> ㉮ 저장 · 취급기준 준수명령 또는 응급조치명령을 위반한 자

7 다음 중 과태료 부과권자로 볼 수 없는 자는?

① 시 · 도지사   ② 소방본부장

③ 대통령   ④ 소방서장

> **NOTE** 과태료는 대통령령이 정하는 바에 따라 시 · 도지사, 소방본부장 또는 소방서장(이하 "부과권자"라 한다)이 부과 · 징수한다.

Answer 6.③ 7.③

8 다음 중 200만원 이하의 과태료가 부과되는 경우가 아닌 것은?

① 위험물의 저장 또는 취급에 관한 세부기준을 위반한 자

② 품명 등의 변경신고를 기간 이내에 하지 아니하거나 허위로 한 자

③ 제조소등의 폐지신고 또는 안전관리자의 선임신고를 기간 이내에 하지 아니하거나 허위로 한 자

④ 관계인의 정당한 업무를 방해하거나 출입·검사 등을 수행하면서 알게 된 비밀을 누설한 자

> NOTE **200만원 이하의 과태료**
> ㉠ 규정에 따른 승인을 받지 아니한 자
> ㉡ 위험물의 저장 또는 취급에 관한 세부기준을 위반한 자
> ㉢ 품명 등의 변경신고를 기간 이내에 하지 아니하거나 허위로 한 자
> ㉣ 지위승계신고를 기간 이내에 하지 아니하거나 허위로 한 자
> ㉤ 제조소등의 폐지신고 또는 안전관리자의 선임신고를 기간 이내에 하지 아니하거나 허위로 한 자
> ㉥ 등록사항의 변경신고를 기간 이내에 하지 아니하거나 허위로 한 자
> ㉦ 점검결과를 기록·보존하지 아니한 자
> ㉧ 위험물의 운반에 관한 세부기준을 위반한 자
> ㉨ 위험물의 운송에 관한 기준을 따르지 아니한 자

9 다음 중 위험물제조소등의 출입·검사 가능시간이 아닌 것은?

① 장소의 공개시간 내

② 위험물 취급시간 내

③ 제조소등의 근무시간 내

④ 해가 뜬 후부터 해가 지기 전까지의 시간 내

> NOTE 규정에 따른 출입·검사 등은 그 장소의 공개시간이나 근무시간내 또는 해가 뜬 후부터 해가 지기 전까지의 시간 내에 행하여야 한다. 다만, 건축물 그 밖의 공작물의 관계인의 승낙을 얻은 경우 또는 화재발생의 우려가 커서 긴급한 필요가 있는 경우에는 그러하지 아니하다.

10 다음 중 그 명령의 조치권자가 다른 하나는?

① 탱크시험자에 대한 명령

② 응급조치 · 통보 및 조치명령

③ 제조소등에 대한 긴급 사용정지명령

④ 무허가장소의 위험물에 대한 조치명령

> **NOTE** 조치명령과 조치권자
> ㉠ 제조소등에 대한 긴급 사용정지명령 등 : 시 · 도지사, 소방본부장 또는 소방서장
> ㉡ 탱크시험자에 대한 명령 : 시 · 도지사, 소방본부장 또는 소방서장
> ㉢ 무허가장소의 위험물에 대한 조치명령 : 시 · 도지사, 소방본부장 또는 소방서장
> ㉣ 저장 · 취급기준 준수명령 등 : 시 · 도지사, 소방본부장 또는 소방서장
> ㉤ 응급조치 · 통보 및 조치명령 : 제조소등의 관계인

Answer 10.②

11 다음 중 과태료의 금액이 다른 하나는?

① 위험물의 저장·취급에 대한 승인을 받지 아니한 자

② 제조소등에서 저장하거나 취급하는 위험물의 품명 등을 허위로 신고한 자

③ 제조소등의 설치자의 지위를 승계한 후 지위승계신고를 하지 아니한 자

④ 정기적으로 점검하고 점검결과를 기록·보존하지 않은 1차 위반 자

> **NOTE** ① 위험물의 저장·취급에 대한 승인을 받지 아니한 자 : 200만원
> ② 제조소등에서 저장하거나 취급하는 위험물의 품명 등을 허위로 신고한 자 : 200만원
> ③ 제조소등의 설치자의 지위를 승계한 후 지위승계신고를 하지 아니한 자 : 200만원
> ④ 정기적으로 점검하고 점검결과를 기록하여 보존하지 않은 경우
>   ㉠ 1차 위반 시 : 50만원
>   ㉡ 2차 위반 시 : 100만원
>   ㉢ 3차 이상 위반 시 : 200만원

최근기출문제분석

1 과산화나트륨의 화재시 물을 사용한 소화가 위험한 이유는?

① 수소와 열을 발생하므로

② 산소와 열을 발생하므로

③ 수소를 발생하고 이 가스가 폭발적으로 연소하므로

④ 산소를 발생하고 이 가스가 폭발적으로 연소하므로

> NOTE 과산화나트륨은 상온에서 물과 급격히 반응하며 산소를 발생한다. 또한 물과 반응하면 발열하고 대량의 경우 폭발한다.

2 위험물안전관리법령상 경보설비로 자동화재탐지설비를 설치해야 할 위험물 제조소의 규모의 기준에 대한 설명으로 옳은 것은?

① 연면적 500㎡ 이상인 것
② 연면적 1000㎡ 이상인 것

③ 연면적 1500㎡ 이상인 것
④ 연면적 2000㎡ 이상인 것

> NOTE 자동화재탐지설비를 경보설비로 설치해야 할 위험물 제조소의 기준
> ㉠ 연면적 500m² 이상인 것
> ㉡ 옥내에서 지정수량의 100배 이상을 취급하는 것

3 위험물안전관리법령에서 정한 탱크안전성능검사의 구분에 해당하지 않는 것은?

① 기초 · 지반검사
② 충수 · 수압검사

③ 용접부검사
④ 배관검사

> NOTE 탱크안전성능검사는 기초 · 지반검사, 충수 · 수압검사, 용접부검사 및 암반탱크검사로 구분한다.

Answer 1.② 2.① 3.④

4 $NH_4H_2PO_4$이 열분해하여 생성되는 물질 중 암모니아와 수증기의 부피 비율은?

① 1 : 1

② 1 : 2

③ 2 : 1

④ 3 : 2

> **NOTE** 인산암모늄은 열분해시 발생되는 불연성 가스(NH_3, H_2O 등)에 의한 질식 효과를 갖는다.
> 166℃에서의 반응은 $NH_4H_2PO_4 \rightarrow H_3PO_4 + NH_3$
> 360℃에서의 반응은 $NH_4H_2PO_4 \rightarrow HPO_3 + NH_3 + H_2O$
> 암모니아와 수증기의 부피비율은 1 : 1이다.
> 인산암모늄으로부터 유리되어 나온 활성화된 암모늄이온이 가연물질 내부에 함유되어 있는 활성화된 수산이온과 반응하여 연속적인 연소의 연쇄반응을 억제·방해 또는 차단시킴으로써 화재를 소화한다.

5 제3류 위험물 중 금수성물질에 적응성이 있는 소화설비는?

① 할로겐화합물소화설비

② 포소화설비

③ 이산화탄소소화설비

④ 탄산수소염류등 분말소화설비

> **NOTE** 제3류 위험물 중 금수성물질에 적응성이 있는 소화설비로는 탄산수소염류 분말소화설비가 해당된다.

6 제5류 위험물을 저장 또는 취급하는 장소에 적응성이 있는 소화설비는?

① 포소화설비

② 분말소화설비

③ 이산화탄소소화설비

④ 할로겐화합물소화설비

> **NOTE** 제5류 위험물에 적응성이 있는 소화설비로는 옥내소화전설비, 옥외소화전설비, 스프링클러설비, 물분무소화설비, 포소화설비가 있다.

Answer　　4.① 5.④ 6.①

7 화재의 종류와 가연물이 옳게 연결된 것은?

① A급 - 플라스틱   ② B급 - 섬유

③ A급 - 페인트   ④ B급 - 나무

> **NOTE** 화재의 종류와 가연물
> ㉠ A급 화재 : 종이, 목재, 섬유류 등
> ㉡ B급 화재 : 유류
> ㉢ C급 화재 : 전기
> ㉣ D급 화재 : 금속

8 팽창진주암(삽 1개 포함)의 능력단위 1은 용량이 몇 L 인가?

① 70   ② 100

③ 130   ④ 160

> **NOTE** 팽창진주암(삽 1개 포함)의 능력단위 1.0은 $160l$의 용량을 말한다.

9 제6류 위험물을 저장하는 장소에 적응성이 있는 소화설비가 아닌 것은?

① 물분무소화설비   ② 포소화설비

③ 이산화탄소소화설비   ④ 옥내소화전설비

> **NOTE** 제6류 위험물에 적응성이 있는 소화설비로는 옥내소화전설비, 옥외소화전설비, 스프링클러설비, 물분무소화설비, 포소화설비, 인산염류분말소화설비가 있다.

10 피난설비를 설치하여야 하는 위험물 제조소 등에 해당하는 것은?

① 건축물의 2층 부분을 자동차 정비소로 사용하는 주유취급소

② 건축물의 2층 부분을 전시장으로 사용하는 주유취급소

③ 건축물의 1층 부분을 주유사무소로 사용하는 주유취급소

④ 건축물의 1층 부분을 관계자의 주거시설로 사용하는 주유취급소

> **NOTE** 주유취급소 중 건축물의 2층 이상의 부분을 점포·휴게음식점 또는 전시장의 용도로 사용하는 것에 있어서는 당해 건축물의 2층 이상으로부터 주유취급소의 부지 밖으로 통하는 출입구와 당해 출입구로 통하는 통로·계단 및 출입구에 유도등을 설치하여야 한다.

Answer   7.①   8.④   9.③   10.②

11 위험물안전관리법령상 위험물을 유별로 정리하여 저장하면서 서로 1m 이상의 간격을 두면 동일한 옥내저장소에 저장할 수 있는 경우는?

① 제1류 위험물과 제3류 위험물 중 금수성 물질을 저장하는 경우

② 제1류 위험물과 제4류 위험물을 저장하는 경우

③ 제1류 위험물과 제6류 위험물을 저장하는 경우

④ 제2류 위험물 중 금속분과 제4류 위험물 중 동식물유류를 저장하는 경우

> **NOTE** 유별을 달리하는 위험물은 동일한 저장소(내화구조의 격벽으로 완전히 구획된 실이 2 이상 있는 저장소에 있어서는 동일한 실)에 저장하지 아니하여야 한다. 다만, 옥내저장소 또는 옥외저장소에 있어서 다음의 규정에 의한 위험물을 저장하는 경우로서 위험물을 유별로 정리하여 저장하는 한편, 서로 1m 이상의 간격을 두는 경우에는 그러하지 아니하다(중요기준).
> ㉠ 제1류 위험물(알칼리금속의 과산화물 또는 이를 함유한 것 제외)과 제5류 위험물을 저장하는 경우
> ㉡ 제1류 위험물과 제6류 위험물을 저장하는 경우
> ㉢ 제1류 위험물과 제3류 위험물 중 자연발화성물질(황린 또는 이를 함유한 것에 한함)을 저장하는 경우
> ㉣ 제2류 위험물 중 인화성고체와 제4류 위험물을 저장하는 경우
> ㉤ 제3류 위험물 중 알킬알루미늄등과 제4류 위험물(알킬알루미늄 또는 알킬리튬을 함유한 것에 한함)을 저장하는 경우
> ㉥ 제4류 위험물 중 유기과산화물 또는 이를 함유하는 것과 제5류 위험물 중 유기과산화물 또는 이를 함유한 것을 저장하는 경우

12 제1종 분말소화약제의 적응 화재 종류는?

① A급

② B, C급

③ A, B급

④ A, B, C급

> **NOTE** 제1종 분말소화약제는 탄산수소나트륨으로 질식효과와 재발화방지효과로 B, C급 화재에 사용된다.

13 연소의 3요소를 모두 포함하는 것은?

① 과염소산, 산소, 불꽃

② 마그네슘분말, 연소열, 수소

③ 아세톤, 수소, 산소

④ 불꽃, 아세톤, 질산암모늄

NOTE 연소의 3요소는 가연물, 산소, 점화원이다.

가연물은 불에 타는 성질의 물질이며, 산소공급원은 공기 중 산소, 제1류 위험물, 제5류 위험물, 제6류 위험물, 철, 염소, 요오드, 브롬 등이며, 점화원은 가연물을 연소하는 데 필요한 활성화에너지를 부여하는 물질로 전기불꽃, 산화열, 마찰, 충격, 과열, 정전기, 고온체 등을 말한다.

14 액화 이산화탄소 1kg이 25℃, 2atm에서 방출되어 모두 기체가 되었다. 방출된 기체상의 이산화탄소 부피는 약 몇 L인가?

① 238

② 278

③ 308

④ 340

NOTE

$$PV = \frac{W}{M}RT \quad \rightarrow \quad V = \frac{WRT}{PM}$$

모든 기체 1몰의 부피는 표준상태 0℃, 1기압에서 22.4L이다.

CO_2의 질량은 표준상태에서 $M = 44$이다.

1kg은 1,000g이므로 $\frac{W}{M} = \frac{1,000}{44} = 22.73$ → 이산화탄소의 질량

25℃, 2atm의 1몰의 부피를 구하면 $\frac{22.4}{273} = \frac{2V}{273+25}$ 에서 V를 구하면 12.23

$22.73 \times 12.23 = 277.98$

15 소화약제에 따른 주된 소화효과로 틀린 것은?

① 수성막포소화약제 : 질식효과

② 제2종 분말소화약제 : 탈수탄화효과

③ 이산화탄소소화약제 : 질식효과

④ 할로겐화합물소화약제 : 화학억제효과

NOTE 제2종 분말소화약제는 탄산수소칼륨으로 B, C급 화재에 좋으며, 질식효과와 재발화방지효과를 나타낸다.

❣Answer   13.④   14.②   15.②

16 위험물안전관리법령에서 정한 "물분무릉소화설비"의 종류에 속하지 않는 것은?

① 스프링클러설비

② 포소화설비

③ 분말소화설비

④ 이산화탄소소화설비

> **NOTE** 물분무등소화설비에는 물분무소화설비, 포소화설비, 불활성가스소화설비, 할로겐화합물소화설비, 분말소화설비가 있다.

17 혼합물인 위험물이 복수의 성상을 가지는 경우에 적용하는 품명에 관한 설명으로 틀린 것은?

① 산화성고체의 성상 및 가연성고체의 성상을 가지는 경우

② 산화성고체의 성상 및 자기반응성물질의 성상을 가지는 경우 : 자기반응성물질의 품명

③ 가연성고체의 성상과 자연발화성 물질의 성상 및 금수성물질의 성상을 가지는 경우 : 자연발화성물질 및 금수성물질의 품명

④ 인화성액체의 성상 및 자기반응성물질의 성상을 가지는 경우 : 자기반응성물질의 품명

> **NOTE** 복수성상물품이 속하는 품명
> ㉠ 복수성상물품이 산화성고체의 성상 및 가연성고체의 성상을 가지는 경우 : 가연성고체의 품명
> ㉡ 복수성상물품이 산화성고체의 성상 및 자기반응성물질의 성상을 가지는 경우 : 자기반응성물질의 품명
> ㉢ 복수성상물품이 가연성고체의 성상과 자연발화성물질의 성상 및 금수성물질의 성상을 가지는 경우 : 자연발화성물질 및 금수성물질의 품명
> ㉣ 복수성상물품이 자연발화성물질의 성상, 금수성물질의 성상 및 인화성액체의 성상을 가지는 경우 : 자연발화설물질 및 금수성물질의 품명
> ㉤ 복수성상물품이 인화성액체의 성상 및 자기반응성물질의 성상을 가지는 경우 : 자기반응성물질의 품명

18 다음 위험물의 저장창고에 화재가 발생하였을 때 주수(注水)에 의한 소화가 오히려 더 위험한 것은?

① 염소산칼륨

② 과염소산나트륨

③ 질산암모늄

④ 탄화칼슘

> **NOTE** 탄화칼슘은 물과 반응하면 폭발성 혼합가스인 아세틸렌가스가 발생되며, 생성되는 수산화칼슘은 독성이 있어 인체에 피부 점막 염증, 시력 장애 등을 유발한다. 그러므로 주수소화를 하면 더 위험하다.

Answer 16.① 17.① 18.④

19 위험물시설에 설비하는 자동화재탐지설비의 하나의 경제구역 면적과 그 한 변의 길이의 기준으로 옳은 것은? (단, 광전식분리형 감지기를 설치하지 않은 경우이다.)

① 300m^2 이하, 50m 이하

② 300m^2 이하, 100m 이하

③ 600m^2 이하, 50m 이하

④ 600m^2 이하, 100m 이하

> **NOTE** 자동화재탐지설비의 설치기준
> ㉠ 자동화재탐지설비의 경계구역은 건축물 그 밖의 공작물의 2 이상의 층에 걸치지 아니하도록 하여야 한다. 다만, 하나의 경계구역의 면적이 500m^2 이하이면서 당해 경계구역이 두 개의 층에 걸치는 경우이거나 계단·경사로·승강기의 승강로 그 밖에 이와 유사한 장소에 연기감지기를 설치하는 경우에는 그러하지 아니하다.
> ㉡ 하나의 경계구역의 면적은 600m^2 이하로 하고, 그 한 변의 길이는 50m(광전식분리형감지기를 설치할 경우에는 100m) 이하로 하여야 한다. 다만, 당해 건축물 그 밖의 공작물의 주요한 출입구에서 그 내부의 전체를 볼 수 있는 경우에 있어서는 그 면적을 1,000m^2 이하로 할 수 있다.
> ㉢ 자동화재탐지설비의 감지기는 지붕 또는 벽의 옥내에 면한 부분에 유효하게 화재의 발생을 감지할 수 있도록 설치하여야 한다.
> ㉣ 자동화재탐지설비에는 비상전원을 설치하여야 한다.

20 옥외저장소에 덩어리 상태의 유황만을 지반면에 설치한 경계표시의 안쪽에서 지장할 경우 하나의 경계표시의 내부면적은 몇 m^2 이하 이여야 하는가?

① 75

② 100

③ 150

④ 300

> **NOTE** 옥외저장소 중 덩어리 상태의 유황만을 지반면에 설치한 경계표시의 안쪽에서 저장 또는 취급하는 것의 위치·구조 및 설비의 기술기준
> ㉠ 하나의 경계표시의 내무의 면적은 100m^2 이하일 것
> ㉡ 2 이상의 경계표시를 설치하는 경우에 있어서는 각각의 경계표시 내부의 면적을 합산한 면적은 1,000m^2 이하로 하고, 인접하는 경계표시와 경계표시와의 간격을 공지의 너비의 2분의 1 이상으로 할 것. 다만, 저장 또는 취급하는 위험물의 최대수량이 지정수량의 200배 이상인 경우에는 10m 이상으로 하여야 한다.
> ㉢ 경계표시는 불연재료로 만드는 동시에 유황이 새지 아니하는 구조로 할 것
> ㉣ 경계표시의 높이는 1.5m 이하로 할 것
> ㉤ 경계표시에는 유황이 넘치거나 비산하는 것을 방지하기 위한 천막 등을 고정하는 장치를 설치하되, 천막 등을 고정하는 장치는 경계표시의 길이 2m마다 한 개 이상 설치할 것
> ㉥ 유황을 저장 또는 취급하는 장소의 주위에는 배수구와 분리장치를 설치할 것

Answer   19.③   20.②

21 황의 성상에 관한 설명으로 틀린 것은?

① 연소할 때 발생하는 가스는 냄새를 가지고 있으나 인체에 무해하다.

② 미분이 공기 중에 떠 있을 때 분진 폭발의 우려가 있다.

③ 용융된 황을 물에서 급냉하면 고무 상황을 얻을 수 있다.

④ 연소할 때 아황산가스를 발생한다.

> NOTE 황은 연소하면 푸른 빛을 내며 아황산가스를 발생시킨다. 이 아황산가스는 눈이나 점막을 자극하고 흡입하면 기관지염, 폐렴, 위염, 혈담 증상을 일으킨다.

22 과산화수소의 성질에 대한 설명 중 틀린 것은?

① 알칼리성 용액에 의해 분해될 수 있다.　　② 산화제로 사용할 수 있다.

③ 농도가 높을수록 안정하다.　　④ 열, 햇빛에 의해 분해될 수 있다.

> NOTE 과산화수소는 농도가 높을수록 불안정하여 방치하거나 누출되면 산소를 분해하며, 온도가 높아질수록 분해 속도가 증가하고 비점 이하에서도 폭발하게 된다.

23 위험물안전관리법령상 위험물의 운송에 있어서 운송책임자의 감독 또는 지원을 받아 운송하여야 하는 위험물에 속하지 않는 것은?

① $Al(CH_3)_3$　　　　　　　　　② CH_3Li

③ $Cd(CH_3)_2$　　　　　　　　　④ $Al(C_4H_9)_3$

> NOTE 운송책임자의 감독·지원을 받아 운송하여야 하는 위험물
> ㉠ 알킬알루미늄 : $(CH_3)_3Al$[트리메틸알루미늄], $(C_4H_9)_3Al$[트리이소부틸알루미늄] 등
> ㉡ 알킬리튬 : $(CH_3)Li$[메틸리튬], C_2H_5Li[에틸리튬] 등
> ㉢ ㉠ 또는 ㉡의 물질을 함유하는 위험물

24 무색의 액체로 융점이 −112℃이고 물과 접촉하면 심하게 발열하는 제6류 위험물은?

① 과산화수소　　　　　　　　　② 과염소산

③ 질산　　　　　　　　　　　　④ 오불화요오드

> NOTE 과염소산은 비중 1.76, 융점 −112℃이며, 물과 접촉하면 심하게 반응하여 발열한다. 불연성이나 유독성이 있으며, 염소산 중 가장 강한 산이다. 가열하면 폭발하며 산화력이 강하여 종이, 나무조각 등과 접촉하면 연소 시 동시에 폭발한다.

Answer　21.①　22.③　23.③　24.②

25 위험물안전관리법령에서 정한 특수인화물의 발화점 기준으로 옳은 것은?

① 1기압에서 100℃ 이하

② 0기압에서 100℃ 이하

③ 1기압에서 25℃ 이하

④ 0기압에서 25℃ 이하

> NOTE 특수인화물은 1기압에서 발화점이 100℃ 이하 또는 인화점이 -20℃ 이하로 비점이 40℃ 이하
> 인 것을 말한다.

26 알킬알루미늄 등 또는 아세트알데히드 등을 취급하는 제조소의 특례기준으로서 옳은 것은?

① 알킬알루미늄 등을 취급하는 설비에는 불활성기체 또는 수증기를 봉입하는 장치를 설치
한다.

② 알킬알루미늄 등을 취급하는 설비는 은·수은·동·마그네슘을 성분으로 하는 것으로 만
들지 않는다.

③ 아세트알데히드 등을 취급하는 탱크에는 냉각장치 또는 보냉장치 및 불활성기체 봉입장
치를 설치한다.

④ 아세트알데히드 등을 취급하는 설비의 주의에는 누설범위를 국한하기 위한 설비와 누설
되었을 때 안정한 장소에 설치된 저장실에 유입시킬 수 있는 설비를 갖춘다.

> NOTE 알킬알루미늄 등을 취급하는 제조소의 특례
> ㉠ 알킬알루미늄 등을 취급하는 설비의 주위에는 누설범위를 국한하기 위한 설비와 누설된 알
> 킬알루미늄 등을 안전한 장소에 설치된 저장실에 유입시킬수 있는 설비를 갖출 것
> ㉡ 알킬알루미늄 등을 취급하는 설비에는 불활성기체를 봉입하는 장치를 갖출 것
> ※ 아세트알데히드 등을 취급하는 제조소의 특례
> ㉠ 아세트알데히드 등을 취급하는 설비는 은·수은·동·마그네슘 또는 이들을 성분으로
> 하는 합금으로 만들지 아니할 것
> ㉡ 아세트알데히드 등을 취급하는 설비에는 연소성 혼합기체의 생성에 의한 폭발을 방지하
> 기 위한 불활성기체 또는 수증기를 봉입하는 장치를 갖출 것
> ㉢ 아세트알데히드 등을 취급하는 탱크(옥외에 있는 탱크 또는 옥내에 있는 탱크로서 그 용량
> 이 지정수량의 5분의 1 미만의 것을 제외)에는 냉각장치 또는 저온을 유지하기 위한 장치
> (보냉장치) 및 연소성 혼합기체의 생성에 의한 폭발을 방지하기 위한 불활성기체를 봉입
> 하는 장치를 갖출 것. 다만, 지하에 있는 탱크가 아세트알데히드 등의 온도를 저온으로 유
> 지할 수 있는 구조인 경우에는 냉각장치 및 보냉장치를 갖추지 아니할 수 있다.
> ㉣ 냉각장치 또는 보냉장치는 2 이상 설치하여 하나의 냉각장치 또는 보냉장치가 고장난 때에도
> 일정 온도를 유지할 수 있도록 하고, 다음의 기준에 적합한 비상전원을 갖출 것
> • 상용전력원이 고장인 경우에 자동으로 비상전원으로 전환되어 가동되도록 할 것
> • 비상전원의 용량은 냉각장치 또는 보냉장치를 유효하게 작동할 수 있는 정도일 것
> ㉤ 아세트알데히드 등을 취급하는 탱크를 지하에 매설하는 경우에는 당해 탱크를 탱크전용
> 실에 설치할 것

Answer 25.① 26.③

27 디에틸에테르의 보관·취급에 관한 설명으로 틀린 것은?

① 용기는 밀봉하여 보관한다.

② 환기가 잘 되는 곳에 보관한다.

③ 정전기가 발생하지 않도록 취급한다.

④ 저장용기에 빈 공간이 없게 가득 채워 보관한다.

> NOTE **디에틸에테르 보관 및 취급방법**
> ㉠ 직사광선에 분해되어 과산화물을 생성하므로 갈색병을 사용하여 밀전하고 밀봉한 후 냉암소에 보관하여야 한다.
> ㉡ 불꽃 등 화기를 멀리하고, 통풍 환기가 잘 되는 곳에 저장하여야 한다.
> ㉢ 저장시 공간 용적을 유지하고 대량 저장사에는 불활성 가스를 봉입하여야 한다.
> ㉣ 정전시 생성 방지를 위해 소량의 염화칼슘을 넣어주도록 한다.

28 과산화나트륨에 대한 설명 중 틀린 것은?

① 순수한 것은 백색이다.

② 상온에서 물과 반응하여 수소 가스를 발생한다.

③ 화재 발생시 주수소화는 위험할 수 있다.

④ CO 및 CO_2 제거제를 제조할 때 사용된다.

> NOTE **과산화나트륨의 성질**
> ㉠ 순수한 것은 백색이나 보통은 황색의 분말 또는 과립상이다.
> ㉡ 가열하면 열분해하여 산화나트륨과 산소를 발생한다.
> ㉢ 흡습성이 있으므로 물과 접촉하면 수산화나트륨과 산소를 발생한다.
> ㉣ 화재발생시 건조사나 암분 등으로 피복소화한다.
> ㉤ 공기 중의 탄산가스를 흡수하여 탄산염이 생성된다.

29 위험물안전관리법령상 품명이 "유기과산화물"인 것으로만 나열된 것은?

① 과산화벤조일, 과산화메틸에틸케톤

② 과산화벤조일, 과산화마그네슘

③ 과산화마그네슘, 과산화메틸에틸케톤

④ 과산화초산, 과산화수소

> NOTE 유기과산화물의 종류 … 과산화에틸메틸에틸케톤, 과산화벤조일, 과산화초산 등
> ②③ 과산화마그네슘은 무기과산화물에 해당한다.
> ④ 과산화수소는 제6류 위험물에 해당한다.

Answer 27.④ 28.② 29.①

30 그림의 시험장치는 제 몇 류 위험물의 위험성 판정을 위한 것인가? (단, 고체물질의 위험성 판정이다.)

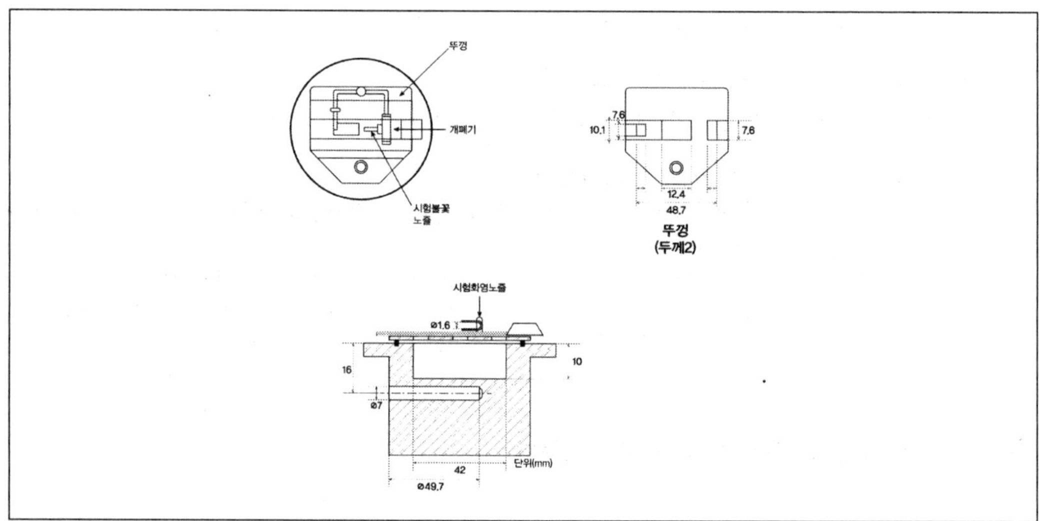

① 제1류

② 제2류

③ 제3류

④ 제4류

> **NOTE** 고체의 인화 위험성 시험방법 … 인화의 위험성 시험은 인화점측정에 의하며 그 방법은 다음 에 의한다.
>
> ㉠ 시험장치는 「페인트, 바니쉬, 석유 및 관련제품 – 인화점 시험방법 – 신속평형법」(KS M ISO 3679)에 의한 인화점측정기 또는 이에 준하는 것으로 할 것
>
> ㉡ 시험장소는 기압 1기압의 무풍의 장소로 할 것
>
> ㉢ 다음 그림의 신속평형법 시료컵을 설정온도(시험물품이 인화하는지의 여부를 확인하는 온도)까지 가열 또는 냉각하여 시험물품(설정온도가 상온보다 낮은 온도인 경우에는 설정온도까지 냉각시킨 것) 2g을 시료컵에 넣고 뚜껑 및 개폐기를 닫을 것

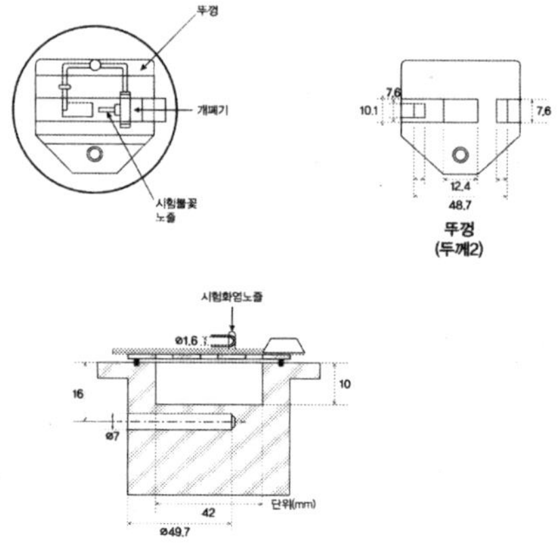

Answer 30.②

ⓔ 시료컵의 온도를 5분간 설정온도로 유지할 것

ⓜ 시험불꽃을 점화하고 화염의 크기를 직경 4mm가 되도록 조정할 것

ⓗ 5분 경과 후 개폐기를 작동하여 시험불꽃을 시료컵에 2.5초간 노출시키고 닫을 것. 이 경우 시험불꽃을 급격히 상하로 움직이지 아니하여야 한다.

ⓢ ⓗ의 방법에 의하여 인화한 경우에는 인화하지 않게 될 때까지 설정온도를 낮추고, 인화하지 않는 경우에는 인화할 때까지 높여 ⓒ 내지 ⓗ의 조작을 반복하여 인화점을 측정할 것

31 염소산염류 250kg, 요오드산염류 600kg, 질산염류 900kg을 저장하고 있는 경우 지정수량의 몇 배가 보관되어 있는가?

① 5배

② 7배

③ 10배

④ 12배

 염소산염류의 지정수량은 50kg이므로 $\frac{250}{50} = 5$배

요오드산염류의 지정수량은 300kg이므로 $\frac{600}{300} = 2$배

질산염류의 지정수량은 300kg이므로 $\frac{900}{300} = 3$배

모두 더하면 10배가 된다.

32 옥외저장소에서 저장 또는 취급할 수 있는 위험물이 아닌 것은? (단, 국제해상위험물규칙에 적합한 용기에 수납된 위험물의 경우는 제외한다.)

① 제2류 위험물 중 유황

② 제1류 위험물 중 과염소산염류

③ 제6류 위험물

④ 제2류 위험물 중 인화점이 10℃인 인화성 고체

NOTE 옥외저장소에 저장 또는 취급할 수 있는 위험물의 종류
ⓖ 제4류 위험물 중 제4석유류
ⓛ 제6류 위험물
ⓒ 제2류 위험물 중 유황
ⓔ 제2류 위험물 중 인화성고체(인화점이 21℃ 미만인 것)
ⓜ 제4류 위험물 중 제1석유류 또는 알코올류

33 히드라진에 대한 설명으로 틀린 것은?

① 외관은 물과 같이 무색 투명하다.

② 가열하면 분해하여 가스를 발생한다.

③ 위험물안전관리법령상 제4류 위험물에 해당한다.

④ 알코올, 물 등의 비극성 용매에 잘 녹는다.

> **NOTE** 제4류 위험물에 해당하는 히드라진은 무색의 가연성 액체로 물과 알코올에 녹는다. 공기 중에 가열하면 분해하고 석면, 목재, 섬유상의 물질을 흡수하면 자연 발화한다. 인체 발암성이 높고 호흡기, 피부 등에 영향을 끼칠 수 있는 유독성의 물질이다.

34 다음 중 제2석유류만으로 짝지어진 것은?

① 시클로헥산 – 피리딘 ② 염화아세틸 – 휘발유

③ 시클로헥산 – 중유 ④ 아크릴산 – 포름산

> **NOTE** 제2석유류의 종류 … 등유, 경유, 아세트산, 부탄올, 포름산, 자일렌, 아크릴산, 클로로벤젠, 스티렌, 프로피온산, 아밀알코올, 테레핀유, 캠플유, 송근유, 부틸알코올, 히드라진, 큐멘 등

35 시약(고체)의 명칭이 불분명한 시약병의 내용물을 확인하려고 뚜껑을 열어 시계접시에 소량을 담아놓고 공기 중에서 햇빛을 받는 곳에 방치하던 중 시계접시에서 갑자기 연소현상이 일어났다. 다음 물질 중 이 시약의 명칭으로 예상할 수 있는 것은?

① 황 ② 황린

③ 적린 ④ 질산암모늄

> **NOTE** ① 미세한 분말 상태에서 부유할 때 공기 중의 산소와 혼합하여 폭명기를 만들어 분진 폭발의 위험이 있다.
> ② 황린은 50℃ 전후에서 공기와의 접촉으로 자연 발화되어, 오산화인(P_2O_5)의 흰 연기를 발생한다.
> ③ 적린은 발화성은 없고 강산화제와 혼합하면 마찰에 의해 착화하기 쉽고, 불안정한 폭발물과 같이 되어 약간의 가열, 충격, 마찰에 폭발한다.
> ④ 질산암모늄은 가연물, 유기물이 혼합되면 가열이나 충격, 마찰을 주면 폭발한다.

Answer 33.④ 34.④ 35.②

36 위험물제조소 및 일반취급소에 설치하는 자동화재탐지설비의 설치기준으로 틀린 것은?

① 하나의 경계구역은 $600m^2$ 이하로 하고, 한 변의 길이는 50m 이하로 한다.

② 주요한 출입구에서 내부전체를 볼 수 있는 경우 경계구역은 $1,000m^2$ 이하로 할 수 있다.

③ 광전식분리형감지기를 설치한 경우에는 하나의 경계구역을 $1,000m^2$ 이하로 할 수 있다.

④ 비상전원을 설치하여야 한다.

> **NOTE** 자동화재탐지설비 설치기준
> ㉠ 자동화재탐지설비의 경계구역(화재가 발생한 구역을 다른 구역과 구분하여 식별할 수 있는 최소단위의 구역)은 건축물 그 밖의 공작물의 2 이상의 층에 걸치지 아니하도록 하여야 한다. 다만, 하나의 경계구역의 면적이 $500m^2$ 이하이면서 당해 경계구역이 두 개의 층에 걸치는 경우이거나 계단·경사로·승강기의 승강로 그 밖에 이와 유사한 장소에 연기감지기를 설치하는 경우에는 그러하지 아니하다.
> ㉡ 하나의 경계구역의 면적은 $600m^2$ 이하로 하고 그 한 변의 길이는 50m (광전식분리형감지기를 설치할 경우에는 100m) 이하로 하여야 한다. 다만, 당해 건축물 그 밖의 공작물의 주요한 출입구에서 그 내부의 전체를 볼 수 있는 경우에 있어서는 그 면적을 $1,000m^2$ 이하로 할 수 있다.
> ㉢ 자동화재탐지설비의 감지기는 지붕(상층이 있는 경우에는 상층의 바닥) 또는 벽의 옥내에 면한 부분(천장이 있는 경우에는 천장 또는 벽의 옥내에 면한 부분 및 천장의 뒷부분)에 유효하게 화재의 발생을 감지할 수 있도록 설치하여야 한다.
> ㉣ 자동화재탐지설비에는 비상전원을 설치하여야 한다.

37 무기과산화물의 일반적인 성질에 대한 설명으로 틀린 것은?

① 과산화수소의 수소가 금속으로 치환된 화합물이다.

② 산화력이 강해 스스로 쉽게 산화한다.

③ 가열하면 분해되어 산소를 발생한다.

④ 물과의 반응성이 크다.

> **NOTE** 무기과산화물 … O_2^{2-}의 이온의 화합물로 분자구조 내 $O-O$결합을 가지고 있다. M_2O_2(여기서 M은 무기물이다. M이 유기물일 경우 제5류 위험물의 유기과산화물에 속한다.)형 화합물은 알칼리 금속염에서는 원자번호가 증가함에 따라 백색에서 황색, 황갈색으로 된다. MO_2형 화합물은 2A, 2B 족 원소의 화합물로서 대부분 백색이다.
> 물과 산에 접촉하면 분해하고 수산화물과 과산화수소를 생성한다. 강력한 산화제로 산화나 표백을 하는데 쓰인다. 알칼리 금속의 과산화물은 물과 급속히 반응하여 산소를 발생한다.

38 다음 중 물과의 반응성이 가장 낮은 것은?

① 인화알루미늄
② 트리에틸알루미늄
③ 오황화린
④ 황린

 **NOTE**
① 공기 중 안정하나 물과 접촉 시 유독성의 포스핀가스를 발생한다.
② 물과 접촉시 폭발적 반응을 일으켜 에탄가스가 발화 비산되므로 위험하다.
③ 물과 반응하면 분해하여 유독성 가스인 황화수소와 인산으로 된다.
④ 물에는 녹지 않으나 벤젠, 알코올에는 약간 녹고, 이황화탄소에는 잘 녹는다.

39 다음 위험물 중 비중이 물보다 큰 것은?

① 디에틸에테르
② 아세트알데히드
③ 산화프로필렌
④ 이황화탄소

NOTE
① 0.72
② 0.783
③ 0.83
④ 1.26

40 위험물안전관리자를 해임할 때에는 해임한 날로부터 며칠 이내에 위험물안전관리자를 다시 선임하여야 하는가?

① 7
② 14
③ 30
④ 60

NOTE 위험물안전관리자를 선임한 제조소등의 관계인은 그 위험물안전관리자를 해임하거나 위험물안 전관리자가 퇴직한 때에는 해임하거나 퇴직한 날부터 30일 이내에 다시 위험물안전관리자를 선임하여야 한다.

Answer   38.④   39.④   40.③

41 황린에 관한 설명 중 틀린 것은?

① 물에 잘 녹는다.　　　　　　　　② 화재시 물로 냉각소화 할 수 있다.

③ 적린에 비해 불안정하다.　　　　④ 적린과 동소체이다.

 **NOTE** 황린의 성질
　ⓐ 백색 또는 담황색 고체로 강한 마늘향이 난다.
　ⓑ 가연성이며 맹독성물질이다.
　ⓒ 유황, 산소, 할로겐과 격렬히 반응한다.
　ⓓ 물에는 녹지 않으나 벤젠, 알코올에는 약간 녹고, 이황화탄소에는 잘 녹는다.
　ⓔ 공기를 차단하고 가열하면 적린이 된다.
　ⓕ 화재시 주수, 건조사, 토사 등의 질식소화를 하여야 한다.

42 위험물 옥내저장소에 과염소산 300kg, 과산화수소 300kg을 저장하고 있다. 저장창고에는 지정수량 몇 배의 위험물을 저장하고 있는가?

① 4　　　　　　　　　　　　　　　② 3

③ 2　　　　　　　　　　　　　　　④ 1

NOTE 제6류 위험물의 지정수량은 300kg이므로 과염소산 $300kg = \dfrac{300}{300} = 1$, 과산화수소 $300kg$

$= \dfrac{300}{300} = 1$

$1 + 1 = 2$이므로 지정수량의 2배를 저장하고 있는 것이 된다.

43 금속나트륨, 금속칼륨 등을 보호액 속에 저장하는 이유를 가장 옳게 설명한 것은?

① 온도를 낮추기 위하여

② 승화하는 것을 막기 위하여

③ 공기와의 접촉을 막기 위하여

④ 운반시 충격을 적게 하기 위하여

NOTE 금속칼륨은 공기 중에 방치하면 자연발화의 위험이 있고, 물과 격렬히 반응하여 발열하고 수소가스를 발생한다. 금속나트륨 또한 공기 중에 방치하면 자연발화하고 물과 격렬히 반응하여 발열하고 수소를 발생한다. 두 금속은 공기와의 접촉을 방지하기 위하여 등유, 경유, 유동파라핀 등의 보호액 속에 저장하여야 한다.

Answer　41.① 42.③ 43.③

44 위험물안전관리법령에서 정한 품명이 서로 다른 물질을 나열한 것은?

① 이황화탄소, 디에틸에테르 　　　② 에틸알코올, 고형알코올

③ 등유, 경유 　　　④ 중유, 클레오소트유

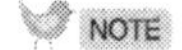 NOTE ① 이황화탄소 – 제4류 위험물 특수인화물, 디에틸에테르 – 제4류 위험물 특수인화물
② 에틸알코올 – 제4류 위험물 알코올류, 고형알코올 – 제2류 위험물 인화성고체
③ 등유 – 제4류 위험물 제2석유류, 경유 – 제4류 위험물 제2석유류
④ 중유 – 제4류 위험물 제3석유류, 클레오소트유 – 제4류 위험물 제3석유류

45 위험물안전관리법령에 의한 위험물 운송에 관한 규정으로 틀린 것은?

① 이동탱크저장소에 의하여 위험물을 운송하는 자는 당해 위험물을 취급할 수 있는 국가기술자격자 또는 안전교육을 받은 자이어야 한다.

② 안전관리자 · 탱크시험자 · 위험물운송자 등 위험물의 안전관리와 관련된 업무를 수행하는 자는 시 · 도지사가 실시하는 안전교육을 받아야 한다.

③ 운송책임자의 범위, 감독 또는 지원의 방법 등에 관한 구체적인 기준은 총리령으로 정한다.

④ 위험물운송자는 이동탱크저장소에 의하여 위험물을 운송하는 때에는 총리령으로 정하는 기준을 준수하는 등 당해 위험물의 안전확보를 위하여 세심한 주의를 기울여야 한다.

NOTE ② 안전관리자 · 탱크시험자 · 위험물운송자 등 위험물의 안전관리와 관련된 업무를 수행하는 자로서 대통령령이 정하는 자는 해당 업무에 관한 능력의 습득 또는 향상을 위하여 국민안전처장관이 실시하는 교육을 받아야 한다.

※ 위험물의 운송
　㉠ 이동탱크저장소에 의하여 위험물을 운송하는 자(운송책임자 및 이동탱크저장소운전자를 말하며, 이하 "위험물운송자"라 한다)는 당해 위험물을 취급할 수 있는 국가기술자격자 또는 안전교육을 받은 자이어야 한다.
　㉡ 대통령령이 정하는 위험물의 운송에 있어서는 운송책임자(위험물 운송의 감독 또는 지원을 하는 자)의 감독 또는 지원을 받아 이를 운송하여야 한다. 운송책임자의 범위, 감독 또는 지원의 방법 등에 관한 구체적인 기준은 총리령으로 정한다.
　㉢ 위험물운송자는 이동탱크저장소에 의하여 위험물을 운송하는 때에는 총리령으로 정하는 기준을 준수하는 등 당해 위험물의 안전확보를 위하여 세심한 주의를 기울여야 한다.

Answer　44.② 45.②

46 다음 아세톤의 완전 연소 반응식에서 (   )에 알맞은 계수를 차례대로 옳게 나타낸 것은?

$$CH_3COCH_3 + (\quad)O_2 \rightarrow (\quad)CO_2 + 3H_2O$$

① 3, 4 ② 4, 3

③ 6, 3 ④ 3, 6

> **NOTE** $CH_3COCH_3 + (\quad)O_2 \rightarrow (\quad)CO_2 + 3H_2O$에서 C원자수를 양변을 동일하게 맞추면
> 왼쪽의 탄소(C)의 수는 3개이므로 오른쪽 탄소의 수도 당연히 3개가 되어야 한다.
> 괄호 안에 각각 3을 넣으면 오른쪽 산소(O)의 개수는 6+3=9개가 된다.
> 오른쪽 산소가 9개이므로 왼쪽 식의 산소의 수도 9개가 되어야 한다.
> $1+2x=9 \rightarrow x=4$가 되어 $CH_3COCH_3 + 4O_2 \rightarrow 3CO_2 + 3H_2O$이 된다.
>
> ※ 아세톤의 완전 연소 반응식
>
> $$CH_3COCH_3 + 4O_2 \rightarrow 3CO_2 + 3H_2O$$

47 위험물탱크의 용량은 탱크의 내용적에서 공간용적을 뺀 용적으로 한다. 이 경우 소화약제 방출구를 탱크안의 윗부분에 설치하는 탱크의 공간용적은 당해 소화설비의 소화약제방출구 아래의 어느 범위의 면으로부터 윗부분의 용적으로 하는가?

① 0.1미터 이상 0.5미터 미만 사이의 면

② 0.3미터 이상 1미터 미만 사이의 면

③ 0.5미터 이상 1미터 미만 사이의 면

④ 0.5미터 이상 1.5미터 미만 사이의 면

> **NOTE** 탱크 용적의 산정기준 규정에 따른 탱크의 공간용적은 탱크의 내용적의 100분의 5 이상 100분의 10 이하의 용적으로 한다. 다만, 소화설비(소화약제 방출구를 탱크안의 윗부분에 설치하는 것에 한한다)를 설치하는 탱크의 공간용적은 당해 소화설비의 소화약제방출구 아래의 0.3미터 이상 1미터 미만 사이의 면으로부터 윗부분의 용적으로 한다.

Answer   46.② 47.②

48 위험물의 지정수량이 잘못된 것은?

① $(C_2H_5)_3AL$: 10kg

② Ca : 50kg

③ LiH : 300kg

④ AL_4C_3 : 500kg

> NOTE ① 알킬알루미늄 – 제3류 위험물 알킬알루미늄으로 지정수량은 10kg이다.
> ② 칼슘 – 제3류 위험물 알칼리토금속류로 지정수량은 50kg이다.
> ③ 수소화리튬 – 제3류 위험물 금속의 수소화물로 지정수량은 300kg이다.
> ④ 탄화알루미늄 – 제3류 위험물 칼슘 또는 알루미늄의 탄화물로 지정수량은 300kg이다.

49 위험물안전관리법령상 에틸렌글리콜과 혼재하여 운반할 수 없는 위험물은? (단, 지정수량의 10배일 경우이다.)

① 유황

② 과망간산나트륨

③ 알루미늄분

④ 트리니트로톨루엔

> NOTE 에틸렌글리콜은 제4류 위험물 제3석유류에 해당하므로 제4류 위험물과 혼재할 수 있는 위험물로는 제2류, 제3류, 제5류 위험물이 있다.
> ① 제2류 위험물 유황
> ② 제1류 위험물 과망간산염류
> ③ 제2류 위험물 금속분
> ④ 제5류 위험물 니트로화합물

50 다음 중 요오드값이 가장 낮은 것은?

① 해바라기유

② 오동유

③ 아미인유

④ 낙화생유

> NOTE 요오드값
> ㉠ 해바라기유 : 120 ~ 140, 식품에 사용
> ㉡ 오동유 : 160 ~ 175, 페인트나 니스에 사용
> ㉢ 아마인유 : 175 ~ 205, 페인트, 니스, 리놀륨, 인쇄용 잉크에 사용
> ㉣ 낙화생유 : 85 ~ 100, 식품에 사용

Answer 48.④ 49.② 50.④

51 탄소 80%, 수소 14%, 황 6%인 물질 1kg이 완전연소하기 위해 필요한 이론 공기량은 약 몇 kg인가? (단, 공기 중 산소는 23wt% 이다)

① 3.31

② 7.05

③ 11.62

④ 14.41

> **NOTE** 탄소 80%, 수소 14%, 황 6%인 물질 1kg, 공기 중 산소는 23wt%이므로
>
> 탄소 80% → 0.8kg
>
> 수소 14% → 0.14kg
>
> 황 6% → 0.06kg
>
> 산소 23wt% → 0.23
>
> 완전연소시 산소량을 구하면
>
> 탄소의 경우 $C+O_2 \rightarrow CO_2 \rightarrow 12:32 = 0.8:x \rightarrow x = 2.1333$
>
> 수소의 경우 $4H+O_2 \rightarrow 2H_2O \rightarrow 4:32 = 0.14:x \rightarrow x = 1.12$
>
> 황의 경우 $S+O_2 \rightarrow SO_2 \rightarrow 32:32 = 0.06:x \rightarrow x = 0.06$
>
> 모두 합하면 3.31333
>
> 공기량을 구하면 $\dfrac{3.31333}{0.23} = 14.405 ≒ 14.41$

52 다음 중 위험등급 I의 위험물이 아닌 것은?

① 무기과산화물

② 적린

③ 나트륨

④ 과산화수소

> **NOTE** 위험물의 위험등급
>
> ㉠ 위험등급 I 의 위험물
> - 제1류 위험물 중 아염소산염류, 염소산염류, 과염소산염류, 무기과산화물 그 밖에 지정수량이 50kg인 위험물
> - 제3류 위험물 중 칼륨, 나트륨, 알킬알루미늄, 알킬리튬, 황린 그 밖에 지정수량이 10kg 또는 20kg인 위험물
> - 제4류 위험물 중 특수인화물
> - 제5류 위험물 중 유기과산화물, 질산에스테르류 그 밖에 지정수량이 10kg인 위험물
> - 제6류 위험물 : 과염소산, 과산화수소, 질산 등
>
> ㉡ 위험등급 II의 위험물
> - 제1류 위험물 중 브롬산염류, 질산염류, 요오드산염류 그 밖에 지정수량이 300kg인 위험물
> - 제2류 위험물 중 황화린, 적린, 유황 그 밖에 지정수량이 100kg인 위험물
> - 제3류 위험물 중 알칼리금속(칼륨 및 나트륨을 제외한다) 및 알칼리토금속, 유기금속화합물(알킬알루미늄 및 알킬리튬 제외) 그 밖에 지정수량이 50kg인 위험물
> - 제4류 위험물 중 제1석유류 및 알코올류
> - 제5류 위험물 중 제1호 제5류 위험물 중 유기과산화물, 질산에스테르류 그 밖에 지정수량이 10kg인 위험물 외의 것
>
> ㉢ 위험등급 III의 위험물 : ㉠ 및 ㉡에 정하지 아니한 위험물

Answer 51.④ 52.②

53 시클로헥산에 관한 설명으로 가장 거리가 먼 것은?

① 고리형 분자구조를 가진 방향족 탄화수소화합물이다.

② 화학식은 C_6H_{12}이다.

③ 비수용성 위험물이다.

④ 제4류 제1석유류에 속한다.

>  NOTE 시클로헥산의 성질
> ㉠ 고리모양의 탄화수소에서 탄소원자의 결합형태가 단일결합으로만 이루어진 화합물로 고리형 불포화 탄화수소이다.
> ㉡ 무색이며, 석유와 같은 자극성 냄새를 가진 휘발성 액체이다.
> ㉢ 물에 녹지 않으나 유기화합물에 녹는다.
> ㉣ 제4류 위험물 제1석유류에 해당한다.
> ㉤ 화학식은 C_6H_{12}이다.

54 제6류 위험물을 저장하는 옥내탱크저장소로서 단층건물에 설치된 것의 소화난이도등급은?

① Ⅰ등급　　　　　　　　　② Ⅱ등급
③ Ⅲ등급　　　　　　　　　④ 해당 없음

> NOTE 옥내탱크저장소의 소화 난이도 등급
> ㉠ 소화난이도등급 Ⅰ
> • 액표면적이 $40m^2$ 이상인 것(제6류 위험물을 저장하는 것 및 고인화점위험물만을 100℃ 미만의 온도에서 저장하는 것은 제외)
> • 바닥면으로부터 탱크 옆판의 상단까지 높이가 6m 이상인 것(제6류 위험물을 저장하는 것 및 고인화점위험물만을 100℃ 미만의 온도에서 저장하는 것은 제외)
> • 탱크전용실의 단층건물 외의 건축물에 있는 것으로 인화점 38℃ 이상 70℃ 미만의 위험물 지정수량의 5배 이상 저장하는 것(내화구조로 개구부없이 구획된 것은 제외)
> ㉡ 소화난이도등급 Ⅱ : 소화난이도등급 Ⅰ의 제조소등 외의 것(고인화점위험물만을 100℃ 미만의 온도로 저장하는 것 및 제6류 위험물만을 저장하는 것은 제외)

Answer　　53.① 54.④

55 이황화탄소를 화재예방상 물속에 저장하는 이유는?

① 불순물을 물에 용해시키기 위해

② 가연성 증기의 발생을 억제하기 위해

③ 상온에서 수소가스를 발생시키기 때문에

④ 공기와 접촉하면 즉시 폭발하기 때문에

> **NOTE** 제4류 위험물 특수인화물에 해당하는 이황화탄소는 비극성이며, 물보다 무겁고 물에 녹지 않는다. 휘발하기 쉽고 인화성이 강하여 발화점이 제4류 위험물 중 가장 낮다. 물보다 무겁고 물에 녹지 않아 저장 시 가연성 증기의 발생을 억제하기 위해 콘크리트 물속의 위험물 탱크에 저장한다.

56 위험물안전관리법령상 판매취급소에 관한 설명으로 옳지 않은 것은?

① 건축물의 1층에 설치하여야 한다.

② 위험물을 저장하는 탱크시설을 갖추어야 한다.

③ 건축물의 다른 부분과는 내화구조의 격벽으로 구획하여야 한다.

④ 제조소와 달리 안전거리 또는 보유공지에 관한 규제를 받지 않는다.

> **NOTE** 판매취급소의 기준
> ㉠ 건축물의 1층에 설치하여야 한다.
> ㉡ 위험물 판매취급소라는 표시를 한 표지와 방화에 관하여 필요한 사항을 게시한 게시판을 설치하여야 한다.
> ㉢ 판매취급소의 용도로 사용되는 건축물의 부분은 내화구조 또는 불연재료로 하고, 판매취급소로 사용되는 부분과 다른 부분과의 격벽은 내화구조로 하여야 한다.
> ㉣ 판매취급소의 용도로 사용하는 건축물의 부분은 보를 불연재료로 하고, 천장을 설치하는 경우에는 천장을 불연재료로 하여야 한다.
> ㉤ 판매취급소의 용도로 사용하는 부분에 상층이 있는 경우에는 그 상층의 바닥을 내화구조로 하고, 상층이 없는 경우에는 지붕을 내화구조 또는 불연재료로 하여야 한다.
> ㉥ 위험물을 배합하는 시설을 갖추어야 한다.

Answer 55.② 56.②

57 $C_6H_2CH_3(NO_2)_3$을 녹이는 용제가 아닌 것은?

① 물 　　　　　　　　　　　　　② 벤젠
③ 에테르 　　　　　　　　　　　④ 아세톤

> **NOTE** 트리니트로톨루엔($C_6H_2CH_3(NO_2)_3$)의 성질
> ㉠ 물에는 불용이며, 에테르, 벤젠, 아세톤 등에는 잘 녹고 알코올에는 가열하면 약간 녹는다.
> ㉡ 순수한 것은 무색결정이며 햇빛에 의해 다갈색으로 변한다.
> ㉢ 강력한 폭약으로, 충격을 가하면 폭발하고 연소 시에는 다량의 흑연을 발생한다.

58 질산의 저장 및 취급법이 아닌 것은?

① 직사광선을 차단한다.
② 분해방지를 위해 요산, 인산 등을 가한다.
③ 유기물과 접촉을 피한다.
④ 갈색병에 넣어 보관한다.

> **NOTE** 질산의 취급방법
> ㉠ 질산은 직사광선에 의해 분해되어 이산화질소를 발생하므로 갈색병에 넣어 냉암소 등에 저장하여야 한다.
> ㉡ 테레핀유, 카바이드, 금속분 및 가연성 물질과는 격리시켜 저장하여야 한다.

59 다음 중 위험물 운반용기의 외부에 "제4류"와 "위험등급II"의 표시만 보이고 품명이 잘 보이지 않을 때 예상할 수 있는 수납 위험물의 품명은?

① 제1석유류 　　　　　　　　　② 제2석유류
③ 제3석유류 　　　　　　　　　④ 제4석유류

> **NOTE** 제4류 위험물 중 위험등급Ⅱ에 해당하는 것으로 제1석유류와 알코올류가 해당된다.
> ②③④ 위험등급Ⅲ에 해당된다.

60 과염소산의 성질로 옳지 않은 것은?

① 산화성 액체이다.

② 무기화합물이며 물보다 무겁다.

③ 불연성 물질이다.

④ 증기는 공기보다 가볍다.

> **NOTE** 과염소산의 성질
> ㉠ 무색의 유동성 액체로 공기 중에 방치하면 분해되고 가열하면 폭발한다.
> ㉡ 무기화합물이며 비중은 물보다 무겁다.
> ㉢ 증기비중은 3.5로 공기보다 무겁다.
> ㉣ 불연성 물질로 유독성이 있다.
> ㉤ 불안정하며, 강력한 산화성 액체이다.
> ㉥ 유기물과 접촉 시 발화의 위험이 있다.

Answer 60.④

1 위험물안전관리법령상 옥내주유취급소에 있어서 해당 사무소 등의 출입구 및 피난구와 당해 피난구로 통하는 통로, 계단 및 출입구에 무엇을 설치하게 하는가?

① 화재감지기
② 스프링클러설비
③ 자동화재탐지설비
④ 유도등

> NOTE 옥내주유취급소에 있어서는 당해 사무소 등의 출입구 및 피난구와 당해 피난구로 통하는 통로·계단 및 출입구에 유도등을 설치하여야 한다.

2 다음 중 스프링클러설비의 소화작용으로 가장 거리가 먼 것은?

① 질식작용
② 희석작용
③ 냉각작용
④ 억제작용

> NOTE 억제작용은 연쇄반응의 속도를 빠르게 하는 정촉매의 역할을 억제시키는 것으로 화학적 소화 방법에 해당한다. 할로겐화합물 소화약제와 제3종 분말소화약제 등이 이용된다.

3 다음 중 위험물안전관리법령에서 정한 지정수량이 나머지 셋과 다른 물질은?

① 아세트산
② 히드라진
③ 클로로벤젠
④ 니트로벤젠

> NOTE ① 2,000l
> ② 2,000l
> ③ 1,000l
> ④ 2,000l

Answer   1.④ 2.④ 3.③

4 가연물이 되기 쉬운 조건이 아닌 것은?

① 산소와 친화력이 클 것　　　　　② 열전도율이 클 것
③ 발열량이 클 것　　　　　　　　　④ 활성화 에너지가 작을 것

> NOTE　가연물이 되기 쉬운 조건
> ㉠ 산소와의 친화력이 클 것
> ㉡ 열전도율이 적을 것
> ㉢ 산소와의 접촉 면적이 클 것
> ㉣ 발열량이 클 것
> ㉤ 활성화 에너지가 적을 것
> ㉥ 건조도가 좋을 것

5 Halon 1211에 해당하는 물질의 분자식은?

① CBr_2FCl　　　　　　　　　　② CF_2ClBr
③ CCl_2FBr　　　　　　　　　　④ FC_2BrCl

> NOTE　Halon 1211의 분자식은 CF_2ClBr이며, 무색·무취이고 상온에서 기체로 존재하며 부전도성을 갖는다.

6 위험물안전관리법령상 주유취급소에서의 위험물 취급 기준으로 옳지 않은 것은?

① 자동차에 주유할 때에는 고정주유설비를 이용하여 직접 주유할 것
② 자동차에 경유 위험물을 주유할 때에는 자동차의 원동기를 반드시 정지시킬 것
③ 고정주유설비에는 당해 주유설비에 접속한 전용탱크 또는 간이탱크의 배관 외의 것을 통하여서는 위험물을 공급하지 아니할 것
④ 고정주유설비에 접속하는 탱크에 접속된 고정주유설비의 사용을 중지할 것

> NOTE　자동차 등에 인화점 40℃ 미만의 위험물을 주유할 때에는 자동차 등의 원동기를 정지시킬 것. 다만, 연료탱크에 위험물을 주유하는 동안 방출되는 가연성 증기를 회수하는 설비가 부착된 고정주유설비에 의하여 주유하는 경우에는 그러하지 아니하다. 경유는 인화점이 50℃ 이상이다.

Answer　4.② 5.② 6.②

7 표준상태에서 탄소 1몰이 완전히 연소하면 몇 L의 이산화탄소가 생성되는가?

① 11.2

② 22.4

③ 44.8

④ 56.8

> **NOTE** $C(s) + O_2(g) \rightarrow CO_2(g)$
> 탄소의 반응과 이산화탄소의 생성비는 1 : 1이 된다.
> 탄소는 12g이 1mol, 이산화탄소 1mol은 44g
> 모든 기체의 부피는 1mol일 때 22.4L이므로
> 탄소 12g 완전 연소 시에는 이산화탄소 22.4L가 생성된다.

8 제3류 위험물을 취급하는 제조소는 300명 이상을 수용할 수 있는 극장으로부터 몇 m 이상의 안전거리를 유지하여야 하는가?

① 5

② 10

③ 30

④ 70

> **NOTE** 학교·병원·극장 그 밖에 다수인을 수용하는 시설로서 영화 및 비디오물의 진흥에 관한 법률에 따른 영화상영관 및 그 밖에 이와 유사한 시설로서 3백 명 이상의 인원을 수용할 수 있는 것에 있어서는 30m 이상의 안전거리를 유지하여야 한다.

9 다음 중 할로겐화합물 소화약제의 주된 소화효과는?

① 부촉매효과

② 희석효과

③ 파괴효과

④ 냉각효과

> **NOTE** 할로겐화합물 소화약제는 부촉매효과, 질식효과를 한다.

10 과산화바륨과 물이 반응하였을 때 발생하는 것은?

① 수소

② 산소

③ 탄산가스

④ 수성가스

> **NOTE** 과산화바륨은 물에 분해되어 과산화수소와 산소를 발생하면서 발열한다.

Answer 7.② 8.③ 9.① 10.②

11 위험물안전관리법령에 따라 위험물을 유별로 정리하여 서로 1m 이상의 간격을 두었을 때 옥내저장소에서 함께 저장하는 것이 가능한 경우가 아닌 것은?

① 제1류 위험물(알칼리금속의 과산화물 또는 이를 함유한 것을 제외한다)과 제5류 위험물을 저장하는 경우

② 제3류 위험물 중 알킬알루미늄과 제4류 위험물(알킬알루미늄 또는 알킬리튬을 함유한 것에 한한다)을 저장하는 경우

③ 제1류 위험물과 제3류 위험물 중 금수성물질을 저장하는 경우

④ 제2류 위험물 중 인화성고체와 제4류 위험물을 저장하는 경우

> **NOTE** 제1류 위험물 중 알칼리금속의 과산화물 또는 이를 함유하는 것, 제2류 위험물 중 철분·금속분·마그네슘 또는 이 중 어느 하나 이상을 함유하는 것, 제3류 위험물 중 금수성물질 또는 제4류 위험물의 저장창고의 바닥은 물이 스며 나오거나 스며들지 아니하는 구조로 하여야 한다.

12 소화설비의 설치기준에서 유기과산화물 1,000kg은 몇 소요단위에 해당하는가?

① 10

② 20

③ 100

④ 200

> **NOTE**
> $$소요단위 = \frac{저장량}{지정수량 \times 10배} = \frac{1,000}{10kg \times 10} = 10$$
> 유기과산화물의 지정수량은 10kg이다.

13 철분, 금속분, 마그네슘의 화재에 적응성이 있는 소화약제는?

① 탄산수소염류분말

② 할로겐화합물

③ 물

④ 이산화탄소

> **NOTE** 제3류 위험물인 자연발화성물질, 금수성물질인 칼륨, 나트륨, 알킬알루미늄, 알킬리튬 등의 소화약제로는 마른모래, 탄산소수염류분말, 팽창질석, 팽창진주암이다.

Answer 11.③ 12.① 13.①

14 위험물안전관리에 대한 설명 중 옳지 않은 것은?

① 이동탱크저장소는 위험물안전관리자 선임대상에 해당되지 않는다.

② 위험물안전관리자가 퇴직한 경우 퇴직한 날부터 30일 이내에 다시 안전관리자를 선임하여야 한다.

③ 위험물안전관리자를 선임한 경우에는 선임한 날로부터 14일 이내에 소방본부장 또는 소방서장에게 신고하여야 한다.

④ 위험물안전관리자가 일시적으로 직무를 수행할 수 없는 경우에는 안전교육을 받고 6개월 이상 실무 경력이 있는 사람을 대리자로 지정할 수 있다.

> NOTE 안전관리자를 선임한 제조소등의 관계인은 안전관리자가 여행·질병 그 밖의 사유로 인하여 일시적으로 직무를 수행할 수 없거나 안전관리자의 해임 또는 퇴직과 동시에 다른 안전관리자를 선임하지 못하는 경우에는 국가기술자격법에 따른 위험물의 취급에 관한 자격취득자 또는 위험물안전에 관한 기본지식과 경험이 있는 자로서 총리령이 정하는 자[안전교육을 받은 자로서 제조소등에서 위험물안전관리에 관한 업무에 1년 이상 종사한 경력이 있는 자, 제조소등에서 위험물안전관리에 관한 업무에 1년 이상 종사한 경력이 있는 자로서 안전교육을 받은 자, 제조소등의 위험물 안전관리업무에 있어서 안전관리자를 지휘·감독하는 직위에 있는 자]를 대리자로 지정하여 그 직무를 대행하게 하여야 한다.

15 주유취급소의 벽(담)에 유리를 부착할 수 있는 기준에 대한 설명으로 옳은 것은?

① 유리 부착 위치는 주입구, 고정주유설비로부터 2m 이상 이격되어야 한다.

② 지반면으로부터 50센티미터를 초과하는 부분에 한하여 설치하여야 한다.

③ 하나의 유리판 가로의 길이는 2m 이내로 한다.

④ 유리의 구조는 기준에 맞는 강화유리로 하여야 한다.

> NOTE 다음의 기준에 모두 적합한 경우에는 담 또는 벽의 일부분에 방화상 유효한 구조의 유리를 부착할 수 있다.
> ㉠ 유리를 부착하는 위치는 주입구, 고정주유설비 및 고정급유설비로부터 4m 이상 이격될 것
> ㉡ 유리를 부착하는 방법은 다음의 기준에 모두 적합할 것
> • 주유취급소 내의 지반면으로부터 70㎝를 초과하는 부분에 한하여 유리를 부착할 것
> • 하나의 유리판의 가로의 길이는 2m 이내일 것
> • 유리판의 테두리를 금속제의 구조물에 견고하게 고정하고 해당 구조물을 담 또는 벽에 견고하게 부착할 것
> • 유리의 구조는 접합유리(두장의 유리를 두께 0.76mm 이상의 폴리비닐부티랄 필름으로 접합한 구조를 말한다)로 하되, 「유리구획 부분의 내화시험방법(KS F 2845)」에 따라 시험하여 비차열 30분 이상의 방화성능이 인정될 것
> ㉢ 유리를 부착하는 범위는 전체의 담 또는 벽의 길이의 10분의 2를 초과하지 아니할 것

Answer   14.④   15.③

16 위험물안전관리법령상 개방형 스프링클러 헤드를 이용하는 스프링클러설비에서 수동식 개방 밸브를 개방 조작하는 데 필요한 힘은 얼마 이하가 되도록 설치하여야 하는가?

① 5kg

② 10kg

③ 15kg

④ 20kg

> **NOTE** 개방형스프링클러헤드를 이용하는 스프링클러설비에는 일제개방밸브 또는 수동식개방밸브를 다음에 정한 것에 의하여 설치할 것
> ㉠ 일제개방밸브의 기동조작부 및 수동식개방밸브는 화재시 쉽게 접근 가능한 바닥면으로부터 1.5m 이하의 높이에 설치할 것
> ㉡ ㉠ 외에 일제개방밸브 또는 수동식개방밸브는 다음에서 정한 것에 의할 것
> • 방수구역마다 설치할 것
> • 일제개방밸브 또는 수동식개방밸브에 작용하는 압력은 당해 일제개방밸브 또는 수동식개방 밸브의 최고사용압력 이하로 할 것
> • 일제개방밸브 또는 수동식개방밸브의 2차측 배관부분에는 당해 방수구역에 방수하지 않고 당해 밸브의 작동을 시험할 수 있는 장치를 설치할 것
> • 수동식개방밸브를 개방 조작하는 데 필요한 힘이 15kg 이하가 되도록 설치할 것

17 제조소의 옥외에 모두 3개의 휘발유 취급탱크를 설치하고 그 주위에 방유제를 설치하고자 한다. 방유제 안에 설치하는 각 취급탱크의 용량이 5만L, 3만L, 2만L일 때 필요한 방유제 의 용량은 몇 L 이상인가?

① 66,000

② 60,000

③ 33,000

④ 30,000

> **NOTE** 하나의 취급탱크 주위에 설치하는 방유제의 용량은 당해 탱크용량의 50% 이상으로 하고, 2 이상의 취급탱크 주위에 하나의 방유제를 설치하는 경우 그 방유제의 용량은 당해 탱크 중 용 량이 최대인 것의 50%에 나머지 탱크용량 합계의 10%를 가산한 양 이상이 되게 할 것. 이 경 우 방유제의 용량은 당해 방유제의 내용적에서 용량이 최대인 탱크 외의 탱크의 방유제 높이 이하 부분의 용적, 당해 방유제 내에 있는 모든 탱크의 지반면 이상 부분의 기초의 체적, 간 막이 둑의 체적 및 당해 방유제 내에 있는 배관 등의 체적을 뺀 것으로 한다.
> 5만L의 50%이므로 $50,000 \times 0.5 = 25,000$
> 3만L의 10%이므로 $30,000 \times 0.1 = 3,000$
> 2만L의 10%이므로 $20,000 \times 0.1 = 2,000$
> $25,000 + 3,000 + 2,000 = 30,000L$

Answer   16.③   17.④

18 제1종 분말소화약제의 주성분으로 사용하는 것은?

① $KHCO_3$　　　　　　　　　　　② H_2SO_4

③ $NaHCO_3$　　　　　　　　　　④ $NH_4H_2PO_4$

> NOTE 제1종 분말소화약제는 탄산수소나트륨($NaHCO_3$)이다.
> ① 제2종 분말소화약제
> ④ 제3종 분말소화약제

19 트리에틸알루미늄의 화재시 사용할 수 있는 소화약제(설비)가 아닌 것은?

① 마른모래　　　　　　　　　　② 팽창질석

③ 팽창진주암　　　　　　　　　④ 이산화탄소

> NOTE 제3류 위험물인 트리에틸알루미늄의 화재시 소화방법으로는 마른모래, 팽창질석, 팽창진주암
> 등을 사용한 질식소화를 실시하여야 한다.

20 금속화재를 옳게 설명한 것은?

① C급 화재이고, 표시색상은 청색이다.　　② C급 화재이고, 표시색상은 없다.

③ D급 화재이고, 표시색상은 청색이다.　　④ D급 화재이고, 표시색상은 없다.

> NOTE 금속화재는 D급 화재이며, 표시색상은 없다.
> ※ 화재의 구분
> ㉠ A급 화재 : 일반화재 – 백색
> ㉡ B급 화재 : 유류화재 – 황색
> ㉢ C급 화재 : 전기화재 – 청색
> ㉣ D급 화재 : 금속화재

21 $CH_3COC_2H_5$의 명칭 및 지정수량을 옳게 나타낸 것은?

① 메틸에틸케톤, 50L　　　　　　② 메틸에틸케톤, 200L

③ 메틸에틸에테르, 50L　　　　　④ 메틸에틸에테르, 200L

> NOTE $CH_3COC_2H_5$은 메틸에틸케톤으로 알코올의 산화물이며 무색의 액체이다.
> 제4류 위험물 중 제1석유류 비수용성액체에 해당하므로 지정수량은 200L이다.

Answer　18.③　19.④　20.④　21.②

22 위험물안전관리법령상 정기점검 대상인 제조소 등의 조건이 아닌 것은?

① 예방규정 작성대상인 제조소 등

② 지하탱크저장소

③ 이동탱크저장소

④ 지정수량 5배의 위험물을 취급하는 옥외탱크를 둔 제조소

> **NOTE** 정기점검의 대상인 제조소등
> ㉠ 지정수량의 10배 이상의 위험물을 취급하는 제조소
> ㉡ 지정수량의 100배 이상의 위험물을 저장하는 옥외저장소
> ㉢ 지정수량의 150배 이상의 위험물을 저장하는 옥내저장소
> ㉣ 지정수량의 200배 이상의 위험물을 저장하는 옥외탱크저장소
> ㉤ 암반탱크저장소
> ㉥ 이송취급소
> ㉦ 지정수량의 10배 이상의 위험물을 취급하는 일반취급소. 다만, 제4류 위험물(특수인화물을 제외한다)만을 지정수량의 50배 이하로 취급하는 일반취급소(제1석유류·알코올류의 취급량이 지정수량의 10배 이하인 경우에 한한다)로서 다음의 어느 하나에 해당하는 것을 제외한다.
> • 보일러·버너 또는 이와 비슷한 것으로서 위험물을 소비하는 장치로 이루어진 일반취급소
> • 위험물을 용기에 옮겨 담거나 차량에 고정된 탱크에 주입하는 일반취급소
> ㉧ 지하탱크저장소
> ㉨ 이동탱크저장소
> ㉩ 위험물을 취급하는 탱크로서 지하에 매설된 탱크가 있는 제조소·주유취급소 또는 일반취급소

23 위험물제조소 등의 종류가 아닌 것은?

① 간이탱크저장소   ② 일반취급소

③ 이송취급소   ④ 이동판매취급소

> **NOTE** 위험물취급소의 종류로는 주유취급소, 판매취급소, 이송취급소, 일반취급소만 해당된다.

24 다음 물질 중 물에 대한 용해도가 가장 낮은 것은?

① 아크릴산

② 아세트알데히드

③ 벤젠

④ 글리세린

 NOTE ① 물 · 알코올 · 에테르는 임의의 비율로 녹는다.
② 물과 완벽히 섞이므로 용해도의 의미가 없다.
③ 0.1888wt%(25℃), 25℃에서 물 100ml에 0.18g 용해된다. 100g은 물 0.054ml를 용해한다.
④ 6.58wt%(20℃)

25 니트로글리세린에 관한 설명으로 틀린 것은?

① 상온에서 액체 상태이다.

② 물에는 잘 녹지만 유기용제에는 녹지 않는다.

③ 충격 및 마찰에 민감하므로 주의해야 한다.

④ 다이너마이트의 원료로 쓰인다.

> NOTE 니트로글리세린의 성질
> ㉠ 질산과 황산의 혼상으로 반응시켜 만든다.
> ㉡ 상온에서 액체 상태이다.
> ㉢ 다공질의 규조토를 흡수하여 다이너마이트를 제조할 때 사용한다.
> ㉣ 물에는 녹지 않으며 메탄올, 벤젠, 클로로포름, 아세톤 등에는 녹는다.
> ㉤ 가열, 충격, 마찰 등에 매우 민감하다.
> ㉥ 산과 접촉하면 분해가 촉진되어 폭발한다.
> ㉦ 증기는 유독성을 갖는다.

26 1차 알코올에 대한 설명으로 가장 적절한 것은?

① OH 기의 수가 하나이다.

② OH 기가 결합된 탄소 원자에 붙은 알킬기의 수가 하나이다.

③ 가장 간단한 알코올이다.

④ 탄소의 수가 하나인 알코올이다.

> NOTE OH가 붙은 C원자에 결합된 알킬기(또는 수소원자)가 하나인 것을 1차 알코올이라 한다.

Answer 24.③ 25.② 26.②

27 위험물안전관리법령상 제4류 위험물 운반용기의 외부에 표시하여야 하는 주의사항을 모두 옳게 나타낸 것은?

① 화기엄금 및 충격주의
② 가연물 접촉주의
③ 화기엄금
④ 화기주의 및 충격주의

 **NOTE** 위험물 운반용기의 외부에 표시하여야 하는 주의사항
㉠ 제1류 위험물 중 알칼리금속의 과산화물 또는 이를 함유한 것에 있어서는 "화기·충격주의", "물기엄금" 및 "가연물접촉주의", 그 밖의 것에 있어서는 "화기·충격주의" 및 "가연물접촉주의"
㉡ 제2류 위험물 중 철분·금속분·마그네슘 또는 이들 중 어느 하나 이상을 함유한 것에 있어서는 "화기주의" 및 "물기엄금", 인화성고체에 있어서는 "화기엄금", 그 밖의 것에 있어서는 "화기주의"
㉢ 제3류 위험물 중 자연발화성물질에 있어서는 "화기엄금" 및 "공기접촉엄금", 금수성물질에 있어서는 "물기엄금"
㉣ 제4류 위험물에 있어서는 "화기엄금"
㉤ 제5류 위험물에 있어서는 "화기엄금" 및 "충격주의"
㉥ 제6류 위험물에 있어서는 "가연물접촉주의"

28 다음 중 지정수량이 가장 큰 것은?

① 과염소산칼륨
② 트리니트로톨루엔
③ 황린
④ 유황

NOTE
① 제1류 위험물 과염소산염류 – 50킬로그램
② 제5류 위험물 니트로화합물 – 200킬로그램
③ 제3류 위험물 황린 – 20킬로그램
④ 제2류 위험물 유황 – 100킬로그램

29 알루미늄분이 염산과 반응하였을 경우 생성되는 가연성가스는?

① 산소
② 질소
③ 메탄
④ 수소

NOTE 알루미늄과 염산의 반응식을 살펴보면
$$2Al + 6HCl \rightarrow 2AlCl_3 + 3H_2(gas)$$
수소가스가 발생하는 것을 알 수 있다.

Answer 27.③ 28.② 29.④

30 위험물안전관리법령상 벌칙의 기준이 나머지 셋과 다른 하나는?

① 제조소등에 대한 긴급 사용정지 제한 명령을 위반한 자

② 탱크시험자로 등록하지 아니하고 탱크시험자의 업무를 한 자

③ 저장소 또는 제조소 등이 아닌 장소에서 지정수량 이상의 위험물을 저장 또는 취급한 자

④ 제조소 등의 완공검사를 받지 아니하고 위험물을 저장. 취급한 자

> NOTE ①②③ 1년 이하의 징역 또는 1천만원 이하의 벌금
> ④ 500만원 이하의 벌금

31 위험물안전관리법령상 운송책임자의 감독·지원을 받아 운송하여야 하는 위험물에 해당하는 것은?

① 알킬알루미늄, 산화프로필렌, 알킬리튬

② 알킬알루미늄, 산화프로필렌

③ 알킬알루미늄, 알킬리튬

④ 산화프로필렌, 알킬리튬

> NOTE 운송책임자의 감독·지원을 받아 운송하여야 하는 위험물
> ㉠ 알킬알루미늄
> ㉡ 알킬리튬
> ㉢ 알킬알루미늄과 알킬리튬 물질을 함유하는 위험물

32 다음은 위험물을 저장하는 탱크의 공간용적 산정기준이다. (   )에 알맞은 수치로 옳은 것은?

> 암반탱크에 있어서는 당해 탱크 내에 용출하는 (   )일간의 지하수의 양에 상당하는 용적 과 당해 탱크의 내용적의 (   )의 용적 중에서 보다 큰 용적을 공간용적으로 한다.

① 7, 1/100

② 7, 5/100

③ 10, 1/100

④ 10, 5/100

> NOTE 암반탱크에 있어서는 당해 탱크 내에 용출하는 7일간의 지하수의 양에 상당하는 용적과 당해 탱크의 내용적의 100분의 1의 용적 중에서 보다 큰 용적을 공간용적으로 한다〈위험물안전관리 에 관한 세부기준 제25조 제3항〉.

Answer   30.④ 31.③ 32.①

33 분자량이 약 110인 무기과산화물로 물과 접촉하여 발열하는 것은?

① 과산화마그네슘　　　　　　　② 과산화벤젠

③ 과산화칼슘　　　　　　　　　④ 과산화칼륨

> NOTE 무기과산화물에 해당하는 것은 과산화칼륨으로 물과 접촉하면 수산화칼륨과 산소를 발생한다. 물과 접촉하면 발열하면서 폭발 위험성이 증가한다.
> ① 과산화마그네슘 분자량 56.3038g/mol
> ② 과산화벤젠 분자량 78.11g/mol
> ③ 과산화칼슘 분자량 72.08g/mol
> ④ 과산화칼륨 분자량 110.1954g/mol

34 위험물안전관리법령에서 정한 알킬알루미늄 등을 저장 또는 취급하는 이동탱크저장소에 비치해야 하는 물품이 아닌 것은?

① 방호복　　　　　　　　　　　② 고무장갑

③ 비상조명등　　　　　　　　　④ 휴대용 확성기

> NOTE 알킬알루미늄 등을 저장 또는 취급하는 이동탱크저장소에는 긴급시의 연락처, 응급조치에 관하여 필요한 사항을 기재한 서류, 방호복, 고무장갑, 밸브 등을 죄는 결합공구 및 휴대용 확성기를 비치하여야 한다.

35 다음 중 산을 가하면 이산화염소를 발생시키는 물질로 분자량이 약 90.5인 것은?

① 아염소산나트륨

② 브롬산나트륨

③ 옥소산칼륨(요오드산칼륨)

④ 중크롬산나트륨

> NOTE 아염소산나트륨은 염산과 반응하면 이산화염소를 발생시키기 때문에 종이, 펄프의 표백제로 사용한다. 수용액 상태에서도 강한 산화력을 가진다. 분자량은 90.5g/mol이다.

36 위험물안전관리법령에서 정한 주유취급소의 고정주유설비 주위에 보유하여야 하는 주유공지의 기준은?

① 너비 10m 이상 길이 6m 이상

② 너비 15m 이상 길이 6m 이상

③ 너비 10m 이상 길이 10m 이상

④ 너비 15m 이상 길이 10m 이상

> **NOTE** 주유취급소의 고정주유설비(펌프기기 및 호스기기로 되어 위험물을 자동차등에 직접 주유하기 위한 설비로서 현수식의 것을 포함)의 주위에는 주유를 받으려는 자동차 등이 출입할 수 있도록 너비 15m 이상, 길이 6m 이상의 콘크리트 등으로 포장한 공지(주유공지)를 보유하여야 하고, 고정급유설비(펌프기기 및 호스기기로 되어 위험물을 용기에 옮겨 담거나 이동저장탱크에 주입하기 위한 설비로서 현수식의 것을 포함)를 설치하는 경우에는 고정급유설비의 호스기기의 주위에 필요한 공지(급유공지)를 보유하여야 한다.

37 위험물안전관리법령에서 정한 소화설비의 설치기준에 따라 다음 (   )에 알맞은 숫자를 차례대로 나타낸 것은?

> 제조소 등에 전기설비(전기배선, 조명기구 등은 제외한다)가 설치된 경우에는 당해 장소의 면적 (   )m^2마다 소형수동식소화기를 (   )개 이상 설치할 것

① 50, 1

② 50, 2

③ 100, 1

④ 100, 2

> **NOTE** 전기설비의 소화설비 … 제조소등에 전기설비(전기배선, 조명기구 등은 제외)가 설치된 경우에는 당해 장소의 면적 100m^2마다 소형수동식소화기를 1개 이상 설치하여야 한다.

38 과산화벤조일 취급시 주의사항에 대한 설명 중 틀린 것은?

① 수분을 포함하고 있으면 폭발하기 쉽다.

② 가열, 충격, 마찰을 피해야 한다.

③ 저장용기는 차고 어두운 옷에 보관한다.

④ 희석제를 첨가하여 폭발성을 낮출 수 있다.

> NOTE 과산화벤조일의 성질
> ㉠ 무색, 무미의 백색 분말 또는 무색의 결정 고체로 물에 잘 녹지 않으나 유기용매에 녹는다.
> ㉡ 상온에서 안정하며 강한 산화 작용을 한다.
> ㉢ 열, 빛, 충격, 마찰 등에 의해 폭발의 위험이 있다.
> ㉣ 희석제(프탈산디메틸 등)가 첨가되면 폭발성을 낮출 수 있다.
> ㉤ 냉암소에 보관하여야 한다.
> ㉥ 환원성 물질과 격리하여 저장하여야 한다.

39 위험물안전관리법령상 다음 (   )에 알맞은 수치를 모두 합한 것은?

- 과염소산의 지정수량은 (   )kg이다.
- 과산화수소는 농도가 (   )wt% 미만인 것은 위험물에 해당하지 않는다.
- 질산은 비중이 (   ) 이상이 것만 위험물로 규정한다.

① 349.36　　　　　　　　　　② 549.36

③ 337.49　　　　　　　　　　④ 537.49

> NOTE 과염소산은 제6류 위험물로 지정수량은 300kg이다. 과산화수소는 그 농도가 36중량퍼센트 이상인 것에 한하며 위험물로 본다. 질산은 그 비중이 1.49 이상인 것에 한하여 위험물로 본다.
> $300 + 36 + 1.49 = 337.49$

40 위험물안전관리법령에서 정한 아세트알데히드 등을 취급하는 제조소의 특례에 따라 다음 (　　) 에 해당하지 않는 것은?

> 아세트알데히드 등을 취급하는 설비는 (　　)·(　　)·동·(　　) 또는 이들을 성분으로 하는 합금으로 만들지 아니할 것

① 금　　　　　　　　　　　　　② 은

③ 수은　　　　　　　　　　　　④ 마그네슘

> **NOTE** 아세트알데히드 등을 취급하는 제조소의 특례
> ㉠ 아세트알데히드 등을 취급하는 설비는 은·수은·동·마그네슘 또는 이들을 성분으로 하는 합금으로 만들지 아니할 것
> ㉡ 아세트알데히드 등을 취급하는 설비에는 연소성 혼합기체의 생성에 의한 폭발을 방지하기 위한 불활성기체 또는 수증기를 봉입하는 장치를 갖출 것
> ㉢ 아세트알데히드 등을 취급하는 탱크(옥외에 있는 탱크 또는 옥내에 있는 탱크로서 그 용량 이 지정수량의 5분의 1 미만의 것을 제외한다)에는 냉각장치 또는 저온을 유지하기 위한 장치(보냉장치) 및 연소성 혼합기체의 생성에 의한 폭발을 방지하기 위한 불활성기체를 봉 입하는 장치를 갖출 것. 다만, 지하에 있는 탱크가 아세트알데히드 등의 온도를 저온으로 유지할 수 있는 구조인 경우에는 냉각장치 및 보냉장치를 갖추지 아니할 수 있다.
> ㉣ ㉢의 규정에 의한 냉각장치 또는 보냉장치는 2 이상 설치하여 하나의 냉각장치 또는 보냉장치가 고장난 때에도 일정 온도를 유지할 수 있도록 하고, 다음의 기준에 적합한 비상전원을 갖출 것
> • 상용전력원이 고장인 경우에 자동으로 비상전원으로 전환되어 가동되도록 할 것
> • 비상전원의 용량은 냉각장치 또는 보냉장치를 유효하게 작동할 수 있는 정도일 것
> ㉤ 아세트알데히드 등을 취급하는 탱크를 지하에 매설하는 경우 탱크를 탱크전용실에 설치할 것

41 제4류 위험물에 대한 일반적인 설명으로 옳지 않은 것은?

① 대부분 연소 하한값이 낮다.

② 발생증기는 가연성이며 대부분 공기보다 무겁다.

③ 대부분 무기화합물이므로 정전기 발생에 주의한다.

④ 인화점이 낮을수록 화재 위험성이 높다.

> **NOTE** 제4류 위험물의 성질
> ㉠ 상온에서 액상인 가연성 액체로 인화하기 쉽다.
> ㉡ 물보다 가볍고 물에 녹기 어렵다.
> ㉢ 발화점이 낮은 것은 위험하다.
> ㉣ 증기와 공기가 약간 혼합되어도 연소한다.
> ㉤ 발생증기는 공기보다 무겁다.
> ㉥ 전기불량도체이므로 정전기를 축적하기 쉽다.

Answer　　40.① 41.③

42 $C_6H_2(NO_2)_3OH$와 CH_3NO_3의 공통성질에 해당하는 것은?

① 니트로화합물이다.

② 인화성과 폭발성이 있는 액체이다.

③ 무색의 방향성 액체이다.

④ 에탄올에 녹는다.

> **NOTE** 트리니트로페놀과 질산메틸의 성질
> ㉠ 트리니트로페놀($C_6H_2(NO_2)_3OH$)
> - 니트로화합물이다.
> - 가연성 물질로 물에는 녹지 않으나 에테르, 벤젠, 아세톤 등에는 잘 녹는다.
> - 순수한 것은 무색이나 공업용은 휘황색을 띤다.
> - 니트로 폭약이나 산화되기 쉬운 물질과 공존하면 타격 등에 의해 폭발한다.
> ㉡ 질산메틸(CH_3NO_3)
> - 질산에스테르류이다.
> - 인화성이 강하고 알코올에 잘 녹는다.
> - 무색 투명한 액체이다.
> - 물에는 녹지 않으나 에테르 등에 녹는다.
> - 인화점이 낮아 비점 이상으로 가열하거나 아질산과 접촉시키면 격렬하게 폭발한다.

43 분말의 형태로서 150마이크로미터의 체를 통과하는 것이 50중량퍼센트 이상인 것만 위험물로 취급되는 것은?

① Zn

② Fe

③ Ni

④ Ca

> **NOTE** 금속분이라 함은 알칼리금속·알칼리토류금속·철 및 마그네슘 외의 금속의 분말을 말하고, 구리분·니켈분 및 150마이크로미터의 체를 통과하는 것이 50중량퍼센트 미만인 것은 제외한다.

44 과염소산칼륨의 성질에 관한 설명 중 틀린 것은?

① 무색, 무취의 결정이다.

② 알코올, 에테르에 잘 녹는다.

③ 진한 황산과 접촉하면 폭발할 위험이 있다.

④ 400℃ 이상으로 가열하면 분해하여 산소가 발생할 수 있다.

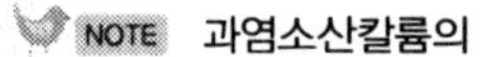 NOTE　과염소산칼륨의 성질
　　　㉠ 무색, 무취의 결정 또는 백색의 분말이다.
　　　㉡ 물, 알코올, 에테르에도 잘 녹지 않는다.
　　　㉢ 진한 황산과 접촉하면 폭발성 가스를 생성하고 폭발할 위험이 있다.
　　　㉣ 400℃에서 열분해하기 시작하여 610℃에서 완전 분해되어 염화칼륨과 산소를 방출한다.

45 위험물제조소의 환기설비 중 급기구는 급기구가 설치된 실의 바닥면적 몇 m^2마다 1개 이상으로 설치하여야 하는가?

① 100　　　　　　　　　　　② 150

③ 200　　　　　　　　　　　④ 800

 NOTE　환기설비의 기준
　　　㉠ 환기는 자연배기방식으로 할 것
　　　㉡ 급기구는 당해 급기구가 설치된 실의 바닥면적 150m^2마다 1개 이상으로 하되, 급기구의
　　　　 크기는 800cm^2 이상으로 할 것
　　　㉢ 급기구는 낮은 곳에 설치하고 가는 눈의 구리망 등으로 인화방지망을 설치할 것
　　　㉣ 환기구는 지붕 위 또는 지상 2m 이상의 높이에 회전식 고정벤티레이터 또는 루푸팬방식으
　　　　 로 설치할 것

46 살충제 원료로 사용되기도 하는 암회색 물질로 물과 반응하여 포스핀 가스를 발생할 위험이 있는 것은?

① 인화아연　　　　　　　　　② 수소화나트륨

③ 칼륨　　　　　　　　　　　④ 나트륨

 NOTE　인화아연
　　　㉠ 암회색 또는 회색의 유리질 파편을 가진 독성 분말이다.
　　　㉡ 물과 반응하여 유독성의 포스핀가스를 발생한다.
　　　㉢ 살충제, 살서제, 의약의 원료로 사용한다.

Ψ Ψ Answer　　44.②　45.②　46.①

47 위험물안전관리법령상 예방규정을 정하여야 하는 제조소 등의 관계인은 위험물제조소 등에 대하여 기술기준에 적합한지의 여부를 정기적으로 점검을 하여야 한다. 법적 최소 점검주기에 해당하는 것은? (단, 100만 리터 이상의 옥외탱크 저장소는 제외한다)

① 월 1회 이상
② 6개월 1회 이상
③ 연 1회 이상
④ 2년 1회 이상

> **NOTE** 대통령령이 정하는 제조소등의 관계인은 그 제조소등에 대하여 총리령이 정하는 바에 따라 기술기준에 적합한지의 여부를 정기적으로 점검하고 점검결과를 기록하여 보존하여야 한다. 제조소등의 관계인은 당해 제조소등에 대하여 연 1회 이상 정기점검을 실시하여야 한다.

48 위험물안전관리법령상 이동탱크저장소에 의한 위험물의 운송 시 장거리에 걸친 운송을 하는 때에는 2명 이상의 운전자로 하는 것이 원칙이다. 다음 중 예외적으로 1명의 운전자가 운송하여도 되는 경우의 기준으로 옳은 것은?

① 운송도중에 2시간 이내마다 10분 이상씩 휴식하는 경우
② 운송도중에 2시간 이내마다 20분 이상씩 휴식하는 경우
③ 운송도중에 4시간 이내마다 10분 이상씩 휴식하는 경우
④ 운송도중에 4시간 이내마다 20분 이상씩 휴식하는 경우

> **NOTE** 위험물운송자는 장거리(고속국도에 있어서는 340km 이상, 그 밖의 도로에 있어서는 200km 이상을 말한다)에 걸치는 운송을 하는 때에는 2명 이상의 운전자로 할 것. 다만, 다음에 해당하는 경우에는 그러하지 아니하다.
> ㉠ 운송책임자를 동승시킨 경우
> ㉡ 운송하는 위험물이 제2류 위험물 · 제3류 위험물(칼슘 또는 알루미늄의 탄화물과 이것만을 함유한 것에 한한다)또는 제4류 위험물(특수인화물을 제외한다)인 경우
> ㉢ 운송도중에 2시간 이내마다 20분 이상씩 휴식하는 경우

49 다음 물질 중 인화점이 가장 높은 것은?

① 아세톤
② 디에틸에테르
③ 에탄올
④ 벤젠

> **NOTE** ① −20℃
> ② −45℃
> ③ 13℃
> ④ −11℃

50 위험물안전관리법령상 산화성 액체에 대한 설명으로 옳은 것은?

① 과산화수소는 농도와 밀도가 비례한다.

② 과산화수소는 농도가 높을수록 끓는점이 낮아진다.

③ 질산은 상온에서 불연성이지만 고온으로 가열하면 스스로 발화한다.

④ 질산을 황산과 일정 비율로 혼합하여 왕수를 제조할 수 있다.

> NOTE ② 과산화수소는 농도가 높을수록 불안정하여 끓는점이 높아진다.
> ③ 질산은 불연성이지만 다른 물질의 연소를 돕는 조연성 물질로 열에 의해 유독성의 질소산
> 화물을 발생한다.
> ④ 왕수는 질산 1 : 염산 3의 비율로 제조한다.

51 니트로셀룰로오스의 위험성에 대하여 옳게 설명한 것은?

① 물과 혼합하면 위험성이 감소한다.

② 공기 중에서 산화되지만 자연발화의 위험은 없다.

③ 건조할수록 발화의 위험성이 낮다.

④ 알코올과 반응하여 발화한다.

> NOTE 니트로셀룰로오스는 천연 셀룰로오스를 진한 질산과 진한 황산의 혼합액에 작용시켜 제조한
> 다. 물과 혼합시 위험성이 감소하므로 저장, 수송시 물이나 알코올로 습면시킨다. 햇빛, 산,
> 알칼리 등에 의해 분해되어 자연 발화하고 폭발위험이 증가한다. 건조할수록 충격, 마찰 등에
> 의해 발화하기 쉽고 점화되면 폭발한다.

52 휘발유의 성질 및 취급시의 주의사항에 관한 설명 중 틀린 것은?

① 증기가 모여 있지 않도록 통풍을 잘 시킨다.

② 인화점이 상온이므로 상온 이상에서는 취급 시 각별한 주의가 필요하다.

③ 정전기 발생에 주의해야 한다.

④ 강산화제 등과 혼촉 시 발화할 위험이 있다.

> NOTE 휘발유의 성질
> ㉠ 물에 녹지 않으나 유기 용제에 잘 녹는다.
> ㉡ 휘발, 인화, 가연성 증기를 발생하기 쉽고, 증기는 공기보다 무거워 누설시 낮은 곳으로
> 체류되어 연소를 확대시킨다.

Answer   50.① 51.① 52.②

 © 비전도성으로 정전기 발생에 의한 인화의 위험이 있다.

 © 누설 및 증기가 배출되지 않도록 취급에 주의하여야 한다.

 © 화기 등의 점화원을 피하고, 통풍이 잘되는 냉암소에 저장하여야 한다.

 © 인화점은 $-20 \sim -43℃$ 이다.

53 제2류 위험물에 대한 설명으로 옳지 않은 것은?

① 대부분 물보다 가벼우므로 주수소화는 어려움이 있다.

② 점화원으로부터 멀리하고 가열을 피한다.

③ 금속분은 물과의 접촉을 피한다.

④ 용기파손으로 인한 위험물의 누설에 주의한다.

> **NOTE** 제2류 위험물의 성질
> ⓪ 강환원제로서 비중이 1보다 크고 물에는 녹지 않는다.
> ⓫ 비교적 낮은 온도에서 착화하기 쉬운 가연성 고체이다.
> ⓬ 산화제와 접촉, 마찰로 인하여 착화되면 급격히 연소한다.
> ⓭ 철분, 마그네슘, 금속분은 물과 산의 접촉 시 발열한다.
> ⓮ 용기파손으로 인한 위험물의 누출에 주의한다.
> ⓯ 점화원을 멀리하고 가열을 피하도록 한다.
> ⓰ 소화방법으로는 주수에 의한 냉각소화 및 질식소화, 건조사에 의한 피복소화를 실시하여야
> 한다.

54 아세트산메틸의 일반 성질 중 틀린 것은?

① 과일냄새를 가진 휘발성 액체이다.

② 증기는 공기보다 무거워 낮은 곳에 체류한다.

③ 강산화제와의 혼촉은 위험하다.

④ 인화점은 $-20℃$ 이하이다.

> **NOTE** 아세트산메틸의 성질
> ⓪ 과일 향기를 가진 무색 휘발성의 액체로 마취성이 있다.
> ⓫ 물, 유기용제에 잘 녹는다.
> ⓬ 가수분해하여 초산과 메틸알코올로 된다.
> ⓭ 증기비중은 2.56, 인화점은 $-10℃$ 이다.
> ⓮ 밀봉, 밀전, 통풍이 잘되는 냉암소에 보관하여야 한다.
> ⓯ 휘발성 및 인화의 위험이 있으며 독성에 주의하여야 한다.

Answer 53.① 54.④

55 위험물안전관리법령에서 정하는 위험등급 II에 해당하지 않는 것은?

① 제1류 위험물 중 질산염류

② 제2류 위험물 중 적린

③ 제3류 위험물 중 유기금속화합물

④ 제4류 위험물 중 제2석유류

> **NOTE** 위험등급 II에 해당하는 위험물
> ㉠ 제1류 위험물 : 브롬산염류, 질산염류, 요오드산염류
> ㉡ 제2류 위험물 : 황화인, 적린, 유황
> ㉢ 제3류 위험물 : 알칼리금속, 유기금속화합물
> ㉣ 제4류 위험물 : 제1석유류, 알코올류
> ㉤ 제5류 위험물 : 니트로화합물, 니트로소화합물, 아조화합물, 디아조화합물, 히드라진 유도체, 히드록실아민, 히드록실아민염류

56 유황의 특성 및 위험성에 대한 설명 중 틀린 것은?

① 산화성 물질이므로 환원성 물질과 접촉을 피해야 한다.

② 전기의 부도체이므로 전기 절연체로 쓰인다.

③ 공기 중 연소 시 유해가스를 발생한다.

④ 일반상태의 경우 분진폭발의 위험성이 있다.

> **NOTE** 유황의 성질
> ㉠ 전기부도체이므로 전기의 절연재료로 사용되어 정전기 발생에 유의하여야 한다.
> ㉡ 공기 중 연소하면 푸른빛을 내며, 아황산가스를 발생한다.
> ㉢ 분진상태에서 부유할 경우 공기 중의 산소와 혼합하여 분진폭발의 위험성이 있다.
> ㉣ 강산화제, 유기과산화물, 탄화수소류, 화약류, 목탄분, 산화성 가스류와의 접촉을 피해야 한다.

57 공기를 차단하고 황린을 약 몇 ℃로 가열하면 적린이 생성되는가?

① 60

② 100

③ 150

④ 260

> **NOTE** 황린은 공기를 차단하고 260℃로 가열하면 적린이 된다.

 **Answer**   55.④   56.①   57.④

58 위험물안전관리법령상 제4석유류를 저장하는 옥내저장탱크의 용량은 지정수량의 몇 배 이하이어야 하는가?

① 20

② 40

③ 100

④ 150

> **NOTE** 옥내저장탱크의 용량(동일한 탱크전용실에 옥내저장탱크를 2 이상 설치하는 경우에는 각 탱크의 용량의 합계)은 1층 이하의 층에 있어서는 지정수량의 40배(제4석유류 및 동식물유류 외의 제4류 위험물에 있어서 당해 수량이 2만l를 초과할 때에는 2만l) 이하, 2층 이상의 층에 있어서는 지정수량의 10배(제4석유류 및 동식물유류 외의 제4류 위험물에 있어서 당해 수량이 5천l를 초과할 때에는 5천l) 이하로 한다.

59 알루미늄 분말의 저장 방법 중 옳은 것은?

① 에틸알코올 수용액에 넣어 보관한다.

② 밀폐 용기에 넣어 건조한 곳에 보관한다.

③ 폴리에틸렌병에 넣어 수분이 많은 곳에 보관한다.

④ 염산 수용액에 넣어 보관한다.

> **NOTE** 알루미늄 분말의 저장방법
> ㉠ 가열, 충격, 마찰 등을 피하고, 산화제, 수분, 할로겐 원소와의 접촉을 피한다.
> ㉡ 분진폭발의 위험이 있으므로 분진이 비산되지 않도록 취급시 주의한다.

60 나트륨에 관한 설명으로 옳은 것은?

① 물보다 무겁다.

② 융점이 100℃ 보다 높다.

③ 물과 격렬히 반응하여 산소를 발생시키고 발열한다.

④ 등유는 반응이 일어나지 않아 저장에 사용된다.

> **NOTE** 나트륨의 성질
> ㉠ 물보다 가볍다.
> ㉡ 융점은 97.8℃ 이다.
> ㉢ 물과 격렬히 반응하여 발열하고, 수소가스를 발생하고 발화한다.
> ㉣ 등유, 경유, 유동파라핀 등 보호액 속에 저장하여야 한다.
> ㉤ 습기나 물에 접촉하지 않도록 하여야 한다.
> ㉥ 알코올과 반응하여 나트륨알코올레이드와 수소가스를 발생한다.
> ㉦ 피부에 접촉할 경우 화상을 입는다.

Answer 58.② 59.② 60.④

1 연소가 잘 이루어지는 조건으로 거리가 먼 것은?

① 가연물의 발열량이 클 것
② 가연물의 열전도율이 클 것
③ 가연물과 산소와의 접촉표면적이 클 것
④ 가연물의 활성화에너지가 작을 것

> **NOTE** 열전도율이 높다는 것은 열을 잘 전달한다는 의미이므로, 열전도율이 낮으면 열교환이 이루어
> 지지 않아 가열을 받는 면의 온도상승이 높다. 열전도율이 높은 쪽보다 낮은 쪽이 인화점과
> 발화점에 빨리 도달하므로 연소가 잘 이루어진다.
> ※ 연소의 조건
> ㉠ 지연성가스 및 조연성가스인 산소, 염소 등과 친화력이 커야 한다.
> ㉡ 산회되기 쉽고, 반응열이 커야 한다.
> ㉢ 열전도율이 작아야 한다.
> ㉣ 표면적이 커야 한다.
> ㉤ 연쇄반응이 일어나는 물질이어야 한다.
> ㉥ 활성화 에너지가 작아야 한다.

2 위험물안전관리법령상 위험등급 I 의 위험물에 해당하는 것은?

① 무기과산화물   ② 황화린
③ 제1석유류   ④ 유황

> **NOTE** ① 위험등급 I
> ②③④ 위험등급 II

Answer 1.② 2.①

3 위험물안전관리법령상 제6류 위험물에 적응성이 없는 것은?

① 스프링클러설비

② 포소화설비

③ 불활성가스소화설비

④ 물분무소화설비

> **NOTE** 제6류 위험물에 적응성이 없는 것으로는 불활성가스소화설비, 할로겐화합물소화설비, 탄산수소염류 등이 해당된다.

4 피크르산의 위험성과 소화방법에 대한 설명으로 틀린 것은?

① 금속과 화합하여 예민한 금속염이 만들어 질 수 있다.

② 운반시 건조한 것보다는 물에 젖게 하는 것이 안전하다.

③ 알코올과 혼합된 것은 충격에 의한 폭발 위험이 있다.

④ 화재시에는 질식소화가 효과적이다.

> **NOTE** 질식소화는 산소의 농도를 15% 이하로 감소시켜 소화하는 것으로 담요, 마른모래, 젖은 가마니, 포, 이산화탄소 등을 이용한다. 피크르산은 다량의 주수소화에 의한 냉각소화가 효과적이다.

5 석유류가 연소할 때 발생하는 가스로 강한 자극적인 냄새가 나며 취급하는 장치를 부식시키는 것은?

① H_2

② CH_4

③ NH_3

④ SO_2

> **NOTE** 이산화황(Sulfur dioxide)은 무색의 자극적인 냄새가 나는 독성이 강한 가스로, 호흡기계 질환을 유발하는 주요 대기오염 물질 중 하나다. 주로 석탄이나 석유와 같이 황이 포함된 연료를 사용하는 과정에서 발생하며, 디젤이나 휘발유가 연소되는 과정에서도 발생하기 때문에 자동차 배기가스, 도로나 교통관련 시설에서의 발생률이 크다.

Answer 3.③ 4.④ 5.④

6 다음 중 연소의 3요소를 모두 갖춘 것은?

① 휘발유 + 공기 + 수소 ② 적린 + 수소 + 성냥불
③ 성냥불 + 황 + 염소산암모늄 ④ 알코올 + 수소 + 염소산암모늄

> NOTE 연소의 3요소 ··· 가연물, 산소공급원, 점화원

7 위험물을 취급함에 있어서 정전기를 유효하게 제거하기 위한 설비를 설치하고자 한다. 위험물안전관리법령상 공기 중의 상대 습도를 몇 % 이상 되게 하여야 하는가?

① 50 ② 60
③ 70 ④ 80

> NOTE 정전기 제거설비
> 위험물을 취급함에 있어서 정전기가 발생할 우려가 있는 설비에는 다음의 하나에 해당하는 방법으로 정전기를 유효하게 제거할 수 있는 설비를 설치하여야 한다.
> ㉠ 접지에 의한 방법
> ㉡ 공기 중의 상대습도를 70% 이상으로 하는 방법
> ㉢ 공기를 이온화하는 방법

8 그림과 같이 횡으로 설치한 원통형 위험물탱크에 대하여 탱크의 용량을 구하면 약 몇 m^3인가? (단, 공간용적은 탱크 내 용적의 100분의 5로 한다)

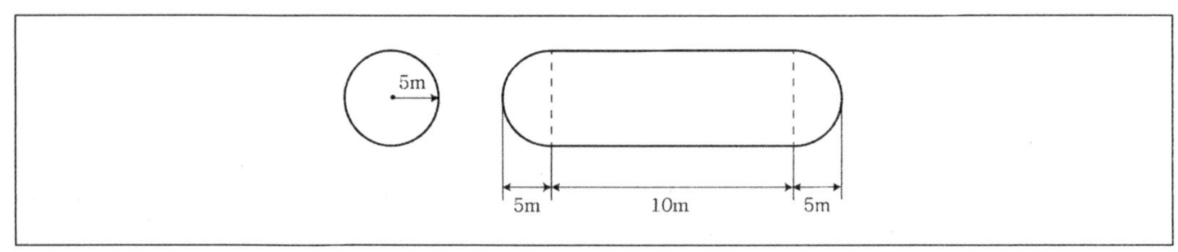

① 52.4 ② 261.6
③ 994.8 ④ 1,047.2

> NOTE
> 원통형이고, 횡으로 설치되어 있으므로 $\pi r^2\left(l+\dfrac{l_1+l_2}{3}\right)$의 공식을 이용하여 구한다.
>
> $$\pi \times 5 \times 5 \times \left(10+\frac{5+5}{3}\right)=25\pi \times \frac{40}{3}=1,047.19733$$
>
> 탱크 용적은 $1047.19733 \times 0.95 = 994.8374$ (∵ 공간용적이 탱크 내 용적의 95)

❤❤ Answer   6.③   7.③   8.③

9 위험물제조소등의 경우 연면적이 최소 몇 m^2이면 자동화재탐지설비를 설치해야 하는가?
(단, 원칙적인 경우에 한한다)

① 100

② 300

③ 500

④ 1,000

> **NOTE** 제조소 및 일반취급소에 자동화재탐지설비를 설치해야 하는 경우
> ㉠ 연면적 500m² 이상인 것
> ㉡ 옥내에서 지정수량의 100배 이상을 취급하는 것
> ㉢ 일반취급소로 사용되는 부분 외의 부분이 있는 건축물에 설치된 일반취급소

10 제3종 분말소화약제의 열분해시 생성되는 메타인산의 화학식은?

① H_3PO_4

② HPO_3

③ $H_4P_2O_7$

④ $CO(NH_2)_2$

> **NOTE** $NH_4H_2PO_4 \rightarrow NH_3 + H_2O + HPO_3$

11 주된 연소형태가 증발연소인 것은?

① 나트륨

② 코크스

③ 양초

④ 니트로셀룰로오스

> **NOTE** 연소형태
> ㉠ **표면연소** : 목탄, 코크스, 금속(분, 박, 리본 포함) 등이 공기와 접촉하는 표면에서 불타는 연소형태
> ㉡ **분해연소** : 목재, 석탄, 종이, 섬유, 플라스틱, 합성수지, 고무류 등이 열분해를 일으켜 나온 본해가스 등이 연소하는 형태
> ㉢ **증발연소** : 황, 나프탈렌, 파라핀(양초), 왁스 등이 열분해를 일으키지 않고 증발된 증기가 연소하는 형태

Answer   9.③   10.②   11.③

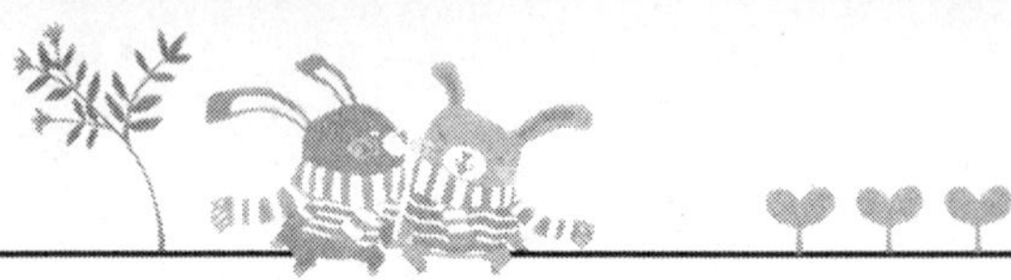

12 위험물안전관리법령상 제조소등의 관계인은 예방규정을 정하여 누구에게 제출하여야 하는가?

① 국민안전처장관 또는 행정자치부장관

② 국민안전처장관 또는 소방서장

③ 시·도지사 또는 소방서장

④ 한국소방안전협회장 또는 국민안전처장관

> NOTE 제조소등의 관계인은 예방규정을 제정하거나 변경한 경우에는 예방규정제출서에 제정 또는 변경한 예방규정 1부를 첨부하여 시·도지사 또는 소방서장에게 제출하여야 한다.

13 금속화재에 마른 모래를 피복하여 소화하는 방법은?

① 제거소화 　　　　　　　　② 질식소화

③ 냉각소화 　　　　　　　　④ 억제소화

> NOTE 마른 모래 또는 팽창질석 및 진주암의 소화원리는 질식소화이다.

14 단층건물에 설치하는 옥내탱크저장소의 탱크전용실에 비수용성의 제2석유류 위험물을 저장하고 있는 탱크 1개를 설치할 경우 설치할 수 있는 탱크의 최대용량은?

① 10,000l 　　　　　　　② 20,000l

③ 40,000l 　　　　　　　④ 80,000l

> NOTE 옥내저장탱크의 용량(동일한 탱크전용실에 옥내저장탱크를 2 이상 설치하는 경우에는 각 탱크의 용량의 합계를 말한다)은 지정수량의 40배(제4석유류 및 동식물유류 외의 제4류 위험물에 있어서 당해 수량이 20,000l를 초과할 때에는 20,000l) 이하일 것

15 메틸알코올 8,000리터에 대한 소화능력으로 삽을 포함한 마른 모래를 몇 리터 설치하여야 하는가?

① 100 　　　　　　　　　　② 200

③ 300 　　　　　　　　　　④ 400

> NOTE 메틸알코올의 지정수량은 400L이므로 소요단위는 지정수량의 10배인 4,000L
> 4,000L마다 소화설비 1단위이므로 총 2단위 필요
> 마른 모래(삽 1개 포함) 50리터의 능력단위는 0.5이므로 100리터는 1단위
> $2 \times 100 = 200L$의 마른 모래가 필요하다.

♥ Answer　12.③　13.②　14.②　15.②

16 위험물안전관리법령상 옥내저장소에서 기계에 의하여 하역하는 구조로 된 용기만을 겹쳐 쌓아 위험물을 저장하는 경우 그 높이는 몇 미터를 초과하지 않아야 하는가?

① 2
② 4
③ 6
④ 8

> NOTE 옥내저장소에서 기계에 의하여 하역하는 구조로 된 용기만을 겹쳐 쌓아 위험물을 저장하는 경우 6미터를 초과하지 않아야 한다.

17 위험물안전관리법령상 위험물의 운반에 관한 기준에서 적재시 혼재가 가능한 위험물을 옳게 나타낸 것은? (단, 각각 지정수량의 10배 이상인 경우이다)

① 제1류와 제4류
② 제3류와 제6류
③ 제1류와 제5류
④ 제2류와 제4류

> NOTE 위험물 혼재기준

위험물의 구분	제1류	제2류	제3류	제4류	제5류	제6류
제1류		×	×	×	×	○
제2류	×		×	○	○	×
제3류	×	×		○	×	×
제4류	×	○	○		○	×
제5류	×	○	×	○		×
제6류	○	×	×	×	×	

"×"표시는 혼재할 수 없음을 표시한다.
"○"표시는 혼재할 수 있음을 표시한다.
이 표는 지정수량의 1/10 이하의 위험물에 대하여는 적용하지 아니한다.

18 지정수량의 몇 배 이상의 위험물을 취급하는 제조소에는 화재발생 시 이를 알릴 수 있는 경보설비를 설치하여야 하는가?

① 5
② 10
③ 20
④ 100

> NOTE 지정수량의 10배 이상의 위험물을 저장 또는 취급하는 제조소등(이동탱크저장소를 제외한다)에는 화재발생시 이를 알릴 수 있는 경보설비를 설치하여야 한다.

Answer 16.③ 17.④ 18.②

19 위험물제조소 표지 및 게시판에 대한 설명이다. 위험물안전관리법령상 옳지 않은 것은?

① 표지는 한 변의 길이가 0.3m, 다른 한 변의 길이가 0.6m 이상으로 하여야 한다.

② 표지의 바탕은 백색, 문자는 흑색으로 하여야 한다.

③ 취급하는 위험물에 따라 규정에 의한 주의사항을 표시한 게시판을 설치하여야 한다.

④ 제2류 위험물(인화성고체 제외)은 "화기엄금" 주의사항 게시판을 설치하여야 한다.

> **NOTE** 제2류 위험물(인화성고체를 제외한다)에 있어서는 "화기주의" 주의사항을 표시한 게시판을 설치하여야 한다.

20 위험물안전관리법령상 위험물옥외탱크저장소에 방화에 관하여 필요한 사항을 게시한 게시판에 기재하여야 하는 내용이 아닌 것은?

① 위험물의 지정수량의 배수　　② 위험물의 저장최대수량

③ 위험물의 품명　　④ 위험물의 성질

> **NOTE** 게시판에는 저장 또는 취급하는 위험물의 유별·품명 및 저장최대수량 또는 취급최대수량, 지정수량의 배수 및 안전관리자의 성명 또는 직명을 기재하여야 한다.

21 위험물안전관리법령상 자동화재탐지설비의 설치기준으로 옳지 않은 것은?

① 경계구역은 건축물의 최소 2개 이상의 층에 걸치도록 할 것

② 하나의 경계구역의 면적은 600m^2 이하로 할 것

③ 감지기는 지붕 또는 벽의 옥내에 면한 부분에 유효하게 화재의 발생을 감지할 수 있도록 설치할 것

④ 비상전원을 설치할 것

> **NOTE** 자동화재탐지설비의 경계구역(화재가 발생한 구역을 다른 구역과 구분하여 식별할 수 있는 최소단위의 구역)은 건축물 그 밖의 공작물의 2 이상의 층에 걸치지 아니하도록 할 것. 다만, 하나의 경계구역의 면적이 500m^2 이하이면서 당해 경계구역이 두 개의 층에 걸치는 경우이거나 계단·경사로·승강기의 승강로 그 밖에 이와 유사한 장소에 연기감지기를 설치하는 경우에는 그러하지 아니하다.

Answer　　19.④　20.④　21.①

22 연소할 때 연기가 거의 나지 않아 밝은 곳에서 연소상태를 잘 느끼지 못하는 물질로 독성이 매우 강해, 먹으면 실명 또는 사망에 이를 수 있는 것은?

① 메틸알코올   ② 에틸알코올

③ 등유   ④ 경유

> **NOTE** 메틸알코올
> ㉠ 무색투명한 액체로 주정냄새가 나며 휘발성이 강하다.
> ㉡ 액체 비중 0.79, 증기 비중 1.1, 끓는점 63.9℃
> ㉢ 인화점 11℃, 발화점 464℃
> ㉣ 물에 잘 녹는다.
> ㉤ 독성이 매우 강해 7~10ml를 마시면 실명하고, 30~100ml를 마시면 사망한다.

23 위험물안전관리법령상 옥내저장소 저장창고의 바닥은 물이 스며 나오거나 스며들지 아니하는 구조로 하여야 한다. 다음 중 반드시 이 구조로 하지 않아도 되는 위험물은?

① 제1류 위험물 중 알칼리금속의 과산화물

② 제4류 위험물

③ 제5류 위험물

④ 제2류 위험물 중 철분

> **NOTE** 제1류 위험물 중 알칼리금속의 과산화물 또는 이를 함유하는 것, 제2류 위험물 중 철분·금속분·마그네슘 또는 이 중 어느 하나 이상을 함유하는 것, 제3류 위험물 중 금수성물질 또는 제4류 위험물의 저장창고의 바닥은 물이 스며 나오거나 스며들지 아니하는 구조로 하여야 한다.

24 위험물안전관리법령상 제조소에서 취급하는 제4류 위험물의 최대수량의 합이 지정수량의 12만배 미만인 사업소에 두어야 하는 화학소방자동차 및 자체소방대원의 수의 기준으로 옳은 것은?

① 1대 – 5인

② 2대 – 10인

③ 3대 – 15인

④ 4대 – 20인

> NOTE 자체소방대에 두는 화학소방자동차 및 인원

사업소의 구분	화학소방자동차	자체소방대원의 수
제조소 또는 일반취급소에서 취급하는 제4류 위험물의 최대수량의 합이 지정수량의 12만배 미만인 사업소	1대	5인
제조소 또는 일반취급소에서 취급하는 제4류 위험물의 최대수량의 합이 지정수량의 12만배 이상 24만배 미만인 사업소	2대	10인
제조소 또는 일반취급소에서 취급하는 제4류 위험물의 최대수량의 합이 지정수량의 24만배 이상 48만배 미만인 사업소	3대	15인
제조소 또는 일반취급소에서 취급하는 제4류 위험물의 최대수량의 합이 지정수량의 48만배 이상인 사업소	4대	20인

25 가솔린의 연소범위[vol%]에 가장 가까운 것은?

① 1.4 ~ 7.6

② 8.3 ~ 11.4

③ 12.5 ~ 19.7

④ 22.3 ~ 32.8

> NOTE 가솔린
> ㉠ 무색투명한 액체로서 독특한 냄새가 난다.
> ㉡ 액체비중 0.6 ~ 0.8, 증기비중 3 ~ 4
> ㉢ 인화점 −43 ~ −20℃, 발화점 300℃
> ㉣ 물에 녹지 않지만, 유기용제에 잘 녹는다.
> ㉤ 연소범위는 1.4 ~ 7.6

26 위험물안전관리법령상 품명이 나머지 셋과 다른 하나는?

① 트리니트로톨루엔

② 니트로글리세린

③ 니트로글리콜

④ 셀룰로이드

NOTE ① 니트로화합물
②③④ 질산에스테르

27 다음 중 위험물안전관리법에서 정의한 '제조소'의 의미로 가장 옳은 것은?

① "제조소"라 함은 위험물을 제조할 목적으로 지정수량 이상의 위험물을 취급하기 위하여 허가를 받은 장소임
② "제조소"라 함은 지정수량 이상의 위험물을 제조할 목적으로 위험물을 취급하기 위하여 허가를 받은 장소임
③ "제조소"라 함은 지정수량 이상의 위험물을 제조할 목적으로 지정수량 이상의 위험물을 취급하기 위하여 허가를 받은 장소임
④ "제조소"라 함은 위험물을 제조할 목적으로 위험물을 취급하기 위하여 허가를 받은 장소임

> NOTE "제조소"라 함은 위험물을 제조할 목적으로 지정수량 이상의 위험물을 취급하기 위하여 허가를 받은 장소를 말한다.

28 위험물안전관리법령상 위험물 운반 시 방수성 덮개를 하지 않아도 되는 위험물은?

① 나트륨
② 적린
③ 철분
④ 과산화칼륨

> NOTE 제1류 위험물 중 알칼리금속의 과산화물 또는 이를 함유한 것, 제2류 위험물 중 철분·금속분·마그네슘 또는 이들 중 어느 하나 이상을 함유한 것 또는 제3류 위험물 중 금수성 물질은 방수성이 있는 피복으로 덮어야 한다. 적린은 제2류 위험물에 해당한다.

29 위험물안전관리법령상 운반차량에 혼재해서 적재할 수 없는 것은? (단, 각각의 지정수량은 10배인 경우이다)

① 염소화규소화합물 – 특수인화물
② 고형알코올 – 니트로화합물
③ 염소산염류 – 질산
④ 질산구아니딘 – 황린

> NOTE 질산구아니딘은 제5류 위험물이고, 황린은 제3류 위험물로 제3류 위험물과 제4류 위험물은 혼재할 수 있다.

Answer 27.① 28.② 29.④

30 제4류 위험물의 화재예방 및 취급방법으로 옳지 않은 것은?

① 이황화탄소는 물 속에 저장한다.

② 아세톤은 일광에 의해 분해될 수 있으므로 갈색병에 보관한다.

③ 초산은 내산성 용기에 저장하여야 한다.

④ 건성유는 다공성 가연물과 함께 보관한다.

> **NOTE** 건성유는 자연 발화의 위험이 있으므로 다공성 가연물과의 접촉을 피해야 한다.

31 위험물안전관리법령상 운송책임자의 감독·지원을 받아 운송하여야 하는 위험물에 해당하는 것은?

① 특수인화물 ② 알킬리튬

③ 질산구아니딘 ④ 히드라진 유도체

> **NOTE** 알킬알루미늄, 알킬리튬 또는 이러한 물질을 함유하는 위험물의 운송에 있어서는 운송책임자 (위험물 운송의 감독 또는 지원을 하는 자)의 감독 또는 지원을 받아 이를 운송하여야 한다.

32 다음 중 산화성고체 위험물에 속하지 않는 것은?

① Na_2O_2 ② $HClO_4$

③ NH_4ClO_4 ④ $KClO_3$

> **NOTE** ① 과산화나트륨 ② 과염소산 ③ 과염소산암모늄 ④ 염소산칼륨
> ※ 산화성고체 위험물의 종류
> ㉠ 아염소산염류
> ㉡ 염소산염류
> ㉢ 과염소산염류
> ㉣ 무기과산화물
> ㉤ 브롬산염류
> ㉥ 질산염류
> ㉦ 요오드산염류
> ㉧ 과망간산염류
> ㉨ 중크롬산염류

Answer 30.④ 31.② 32.②

33 질산암모늄에 대한 설명으로 옳은 것은?

① 물에 녹을 때 발열반응을 한다.

② 가열하면 폭발적으로 분해하여 산소와 암모니아를 생성한다.

③ 소화방법으로 질식소화가 좋다.

④ 단독으로도 급격한 가열, 충격으로 분해·폭발할 수 있다.

> **NOTE** 질산암모늄(ammonium nitrate, NH_4NO_3)
> ㉠ 무색, 무취의 결정으로 물과 알코올에 쉽게 녹는다.
> ㉡ 210℃ 부근에서 아산화질소와 물로 분해된다.
> ㉢ 조해성이 있으며 알칼리와 접촉시 유독가스를 발생한다.
> ㉣ 유기물과 혼합되면 연소, 폭발한다.

34 상온에서 액체인 물질로만 조합된 것은?

① 질산메틸, 니트로글리세린

② 피크린산, 질산메틸

③ 트리니트로톨루엔, 디니트로벤젠

④ 니트로글리콜, 테트릴

> **NOTE** 피크린산, 트리니트로톨루엔, 테트릴은 상온에서 고체이다.
> ※ 상온에서 액체인 물질… 질산메틸, 니트로글리세린, 디니트로벤젠, 니트로글리콜 등

35 위험물안전관리법령상 위험물 운반용기의 외부에 표시하여야 하는 사항에 해당하지 않는 것은?

① 위험물에 따라 규정된 주의사항   ② 위험물의 지정수량

③ 위험물의 수량   ④ 위험물의 품명

> **NOTE** 위험물은 그 운반용기의 외부에 다음에서 정하는 바에 따라 위험물의 품명, 수량 등을 표시하여 적재하여야 한다. 다만, 국제해상위험물규칙(IMDG Code)에 정한 기준 또는 국민안전처장관이 정하여 고시하는 기준에 적합한 표시를 한 경우에는 그러하지 아니하다.
> ㉠ 위험물의 품명·위험등급·화학명 및 수용성("수용성" 표시는 제4류 위험물로서 수용성인 것에 한한다)
> ㉡ 위험물의 수량
> ㉢ 수납하는 위험물에 따라 규정에 의한 주의사항

Answer   33.④   34.①   35.②

36 니트로화합물, 니트로소화합물, 질산에스테르류, 히드록실아민을 각각 50킬로그램씩 저장하고 있을 때 지정수량의 배수가 가장 큰 것은?

① 니트로화합물   ② 나트로소화합물

③ 질산에스테르류   ④ 히드록실아민

 NOTE

①② 지정수량 200킬로그램이므로 $\dfrac{50}{200} = 0.25$

③ 지정수량 10킬로그램이므로 $\dfrac{50}{10} = 5$

④ 지정수량 100킬로그램이므로 $\dfrac{50}{100} = 0.5$

37 다음 위험물 중 착화온도가 가장 높은 것은?

① 이황화탄소   ② 디에틸에테르

③ 아세트알데히드   ④ 산화프로필렌

 NOTE

① 발화점 90℃
② 발화점 160℃
③ 발화점 175℃
④ 발화점 465℃

38 적린이 연소하였을 때 발생하는 물질은?

① 인화수소   ② 포스겐

③ 오산화인   ④ 이산화황

 NOTE

적린(red phosphorus, P)

㉠ 암적색의 분말로 황린과의 동소체이다.
㉡ 황린과는 달리 자연발화성, 인광, 맹독성은 아니다.
㉢ 물, 이황화탄소, 알칼리, 에테르에 녹지 않는다.
㉣ 연소하면 황린과 같이 유독성의 P_2O_5를 발생한다.
㉤ 강산화제와 혼합하면 불안정한 폭발물과 같은 형태로 되어 가열, 충격, 마찰에 의해 폭발한다.
㉥ 무기과산화물류와 혼합한 것에 약간의 수분이 침투하면 발화한다.
㉦ 불량품에 황린이 약간 존재하면 자연 발화한다.
㉧ 분진은 공기 중 부유할 때 점화원에 의해 분진폭발을 일으킨다.

Answer   36.③   37.④   38.③

39 저장 또는 취급하는 위험물의 최대수량이 지정수량의 500배 이하일 때 옥외저장탱크의 측면으로부터 몇 m 이상의 보유공지를 유지하여야 하는가? (단, 제6류 위험물은 제외한다)

① 1 　　　　　　　　　　　② 2
③ 3 　　　　　　　　　　　④ 4

> **NOTE** 옥외저장탱크(위험물을 이송하기 위한 배관 그 밖에 이에 준하는 공작물을 제외)의 주위에는 그 저장 또는 취급하는 위험물의 최대수량에 따라 옥외저장탱크의 측면으로부터 다음 표에 의한 너비의 공지를 보유하여야 한다.

저장 또는 취급하는 위험물의 최대수량	공지의 너비
지정수량의 500배 이하	3m 이상
지정수량의 500배 초과 1,000배 이하	5m 이상
지정수량의 1,000배 초과 2,000배 이하	9m 이상
지정수량의 2,000배 초과 3,000배 이하	12m 이상
지정수량의 3,000배 초과 4,000배 이하	15m 이상
지정수량의 4,000배 초과	당해 탱크의 수평단면의 최대지름(횡형인 경우에는 긴 변)과 높이 중 큰 것과 같은 거리 이상. 다만, 30m 초과의 경우에는 30m 이상으로 할 수 있고, 15m 미만의 경우에는 15m 이상으로 하여야 한다.

40 니트로글리세린은 여름철(30℃)과 겨울철(0℃)에 어떤 상태인가?

① 여름 – 기체, 겨울 – 액체 　　　　② 여름 – 액체, 겨울 – 액체
③ 여름 – 액체, 겨울 – 고체 　　　　④ 여름 – 고체, 겨울 – 고체

> **NOTE** 니트로글리세린은 상온에서 액체이며, 3℃ 이하에서는 고체상태로 존재한다.

41 동·식물유류에 대한 설명 중 틀린 것은?

① 연소하면 열에 의해 액온이 상승하여 화재가 커질 위험이 있다.
② 요오드값이 낮을수록 자연발화의 위험이 높다.
③ 동유는 건성유이므로 자연발화의 위험이 있다.
④ 요오드값이 100 ~ 130인 것을 반건성유라고 한다.

> **NOTE** 요오드값이 130 이상이면 건성유, 100 ~ 130이면 반건성유, 100이하 이면 불건성유이다.
> 요오드값이 200에 가까울수록 자연발화의 위험성이 커진다.

Answer 39.③ 40.③ 41.②

42 위험물의 인화점에 대한 설명으로 옳은 것은?

① 톨루엔이 벤젠보다 낮다.　　　　② 피리딘이 톨루엔보다 낮다.

③ 벤젠이 아세톤보다 낮다.　　　　④ 아세톤이 피리딘보다 낮다.

> NOTE　톨루엔의 인화점은 4℃이며, 벤젠의 인화점은 −11℃, 피리딘의 인화점은 20℃, 아세톤의 인화점은 −20℃이다.

43 위험물안전관리법령상 지정수량이 50kg인 것은?

① $KMnO_4$　　　　　　　　　　② $KClO_2$

③ $NaIO_3$　　　　　　　　　　④ NH_4NO_3

> NOTE　지정수량이 50킬로그램인 위험물은 아염소산염류, 염소산염류, 과염소산염류, 무기과산화물, 알칼리금속 및 알칼리토금속, 유기금속화합물, 특수인화물이다.
> ① 과망간산칼륨　② 아염소산칼륨　③ 요오드산나트륨　④ 질산암모늄

44 특수인화물 200L와 제4석유류 12,000L를 저장할 때 각각의 지정수량 배수의 합은 얼마인가?

① 3　　　　　　　　　　　　　② 4

③ 5　　　　　　　　　　　　　④ 6

> NOTE　특수인화물은 50킬로그램이므로 $\dfrac{200}{50} = 4$
>
> 제4석유류는 6,000킬로그램이므로 $\dfrac{12,000}{6,000} = 2$
>
> $4 + 2 = 6$

Answer　42.④　43.②　44.④

45 저장하는 위험물의 최대수량이 지정수량의 15배일 경우, 건축물의 벽 · 기둥 및 바닥이 내화구조로 된 위험물옥내저장소의 보유공지는 몇 m 이상이어야 하는가?

① 0.5

② 1

③ 2

④ 3

 옥내저장소의 주위에는 그 저장 또는 취급하는 위험물의 최대수량에 따라 다음 표에 의한 너비의 공지를 보유하여야 한다. 다만, 지정수량의 20배를 초과하는 옥내저장소와 동일한 부지 내에 있는 다른 옥내저장소와의 사이에는 동표에 정하는 공지의 너비의 3분의 1(당해 수치가 3m 미만인 경우에는 3m)의 공지를 보유할 수 있다.

저장 또는 취급하는 위험물의 최대수량	공지의 너비	
	벽 · 기둥 및 바닥이 내화구조로 된 건축물	그 밖의 건축물
지정수량의 5배 이하		0.5m 이상
지정수량의 5배 초과 10배 이하	1m 이상	1.5m 이상
지정수량의 10배 초과 20배 이하	2m 이상	3m 이상
지정수량의 20배 초과 50배 이하	3m 이상	5m 이상
지정수량의 50배 초과 200배 이하	5m 이상	10m 이상
지정수량의 200배 초과	10m 이상	15m 이상

46 제조소등의 위치 · 구조 또는 설비의 변경 없이 해당 제조소등에서 저장하거나 취급하는 위험물의 품명 · 수량 또는 지정수량의 배수를 변경하고자 하는 자는 변경하고자 하는 날의 며칠 전까지 총리령으로 정하는 바에 따라 시 · 도지사에게 신고하여야 하는가?

① 1일

② 14일

③ 21일

④ 30일

 제조소등의 위치 · 구조 또는 설비의 변경 없이 당해 제조소등에서 저장하거나 취급하는 위험물의 품명 · 수량 또는 지정수량의 배수를 변경하고자 하는 자는 변경하고자 하는 날의 1일 전까지 총리령이 정하는 바에 따라 시 · 도지사에게 신고하여야 한다.

Answer 45.③ 46.①

47 위험물의 저장방법에 대한 설명으로 옳은 것은?

① 황화린은 알코올 또는 과산화물 속에 저장하여 보관한다.

② 마그네슘은 건조하면 분진폭발의 위험성이 있으므로 물에 습윤하여 저장한다.

③ 적린은 화재예방을 위해 할로겐 원소와 혼합하여 저장한다.

④ 수소화리튬은 저장용기에 아르곤과 같은 불활성 기체를 봉입한다.

> NOTE ① 황화린은 산소공급원인 과산화물에 저장하면 안 된다.
> ② 마그네슘은 물과 반응하면 수소를 발생하므로 습윤하면 안 된다.
> ③ 적린은 산소공급원인 할로겐 원소와 혼합하면 안 된다.

48 부틸리튬(n-Butyl lithium)에 대한 설명으로 옳은 것은?

① 무색의 가연성 고체이며, 자극성이 있다.

② 증기는 공기보다 가볍고 점화원에 의해 선화의 위험이 있다.

③ 화재발생시 이산화탄소소화설비는 적응성이 없다.

④ 탄화수소나 다른 극성의 액체에 용해가 잘 되며 휘발성은 없다.

> NOTE 부틸리튬은 제3류 위험물로 무색의 맑은 액체로 물과 탄화수소에 격렬하게 반응한다.
> 이산화탄소소화설비에 적응성이 있는 것은 제2류, 제4류 위험물이다.

49 과산화벤조일과 과염소산의 지정수량의 합은 몇 kg인가?

① 310   ② 350

③ 400   ④ 500

> NOTE 유기과산화물인 과산화벤조일의 지정수량은 10킬로그램, 과염소산의 지정수량은 300킬로그램
> 이므로 310킬로그램이 된다.

50 질산과 과산화수소의 공통적인 성질을 옳게 설명한 것은?

① 물보다 가볍다.

② 물에 녹는다.

③ 점성이 큰 액체로서 환원제이다.

④ 연소가 매우 잘된다.

> NOTE 질산(nitric acid, HNO_3)
> ㉠ 자극적인 냄새가 나는 무색의 액체이다.
> ㉡ 비중이 1.49 이상인 것에 한해 위험물로 본다.
> ㉢ 공기와의 접촉으로 황, 적색의 증기가 발생한다.
> ㉣ 물, 알코올, 에테르에 잘 녹는다.
> ㉤ 금속에 대하여 산 및 산화제로 작용하고, 이온화 경향이 작은 금속(동, 수은, 은)에서는 NO와 NO_2를 생성함과 함께 그 금속의 질산염을 생성한다.
> ㉥ 이온화 경향이 큰 금속(마그네슘 등)에서는 수소가 발생한다.
> ㉦ 가열, 빛에 의해 분해되고 이산화질소로 인해 황색 또는 갈색을 띈다.
> ㉧ 열에 의해 분해되어 이산화질소, 산소가 생성되고, 강한 산화성으로 인해 황화수소, 아세틸렌, 이황화탄소 등과 발화, 폭발한다.
> ※ 과산화수소(hydrogen peroxide, H_2O_2)
> ㉠ 무색, 투명하며 고농도인 것은 기름 모양의 액체이다.
> ㉡ 농도가 36wt% 이상인 것에 한하여 위험물로 본다.
> ㉢ 물, 알코올, 에테르에 잘 녹고, 벤젠, 석유에는 녹지 않는다.
> ㉣ 가연성, 인화성은 없으나, 분해하여 산소를 방출하고 발열하며, 특히 고농도인 것은 폭발의 위험이 있다.
> ㉤ 알칼리금속, 중금속, 조잡한 고체표면 등이 촉매가 되어 폭발적으로 산소를 방출하고 분해된다.
> ㉥ 진한용액은 맹독성이며 강한 자극성이 있다.

51 제3류 위험물 중 금수성 물질을 제외한 위험물에 적응성이 있는 소화설비가 아닌 것은?

① 분말소화설비

② 스프링클러설비

③ 옥내소화전설비

④ 포소화설비

> NOTE 제3류 위험물 중 금수성 물질에만 적응성이 있는 소화설비는 분말소화설비, 분말소화기 등이다.

Answer   50.② 51.①

52 위험물안전관리법령상 "연소의 우려가 있는 외벽"은 기산점이 되는 선으로부터 3m (2층 이상의 층에 대해서는 5m) 이내에 있는 제조소등의 외벽을 말하는데 이 기산점이 되는 선에 해당하지 않는 것은?

① 동일 부지내의 다른 건축물과 제조소 부지 간의 중심선

② 제조소등에 인접한 도로의 중심선

③ 제조소등이 설치된 부지의 경계선

④ 제조소등의 외벽과 동일 부지내의 다른 건축물의 외벽간의 중심선

> **NOTE** 연소의 우려가 있는 외벽이란 당해 제조소등의 부지경계선, 제조소등에 면하는 도로중심선 또는 동일 부지 내에 다른 건축물이 있는 경우에는 상호 외벽간의 중심선으로부터 3m 이내(제조소등의 건축물이 1층인 경우) 또는 5m 이내(제조소등의 건축물이 2층 이상인 경우)의 거리에 있는 제조소등의 외벽 부분을 말하는 것이다. 다만 공원, 광장, 강 등의 방화상 유효한 공지 또는 수면 기타 이것에 유사한 것에 면하는 건축물의 외벽을 제외한다.

53 위험물에 대한 설명으로 틀린 것은?

① 과산화나트륨은 산화성이 있다.

② 과산화나트륨은 인화점이 매우 낮다.

③ 과산화바륨과 염산을 반응시키면 과산화수소가 생긴다.

④ 과산화바륨의 비중은 물보다 크다.

> **NOTE** 과산화나트륨은 인화점이 존재하지 않는다.

54 위험물안전관리법령에 명기된 위험물의 운반용기 재질에 포함되지 않는 것은?

① 고무류 ② 유리

③ 도자기 ④ 종이

> **NOTE** 운반용기의 재질은 강판 · 알루미늄판 · 양철판 · 유리 · 금속판 · 종이 · 플라스틱 · 섬유판 · 고무류 · 합성섬유 · 삼 · 짚 또는 나무로 한다.

Answer 52.① 53.② 54.③

55 염소산칼륨의 성질에 대한 설명으로 옳은 것은?

① 가연성 고체이다.

② 강력한 산화제이다.

③ 물보다 가볍다.

④ 열분해하면 수소를 발생한다.

> NOTE 염소산칼륨(potassium chlorate, $KClO_3$)
> ㉠ 무색, 무취의 결정으로 물에는 잘 녹으나 에테르, 알코올에는 잘 녹지 않는다.
> ㉡ 강한 산화제로 폭발의 위험이 있다.
> ㉢ 400℃ 이상 가열하면 산소를 방출하여 조연성을 나타낸다.
> ㉣ 농황산과 폭발적으로 반응하여 위험하다.
> ㉤ 성냥, 제초제, 산화제, 염료 등의 원료로 사용한다.

56 황가루가 공기 중에 떠 있을 때의 주된 위험성에 해당하는 것은?

① 수증기 발생 ② 전기감전

③ 분진폭발 ④ 인화성 가스 발생

> NOTE 제2류 위험물인 황은 미립자로 공기 중에 떠 있을 때에는 분진폭발의 위험성을 갖는다.

57 위험물의 저장방법에 대한 설명 중 틀린 것은?

① 황린은 공기와의 접촉을 피해 물속에 저장한다.

② 황은 정전기의 축적을 방지하여 저장한다.

③ 알루미늄 분말은 건조한 공기 중에서 분진폭발의 위험이 있으므로 정기적으로 분무상의 물을 뿌려야 한다.

④ 황화린은 산화제와의 혼합을 피해 격리해야 한다.

> NOTE 알루미늄 분말은 물과 접촉시 수소를 발생하므로 물과의 접촉을 피해야 한다.

58 정기점검 대상 제조소등에 해당하지 않는 것은?

① 이동탱크저장소

② 지정수량 120배의 위험물을 저장하는 옥외저장소

③ 지정수량 120배의 위험물을 저장하는 옥내저장소

④ 이송취급소

> **NOTE** 정기점검의 대상인 제조소등
> ㉠ 지정수량의 10배 이상의 위험물을 취급하는 제조소
> ㉡ 지정수량의 100배 이상의 위험물을 저장하는 옥외저장소
> ㉢ 지정수량의 150배 이상의 위험물을 저장하는 옥내저장소
> ㉣ 지정수량의 200배 이상의 위험물을 저장하는 옥외탱크저장소
> ㉤ 암반탱크저장소
> ㉥ 이송취급소
> ㉦ 지정수량의 10배 이상의 위험물을 취급하는 일반취급소. 다만, 제4류 위험물(특수인화물을 제외)만을 지정수량의 50배 이하로 취급하는 일반취급소(제1석유류 · 알코올류의 취급량이 지정수량의 10배 이하인 경우에 한한다)로서 다음의 어느 하나에 해당하는 것을 제외한다.
>   • 보일러 · 버너 또는 이와 비슷한 것으로서 위험물을 소비하는 장치로 이루어진 일반취급소
>   • 위험물을 용기에 옮겨 담거나 차량에 고정된 탱크에 주입하는 일반취급소
> ㉧ 지하탱크저장소
> ㉨ 이동탱크저장소
> ㉩ 위험물을 취급하는 탱크로서 지하에 매설된 탱크가 있는 제조소 · 주유취급소 또는 일반취급소

59 다음은 P_2S_5와 물의 화학반응이다. (   )에 알맞은 숫자를 차례대로 나열한 것은?

$$P_2S_5 + (\quad)H_2O \rightarrow (\quad)H_2S + (\quad)H_3PO_4$$

① 2, 8, 5   ② 2, 5, 8

③ 8, 5, 2   ④ 8, 2, 5

> **NOTE** 오황화린과 물의 화학반응
> P_2S_5(오황화린) $+ 8H_2O \rightarrow 5H_2S$(황화수소) $+ 2H_3PO_4$(인산)

Answer   58.③   59.③

60 탄화칼슘의 성질에 대하여 옳게 설명한 것은?

① 공기 중에서 아르곤과 반응하여 불연성 기체를 발생한다.

② 공기 중에서 질소와 반응하여 유독한 기체를 낸다.

③ 물과 반응하면 탄소가 생성된다.

④ 물과 반응하여 아세틸렌 가스가 생성된다.

> **NOTE** 탄화칼슘(Calcium carbide, CaC_2)
> ㉠ 불쾌한 냄새가 나는 흑회색의 괴상이다.
> ㉡ 물과 알코올에 분해되고 에테르에는 녹지 않는다.
> ㉢ 물, 습기와 격렬하게 반응하여 아세틸렌, 수산화칼슘을 발생한다.
> ㉣ 1kg당 300ml의 아세틸렌 가스가 발생한다.

❣ Answer　　60.④

1 다음 중 제4류 위험물의 화재 시 물을 이용한 소화를 시도하기 전에 고려해야 하는 위험물의 성질로 가장 옳은 것은?

① 수용성, 비중

② 증기비중, 끓는점

③ 색상, 발화점

④ 분해온도, 녹는점

> NOTE 물보다 가볍고 비수용성인 제4류 위험물의 화재 시 물로 소화하면 연소면이 확대되기 때문에 위험하며, 제4류 위험물의 비중은 대부분 물보다 작으며 물에 녹기 어렵다.

2 점화에너지 중 물리적 변화에서 얻어지는 것은?

① 산화열

② 분해열

③ 압축열

④ 중합열

> NOTE 농도조성이 폭발한계 범위 안에 있는 혼합기체를 발화시키는 데 필요한 에너지를 점화에너지라고 하며, 압축열은 기체를 압축시켜 분자간의 충돌횟수를 증대시켜 내부에너지를 증가시키는 것을 말한다.

3 금속분의 연소 시 주수소화 하면 위험한 원인으로 옳은 것은?

① 물에 녹아 산이 된다.

② 물과 작용하여 수소가스를 발생한다.

③ 물과 작용하여 산소가스를 발생한다.

④ 물과 작용하여 유독가스를 발생한다.

> NOTE 금속분은 물과 격렬히 반응하여 수소가스를 발생하며 폭발적으로 연소하기 때문이다.

Answer   1.① 2.③ 3.②

4 다음 중 유류저장 탱크화재에서 일어나는 현상으로 가장 거리가 먼 것은?

① 보일오버　　　　　　　　　　② 슬롭오버

③ 플래쉬오버　　　　　　　　　④ BELVE

> **NOTE** 플래쉬오버…화재로 인하여 실내의 온도가 급격히 상승하여 화재가 순간적으로 실내 전체에 확산되어 연소되는 현상을 말한다.

5 정전기 방지대책으로 가장 거리가 먼 것은?

① 접지를 한다.

② 공기를 이온화한다.

③ 공기의 상대습도를 70% 이상으로 한다.

④ 21% 이상의 산소농도를 유지하도록 한다.

> **NOTE** 정전기 방지대책
> ㉠ 대전될 우려가 있는 곳은 접지를 하여야 한다.
> ㉡ 폭발위험구역은 혼합가스가 생기지 않도록 한다.
> ㉢ 주변공기에 70% 이상의 습도를 가한다.
> ㉣ 공기의 이온화에 대한 제전기를 사용한다.

6 폭발의 종류에 따른 물질의 연결이 잘못 짝지어진 것은?

① 분해폭발 – 아세틸렌, 산화에틸렌

② 분진폭발 – 금속분, 밀가루

③ 산화폭발 – 히드라진, 과산화수소

④ 중합폭발 – 시안화수소, 염화비닐

> **NOTE** 산화폭발 – 압축가스, 액화가스(수소–산소), LPG, LNG–공기

Answer　　4.③　5.④　6.③

7 착화 온도가 낮아지는 원인과 가장 관계가 깊은 것은?

① 압력이 높을 때 　　　　　② 습도가 낮을 때

③ 발열량이 적을 때 　　　　　④ 산소와의 결합력이 나쁠 때

 NOTE　착화 온도가 낮아지는 원인
　　㉠ 발열량이 높을 경우
　　㉡ 압력이 클 경우
　　㉢ 산소와 결합력이 클 경우
　　㉣ 화학적 활성도가 클 경우
　　㉤ 분자구조가 복잡할 경우
　　㉥ 열전도율이 낮을 경우
　　㉦ 습도가 낮을 경우
　　㉧ 산소의 농도가 클 경우
　　㉨ 활성화 에너지가 작을 경우
　　㉩ 탄화수소계의 분자량이 클 경우

8 제5류 위험물의 화재예방상 유의사항 및 화재시 소화방법에 대한 설명으로 틀린 것은?

① 대량의 주수에 의한 소화가 좋다.

② 화재 초기에는 질식소화가 효과적이다.

③ 일부 물질의 경우 운반 또는 저장시 안정제를 사용하여야 한다.

④ 가연물과 산소공급원이 같이 있는 상태이므로 점화원의 방지에 유의하여야 한다.

NOTE　제5류 위험물은 자체적으로 산소공급원을 함유하고 있어 질식소화는 효과가 없기 때문에 다량의 물로 냉각소화를 하여야 한다.

9 15℃의 기름 100g에 8,000J의 열량을 주면 기름의 온도는 몇 ℃가 되는가? (단, 기름의 비열은 2J/g·℃)

① 25 　　　　　② 35

③ 45 　　　　　④ 55

NOTE　1g을 1℃ 올리는 데 2J이 필요하므로 100g을 1℃ 올리려면 200J이 필요하다.

그러므로 8,000J로는 $\dfrac{8,000}{200}=40$℃를 올릴 수 있으므로

$15+40=55$℃가 된다.

10 과염소산의 화재 예방에 요구되는 주의사항으로 옳은 것은?

① 액체 상태는 위험하므로 고체 상태로 보관한다.

② 자연발화의 위험이 높으므로 냉각시켜 보관한다.

③ 공기 중에서 발화하므로 공기와의 접촉을 피해야 한다.

④ 유기물과 접촉 시 발화의 위험이 있기 때문에 가연물과 접촉을 피해야 한다.

> NOTE 과염소산은 흡습성이 강하며 휘발성이 있고 가열하면 폭발하고 산성이 강하다. 물과 반응하면 심하게 발열하며 반응으로 생성된 혼합물도 강한 산화력을 가진다. 불연성 물질이지만 자극성, 산화성이 매우 크며, 강산으로 분해가 용이하고 폭발력을 갖는다. 밀폐용기에 저장하고 저온에서 통풍이 잘 되는 곳에 저장하여야 하며, 강산화제, 환원제, 알코올류, 시안화합물, 알칼리성의 접촉을 방지해야 한다. 다량의 물로 분무주수하거나 분말소화약제를 사용하여 소화하여야 한다.

11 제6류 위험물의 화재에 적응성이 없는 소화설비는?

① 포소화설비　　　　　　　　② 옥내소화전설비

③ 스프링클러설비　　　　　　④ 불활성가스소화설비

> NOTE 제6류 위험물의 화재에 적응성이 있는 소화설비로는 옥내소화전설비, 옥외소화전설비, 스프링클러설비, 물분무소화설비, 포소화설비, 인산염류 분말소화설비가 있다.

12 소화약제로서 물의 단점인 동결현상을 방지하기 위하여 주로 사용되는 물질은?

① 글리세린　　　　　　　　　② 탄산칼슘

③ 에틸알코올　　　　　　　　④ 에틸렌글리콜

> NOTE 물의 동결방지제
> ㉠ 에틸렌글리콜
> ㉡ 프로필렌글리콜

13 다음 중 D급 화재에 해당하는 것은?

① 전기 화재

② 나트륨 화재

③ 휘발유 화재

④ 플라스틱 화재

> **NOTE** D급 화재는 가연성 금속류의 화재, 위험물안전관리법령상 제2류 위험물 중 금속분과 제3류 위험물이 해당된다.

14 위험물안전관리법령상 철분, 금속분, 마그네슘에 적응성이 있는 소화설비는?

① 포소화설비

② 불활성가스소화설비

③ 탄산수소염류소화설비

④ 할로겐화합물소화설비

> **NOTE** 제2류 위험물 중 철분, 금속분, 마그네슘 등에 적응성이 있는 소화설비는 탄산수소염류 분말소화설비이다.

15 위험물안전관리법령상 제4류 위험물에 적응성이 없는 소화설비는?

① 포소화설비

② 옥내소화전설비

③ 불활성가스소화설비

④ 할로겐화합물소화설비

> **NOTE** 제4류 위험물에 적응성이 있는 소화설비로는 물분무소화설비, 포소화설비, 불활성가스소화설비, 할로겐화합물소화설비, 인산염류 분말소화설비, 탄산수소염류 분말소화설비가 있다.

16 물은 냉각소화가 주된 대표적인 소화약제이다. 물의 소화효과를 높이기 위하여 무상 주수를 함으로서 부가적으로 작용하는 소화효과로 짝지어진 것은?

① 질식소화작용, 제거소화작용

② 질식소화작용, 유화소화작용

③ 타격소화작용, 유화소화작용

④ 타격소화작용, 피복소화작용

> **NOTE** 무상주수의 효과
> ㉠ **질식소화작용** : 안개 모양의 물 입자는 공기 중의 산소의 공급을 차단하기 때문에 질식소화작용을 한다.
> ㉡ **유화소화작용** : 비점이 비교적 높은 제4류 제3석유류인 중질유 및 고비중을 가지는 윤활유, 아스팔트유 등의 화재 시 유류 표면에 엷은 유화층을 형성하여 공기 중의 산소의 공급을 차단하는 에멀젼 효과를 나타낸다.

Answer   13.③ 14.③ 15.② 16.②

17 다음 중 소화약제 중 강화액의 주성분에 해당하는 것은?

① K_2CO_3

② K_2O_2

③ CaO_2

④ $KBrO_3$

> **NOTE** 강화액은 물의 소화능력을 향상시키기 위하여 물에 알칼리금속염류 탄산칼륨(K_2CO_3)을 첨가시킨 고농도의 수용액이다.

18 위험물안전관리법령상 소화설비의 적응성에 관한 내용으로 옳은 것은?

① 물분무소화설비는 전기설비에 사용할 수 없다.

② 분말소화약제는 셀룰로이드류의 화재에 가장 적당하다.

③ 마른모래는 대상물 중 제1류 ~ 제6류 위험물에 적응성이 있다.

④ 팽창질석은 전기설비를 포함한 모든 대상물에 적응성이 있다.

> **NOTE** ① 물분무소화설비는 전기설비에 적응성이 있다.
> ② 분말소화약제는 인화성액체를 취급하는 장소, 인화성 액체 또는 가스 등의 분출로 인한 화재의 발생위험이 있는 장소, 전기화재가 일어날 수 있는 장소, 종이·직물류 등의 일반 가연물로 표면연소가 일어나는 경우에 적당하다.
> ④ 팽창질석은 건축물, 그 밖의 공작물, 전기설비에는 적응성이 없다.

19 다음 중 공기포 소화약제에 해당하지 않는 것은?

① 단백포 소화약제

② 화학포 소화약제

③ 수성막포 소화약제

④ 합성계면활성제포 소화약제

> **NOTE** 공기포 소화약제의 종류
> ㉠ 단백포 소화약제
> ㉡ 불화단백포 소화약제
> ㉢ 수성막포 소화약제
> ㉣ 합성계면활성제포 소화약제
> ㉤ 알코올형포 소화약제

Answer 17.① 18.③ 19.②

20 분말소화약제 중 제1종과 제2종 분말이 각각 열분해 될 때 공통적으로 생성되는 물질은?

① H_2O, CO_2　　　　　　　② H_2O, N_2

③ N_2, O_2　　　　　　　　④ N_2, CO_2

NOTE　1종 분말이 열분해 될 때에는 이산화탄소와 수증기에 의한 질식효과가 나타난다.
　　　　2종 분말이 열분해 될 때에는 이산화탄소와 수증기에 의한 1종 분말 2배의 질식효과가 나타난다.

21 포름산에 대한 설명으로 틀린 것은?

① 강한 산화제이다.　　　　　② 개미산이라고도 한다.

③ 녹는점이 상온보다 낮다.　　④ 물, 알코올, 에테르에 잘 녹는다.

NOTE　**포름산**
　㉠ 자극성 냄새가 나는 무색 투명한 액체로 아세트산보다 산성이 강한 액체이다.
　㉡ 연소 시 푸른 불꽃을 내면서 연소한다.
　㉢ 강한 환원제이며, 물, 에테르, 알코올 등과 잘 섞인다.
　㉣ 황산과 함께 가열하여 분해하면 일산화탄소가 발생한다.
　㉤ 녹는점이 상온보다 낮다.
　㉥ 개미산이라고도 한다.

22 다음 중 제3류 위험물에 해당하는 것은?

① Al　　　　　　　　　　　② Mg

③ NaH　　　　　　　　　　④ P_4S_3

NOTE　수소화나트륨(NaH)은 금속의 수소화물에 해당하는 제3류 위험물이다.

23 다음 중 지방족 탄화수소가 아닌 것은?

① 아세톤　　　　　　　　　② 톨루엔

③ 디에틸에테르　　　　　　④ 아세트알데히드

NOTE　톨루엔, 크실렌, 나프탈렌은 방향족 탄화수소에 해당한다.

Answer　20.①　21.①　22.③　23.②

24 위험물안전관리법령상 위험물의 지정수량의 연결이 잘못된 것은?

① 아조벤젠 – 50kg

② 히드록실아민 – 100kg

③ 트리니트로페놀 – 200kg

④ 니트로셀룰로오스 – 10kg

> **NOTE** 아조벤젠은 아조화합물로 제5류 위험물에 해당하는 자기반응성 물질이다. 지정수량은 200kg
> 이다.

25 셀룰로이드에 대한 설명으로 알맞은 것은?

① 무기염화물이다.

② 유기염화물이다.

③ 질소가 함유된 유기물이다.

④ 질소가 함유된 무기물이다.

> **NOTE** 셀룰로이드는 질소 함유량 약 11%의 니트로셀룰로오스를 장뇌와 알코올에 녹여 교질상태로
> 만든 것을 말한다. 무색 또는 황색의 반투명 유연성을 가진 고체로 합성수지와 비슷하다. 물
> 에 녹지 않으나 황산, 알코올, 아세톤, 초산, 에스테르에 녹는다.

26 에틸알코올의 증기 비중은 약 얼마인가?

① 0.72 ② 0.91

③ 1.13 ④ 1.59

> **NOTE** 에틸알코올은 비중 0.79(증기 비중 1.59), 비점(79℃, 인화점 13℃), 발화점 423℃, 연소 범
> 위 4.3 ~ 19%이다.

27 과염소산나트륨의 성질이 아닌 것은?

① 비중은 물보다 무겁다.

② 융점은 400℃ 보다 높다.

③ 물과 급격히 반응하여 산소를 발생한다.

④ 가열하면 분해되어 조연성 가스를 방출한다.

> **NOTE** 과염소산나트륨의 성질
> ㉠ 무색, 무취의 사방정계 결정이다.
> ㉡ 조해성이 있으며, 물, 알코올, 아세톤에 잘 녹으나 에테르에는 녹지 않는다.
> ㉢ 분자량 122, 비중 2.50, 융점 482℃, 분해온도 400℃이다.
> ㉣ 130℃ 이상으로 가열하면 분해하여 산소를 발생한다.
> ㉤ 가연물과 유기물 등이 혼합되어 있을 때 가열, 충격, 마찰 등에 의해 폭발한다.

28 인화칼슘이 물과 반응할 경우에 대한 설명으로 옳지 않은 것은?

① 포스겐 가스가 발생한다.　　　　② $Ca(OH)_2$가 생성된다.

③ 발생가스는 가연성이다.　　　　④ 발생가스는 독성이 강하다.

> **NOTE** 인화칼슘은 물 또는 산과 반응시 유독하고 가연성인 포스핀을 발생한다.

29 화학적으로 알코올을 분류할 때 3가 알코올에 해당하는 것은?

① 에탄올　　　　　　　　　　② 메탄올

③ 글리세린　　　　　　　　　④ 에틸렌글리콜

> **NOTE** 3가 알코올은 1분자 내에 3개의 수산기를 가진 알코올을 말한다. 대표적인 3가 알코올은 글리세롤이다. 글리세린은 대표적인 3가 알코올로 1, 2, 3-프로판트리올(Propanetriol), 글리세롤이라고도 한다. 녹는점 18℃, 끓는점 290℃이다. 무색이고 점도와 흡습성이 높으며 단맛이 있다. 물, 에탄올에 쉽게 녹는다.

Answer 　27.③　28.①　29.③

30 위험물안전관리법령상 품명이 다른 하나는?

① 테트릴
② 셀룰로이드
③ 니트로글리콜
④ 니트로글리세린

> **NOTE** 질산메틸, 니트로셀룰로오스, 질산에틸, 니트로글리세린, 니트로글리콜, 펜트리트는 질산에스테르류이다.
> 테트릴은 니트로 화합물에 해당한다.

31 주수소화를 할 수 없는 위험물에 해당하는 것은?

① 적린
② 유황
③ 금속분
④ 과망간산칼륨

> **NOTE** 금속분, 철분, 마그네슘이 연소하고 있을 때 주수하면 급격히 발생한 수증기의 압력이나 분해에 의해서 발생한 수소로 인해 폭발의 위험이 있으며 연소 중인 금속의 비산을 가져와 오히려 화재 면적을 확대시킬 수 있다.

32 제1류 위험물 중 흑색화약의 원료로 사용되는 것은?

① BaO_2
② KNO_3
③ $NaNO_3$
④ NH_4NO_3

> **NOTE** 흑색화약은 질산칼륨과 유황, 목탄분을 75% : 10% : 15%의 비율로 혼합한 것을 말한다.

33 다음 중 제6류 위험물에 해당하는 것은?

① H_2O
② NO_3
③ IF_5
④ $HClO_3$

> **NOTE** 제6류 위험물의 종류 … $HClO_4$, H_2O_2, HNO_3, BrF_3, BrF_5, IF_5

Answer 30.① 31.③ 32.② 33.③

34 다음 중 제4류 위험물에 해당하는 것은?

① N_2H_4

② NH_2OH

③ $Pb(N_3)_2$

④ CH_3ONO_2

> **NOTE** 히드라진은 제4류 위험물에 해당한다.
> ② 히드록실아민은 제5류 위험물이다.
> ③ 아지드화납은 제5류 위험물이다.
> ④ 질산메틸은 제5류 위험물이다.

35 다음의 분말은 모두 150마이크로미터의 체를 통과하는 것이 50중량퍼센트 이상이 된다. 이들 분말 중 위험물안전관리법령상 품명이 '금속분'으로 분류되는 것은?

① 철분

② 구리분

③ 니켈분

④ 알루미늄분

> **NOTE** "금속분"이라 함은 알칼리금속·알칼리토류금속·철 및 마그네슘 외의 금속의 분말을 말하고, 구리분·니켈분 및 150마이크로미터의 체를 통과하는 것이 50중량퍼센트 미만인 것은 제외한다.
> ① "철분"이라 함은 철의 분말로서 53마이크로미터의 표준체를 통과하는 것이 50중량퍼센트 미만인 것은 제외한다.

36 다음 중 분자량이 가장 큰 위험물은?

① 질산

② 과염소산

③ 히드라진

④ 과산화수소

> **NOTE** ① 63g/mol ② 100.46g/mol ③ 32.05g/mol ④ 34.01g/mol

37 인화칼슘, 탄화알루미늄, 나트륨이 물과 반응하였을 때 발생되는 가스에 해당하지 않는 것은?

① 수소

② 메탄

③ 포스핀가스

④ 이황화탄소

> **NOTE** 인화칼슘은 물과 반응하면 포스핀가스를 발생하고, 탄화알루미늄은 물과 반응하여 가연성인 메탄을 발생한다. 나트륨은 물과 반응하여 수소가스를 발생하고 발화한다.

Answer 34.① 35.④ 36.② 37.④

38 다음 중 위험물과 연소 시 발생하는 가스가 바르게 짝지어진 것은?

① 황 – 무수인산가스　　　　② 적린 – 아황산가스

③ 황린 – 황산가스　　　　④ 삼황화린 – 아황산가스

> NOTE ① 황은 아황산가스를 발생한다.
> ② 적린은 포스핀가스를 발생한다.
> ③ 황린은 포스핀가스를 발생한다.

39 염소산나트륨에 대한 설명으로 옳지 않은 것은?

① 무색, 무취의 고체이다.

② 물, 알코올, 글리세린에 녹는다.

③ 조해성이 크므로 보관용기는 밀봉하는 것이 좋다.

④ 산과 반응하여 유독성의 이산화나트륨 가스가 발생한다.

> NOTE 염소산나트륨은 산과 반응하여 유독한 이산화염소를 발생하며 이산화염소는 폭발성을 지닌다.

40 질산칼륨을 약 400℃ 에서 가열하여 열분해시킬 때 주로 생성되는 물질은?

① 질산과 산소　　　　② 질산과 칼륨

③ 아질산칼륨과 산소　　　　④ 아질산칼륨과 질소

> NOTE 질산칼륨을 400℃로 가열하면 분해하여 아질산칼륨과 산소가 발생한다.
> $2KNO_3 \rightarrow 2KNO_2 + O_2 \uparrow$

41 위험물안전관리법령에서 정한 피난설비에 대한 설명이다. (   ) 안에 알맞은 말은?

> 주유취급소 중 건축물의 2층 이상의 부분을 점포·휴게음식점 또는 전시장의 용도로 사용하는 것에 있어서는 해당 건축물의 2층 이상으로부터 주유취급소의 부지 밖으로 통하는 출입구와 해당 출입구로 통하는 통로·계단 및 출입구에 (   )을(를) 설치하여야 한다.

① 유도등   ② 공기호흡기
③ 피난사다리   ④ 시각경보기

> **NOTE** 주유취급소 중 건축물의 2층 이상의 부분을 점포·휴게음식점 또는 전시장의 용도로 사용하는 것에 있어서는 당해 건축물의 2층 이상으로부터 주유취급소의 부지 밖으로 통하는 출입구와 당해 출입구로 통하는 통로·계단 및 출입구에 유도등을 설치하여야 한다.

42 옥내저장소에 제3류 위험물인 황린을 저장하면서 위험물안전관리법령에 의한 최소한의 보유공지로 3m를 옥내저장소 주위에 확보하였다. 이 옥내저장소에 저장하고 있는 황린의 수량은? (단, 옥내저장소의 구조는 벽·기둥 및 바닥이 내화구조로 되어 있고 그 외의 다른 사항은 고려하지 않는다)

① 100kg 초과 500kg 이하
② 400kg 초과 1,000kg 이하
③ 500kg 초과 5,000kg 이하
④ 1,000kg 초과 10,000kg 이하

> **NOTE** 벽·기둥 및 바닥이 내화구조로 된 건축물로 보유공지가 3m 이상인 경우 지정수량의 20배 초과 50배 이하로 할 수 있다. 황린의 지정수량은 20kg이므로 400kg 초과 1,000kg 이하로 할 수 있다.

Answer   41.①   42.②

43 위험물안전관리법령상 이동탱크저장소에 의한 위험물운송시 위험물관리자는 장거리에 걸치는 운송을 하는 때에는 2명 이상의 운전자로 하여야 한다. 다음 중 그러하지 않아도 되는 경우가 아닌 것은?

① 적린을 운송하는 경우

② 이황화탄소를 운송하는 경우

③ 알루미늄의 탄화물을 운송하는 경우

④ 운송도중에 2시간 이내마다 20분 이상씩 휴식하는 경우

> NOTE 위험물운송자는 장거리(고속국도에 있어서는 340km 이상, 그 밖의 도로에 있어서는 200km 이상을 말한다)에 걸치는 운송을 하는 때에는 2명 이상의 운전자로 할 것. 다만, 다음의 1에 해당하는 경우에는 그러하지 아니하다.
> ㉠ 운송책임자를 동승시킨 경우
> ㉡ 운송하는 위험물이 제2류 위험물(황화린, 적린, 유황, 철분, 금속분, 마그네슘, 인화성고체 등) · 제3류 위험물(칼슘 또는 알루미늄의 탄화물과 이것만을 함유한 것에 한한다)또는 제4류 위험물(특수인화물을 제외한다)인 경우
> ㉢ 운송도중에 2시간 이내마다 20분 이상씩 휴식하는 경우

44 각각 지정수량의 10배인 위험물을 운반할 경우 제5류 위험물과 혼재 가능한 위험물에 해당하는 것은?

① 제1류 위험물   ② 제2류 위험물

③ 제3류 위험물   ④ 제6류 위험물

> NOTE 위험물의 혼재기준

위험물의 구분	제1류	제2류	제3류	제4류	제5류	제6류
제1류		×	×	×	×	○
제2류	×		×	○	○	×
제3류	×	×		○	×	×
제4류	×	○	○		○	×
제5류	×	○	×	○		×
제6류	○	×	×	×	×	

🌱 Answer   43.②   44.②

45 위험물안전관리법령상 옥외탱크저장소의 기준에 따라 다음의 인화성 액체 위험물을 저장하는 옥외저장탱크 1~4호를 동일의 방유제 내에 설치하는 경우 방유제에 필요한 최소 용량으로 옳은 것은? (단, 암반탱크 또는 특수액체위험물탱크의 경우는 제외한다)

> 1호 탱크 – 등유 1,500kl
> 2로 탱크 – 가솔린 1,000kl
> 3호 탱크 – 경유 500kl
> 4호 탱크 – 중유 250kl

① 250kl

② 500kl

③ 1,500kl

④ 1,650kl

> **NOTE** 방유제의 용량은 방유제 안에 설치된 탱크가 하나인 때에는 그 탱크 용량의 110% 이상, 2기 이상인 때에는 그 탱크 중 용량이 최대인 것의 용량의 110% 이상으로 하여야 한다.
> 그러므로 $1,500 \times 1.1 = 1,650$ kl가 된다.

46 위험물안전관리법령상 사업소의 관계인이 자체소방대를 설치하여야 할 제조소등의 기준으로 옳은 것은?

① 제4류 위험물을 지정수량의 5천배 이상 취급하는 제조소 또는 일반취급소

② 제4류 위험물을 지정수량의 3천배 이상 취급하는 제조소 또는 일반취급소

③ 제4류 위험물 중 특수인화물을 지정수량의 5천배 이상 취급하는 제조소 또는 일반취급소

④ 제4류 위험물 중 특수인화물을 지정수량의 3천배 이상 취급하는 제조소 또는 일반취급소

> **NOTE** 자체소방대를 설치하여야 하는 사업소
> ㉠ 제4류 위험물을 취급하는 제조소 또는 일반취급소를 말한다. 다만, 보일러로 위험물을 소비하는 일반취급소 등은 제외한다.
> ㉡ 지정수량의 3천배를 말한다.

47 소화난이도등급II의 제조소에 소화설비를 설치할 때 대형수동식소화기와 함께 설치하여야 하는 소형수동식소화기등의 능력단위에 대한 설명으로 옳은 것은?

① 위험물의 소요단위에 해당하는 능력단위의 소형수동식소화기등을 설치할 것

② 위험물의 소요단위의 1/2 이상에 해당하는 능력단위의 소형수동식소화기등을 설치할 것

③ 위험물의 소요단위이 1/5 이상에 해당하는 능력단위의 소형수동식소화기등을 설치할 것

④ 위험물의 소요단위의 10배 이상에 해당하는 능력단위의 소형수동식소화기등을 설치할 것

> **NOTE** 소형수동식소화기등은 능력단위의 수치가 건축물 그 밖의 공작물 및 위험물의 소요단위의 수치에 이르도록 설치하여야 한다. 다만, 옥내소화전설비, 옥외소화전설비, 스프링클러설비, 물분무등소화설비 또는 대형수동식소화기를 설치한 경우에는 당해 소화설비의 방사능력범위내의 부분에 대하여는 수동식소화기등을 그 능력단위의 수치가 당해 소요단위의 수치의 1/5 이상이 되도록 하는 것으로 족하다.

48 위험물안전관리법이 적용되는 영역에 해당하는 것은?

① 궤도에 의한 위험물의 저장, 취급 및 운반

② 철도에 의한 위험물의 저장, 취급 및 운반

③ 항공기에 의한 대한민국 영공에서의 위험물의 저장, 취급 및 운반

④ 자가용승용차에 의한 지정수량 이하의 위험물의 저장, 취급 및 운반

> **NOTE** 위험물안전관리법은 항공기 · 선박 · 철도 및 궤도에 의한 위험물의 저장 · 취급 및 운반에 있어서는 이를 적용하지 아니한다.

49 위험물안전관리법령상 위험물의 운반 시 운반용기는 다음의 기준에 따라 수납 · 적재하여야 한다. 다음 중 그 기준으로 틀린 것은?

① 수납하는 위험물과 위험한 반응을 일으키지 않아야 한다.

② 하나의 외장용기에는 다른 종류의 위험물을 수납하지 않아야 한다.

③ 액체위험물은 운반용기 내용적의 95% 이하로 수납하여야 한다.

④ 고체위험물은 운반용기 내용적의 95% 이하로 수납하여야 한다.

> **NOTE** 액체위험물은 운반용기 내용적의 98% 이하의 수납률로 수납하되, 55도의 온도에서 누설되지 아니하도록 충분한 공간용적을 유지하도록 하여야 한다.

Answer 47.③ 48.④ 49.③

50 위험물안전관리법령상 위험물을 운반하기 위해 적재할 경우 제6류 위험물은 제1류 위험물하고만 혼재할 수 있다. 이렇듯 위험물을 종류에 따라 혼재 가능 유별이 정해져 있는데 다음 중 가장 많은 유별과 혼재가 가능한 것은? (단, 지정수량의 1/10을 초과하는 위험물이다)

① 제1류 위험물　　　　　　　　　② 제2류 위험물
③ 제3류 위험물　　　　　　　　　④ 제4류 위험물

NOTE　위험물의 혼재기준

위험물의 구분	제1류	제2류	제3류	제4류	제5류	제6류
제1류		×	×	×	×	○
제2류	×		×	○	○	×
제3류	×	×		○	×	×
제4류	×	○	○		○	×
제5류	×	○	×	○		×
제6류	○	×	×	×	×	

51 다음 위험물 중 옥외저장소에서 저장·취급할 수 없는 것은? (단, 특별시·광역시 또는 도의 조례에서 정하는 위험물과 IMDG code에 적합한 용기에 수납된 위험물의 경우는 제외한다)

① 아세톤　　　　　　　　　　　　② 아세트산
③ 에틸렌글리콜　　　　　　　　　④ 크레오소트유

NOTE　옥외저장소에 저장·취급할 수 있는 것
㉠ 제2류 위험물 중 유황 또는 인화성고체(인화점이 섭씨 0도 이상인 것에 한한다)
㉡ 제4류 위험물 중 제1석유류(인화점이 섭씨 0도 이상인 것에 한한다)·알코올류·제2석유류·제3석유류·제4석유류 및 동식물유류 : 톨루엔, 크실렌, 피리딘, 에틸벤젠, 메틸알코올, 에틸알코올, 프로필알코올, 이소프로필알코올, 등유, 경유, 포름산, 아세트산, 아크릴산, 테레핀유, 스티렌, 클로로벤젠, 부틸알코올, 히드라진, 중유, 크레오소트유, 아닐린, 니트로벤젠, 에틸렌글리콜, 글리세린, 염화벤조일, 니트로톨루엔 등
㉢ 제6류 위험물 : 과염소산, 과산화수소, 질산
㉣ 제2류 위험물 및 제4류 위험물 중 특별시·광역시 또는 도의 조례에서 정하는 위험물(「관세법」의 규정에 의한 보세구역안에 저장하는 경우에 한한다)
㉤ 「국제해사기구에 관한 협약」에 의하여 설치된 국제해사기구가 채택한 「국제해상위험물규칙」(IMDG Code)에 적합한 용기에 수납된 위험물

Answer　**50.**④　**51.**①

52 디에틸에테르에 대한 설명으로 옳지 않은 것은?

① 일반식은 $R-CO-R'$이다.
② 연소범위는 약 1.9 ~ 48%이다.
③ 휘발성이 높고 마취성을 가진다.
④ 증기비중 값이 비중 값보다 크다.

> **NOTE** 디에틸에테르의 일반식은 $R-O-R$이다.

53 위험물안전관리법령상 지하탱크저장소 탱크전용실의 안쪽과 지하저장탱크와의 사이는 몇 m 이상의 간격을 유지하여야 하는가?

① 0.1
② 0.2
③ 0.5
④ 1.0

> **NOTE** 탱크전용실은 지하의 가장 가까운 벽·피트·가스관 등의 시설물 및 대지경계선으로부터 0.1 m 이상 떨어진 곳에 설치하고, 지하저장탱크와 탱크전용실의 안쪽과의 사이는 0.1m 이상의 간격을 유지하도록 하며, 당해 탱크의 주위에 마른 모래 또는 습기 등에 의하여 응고되지 아니하는 입자지름 5mm 이하의 마른 자갈분을 채워야 한다.

54 다음 (   ) 안에 들어갈 수치를 순서대로 바르게 나열한 것은? (단, 제4류 위험물에 적응성을 갖기 위한 살수밀도기준을 적용하는 경우는 제외한다)

> 위험물제조소등에 설치하는 폐쇄형 헤드의 스프링클러설비는 30개의 헤드를 동시에 사용할 경우 각 선단의 방사압력이 (   )MPa 이상이고, 방수량이 1분당 (   ) 이상이여야 한다.

① 100, 80
② 100, 120
③ 120, 80
④ 120, 100

> **NOTE** 스프링클러설비는 폐쇄형 스프링클러헤드를 사용하는 것은 30개, 개방형 스프링클러헤드를 사용하는 경우 스프링클러헤드가 가장 많이 설치된 방사구역의 스프링클러헤드 설치개수에 2.4 m^2을 곱한 양 이상이 되도록 설치하여 한다. 이 규정에 의한 개수의 스프링클러헤드를 동시에 사용할 경우 각 선단의 방사압력이 100kPa 이상이고, 방수량이 1분당 80l 이상의 성능이 되도록 하여야 한다.

Answer   52.① 53.① 54.①

55 위험물안전관리법령상 제조소등의 위치·구조 또는 설비 가운데 총리령이 정하는 사항을 변경허가를 받지 아니하고 제조소등의 위치·구조 또는 설비를 변경한 때 1차 행정처분기준으로 옳은 것은?

① 사용정지 15일

② 사용정지 30일

③ 경고 또는 사용정지 15일

④ 경고 또는 업무정지 30일

> **NOTE** 제조소등의 위치·구조 또는 설비 가운데 총리령이 정하는 사항을 변경하고자 하는 경우 변경허가를 받지 아니하고, 제조소등의 위치·구조 또는 설비를 변경한 때에는 1차는 경고 또는 사용정지 15일, 2차는 사용정지 60일, 3차는 허가취소의 행정처분기준에 처한다.

56 위험물안전관리법령상 제조소등의 관계인이 정기적으로 점검하여야 할 대상이 아닌 것은?

① 이동탱크저장소

② 지하탱크저장소

③ 지정수량의 10배 이상의 위험물을 취급하는 제조소

④ 지정수량의 100배 이상의 위험물을 저장하는 옥외탱크저장소

> **NOTE** 정기점검의 대상인 제조소등
> ㉠ 지정수량의 10배 이상의 위험물을 취급하는 제조소
> ㉡ 지정수량의 100배 이상의 위험물을 저장하는 옥외저장소
> ㉢ 지정수량의 150배 이상의 위험물을 저장하는 옥내저장소
> ㉣ 지정수량의 200배 이상의 위험물을 저장하는 옥외탱크저장소
> ㉤ 암반탱크저장소
> ㉥ 이송취급소
> ㉦ 지정수량의 10배 이상의 위험물을 취급하는 일반취급소. 다만, 제4류 위험물(특수인화물을 제외한다)만을 지정수량의 50배 이하로 취급하는 일반취급소(제1석유류·알코올류의 취급량이 지정수량의 10배 이하인 경우에 한한다)로서 다음의 어느 하나에 해당하는 것을 제외한다.
> • 보일러·버너 또는 이와 비슷한 것으로서 위험물을 소비하는 장치로 이루어진 일반취급소
> • 위험물을 용기에 옮겨 담거나 차량에 고정된 탱크에 주입하는 일반취급소
> ㉧ 지하탱크저장소
> ㉨ 이동탱크저장소
> ㉩ 위험물을 취급하는 탱크로서 지하에 매설된 탱크가 있는 제조소·주유취급소 또는 일반취급소

Answer 55.③ 56.④

57 위험물안전관리법령상 위험물제조소의 옥외에 있는 하나의 액체위험물 취급탱크 주위에 설치하는 방유제의 용량은 해당 탱크용량의 몇 % 이상으로 하여야 하는가?

① 50% ② 75%

③ 100% ④ 125%

NOTE 옥외에 있는 위험물취급탱크로서 액체위험물(이황화탄소를 제외한다)을 취급하는 것의 주위에는 다음의 기준에 의하여 방유제를 설치할 것
ㄱ 하나의 취급탱크 주위에 설치하는 방유제의 용량은 당해 탱크용량의 50% 이상으로 하고, 2 이상의 취급탱크 주위에 하나의 방유제를 설치하는 경우 그 방유제의 용량은 당해 탱크 중 용량이 최대인 것의 50%에 나머지 탱크용량 합계의 10%를 가산한 양 이상이 되게 할 것. 이 경우 방유제의 용량은 당해 방유제의 내용적에서 용량이 최대인 탱크 외의 탱크의 방유제 높이 이하 부분의 용적, 당해 방유제 내에 있는 모든 탱크의 지반면 이상 부분의 기초의 체적, 간막이 둑의 체적 및 당해 방유제 내에 있는 배관 등의 체적을 뺀 것으로 한다.
ㄴ 방유제의 구조 및 설비는 옥외저장탱크의 방유제의 기준에 적합하게 할 것

58 위험물안전관리법령상 이송취급소에 설치하는 경보설비의 기준에 따라 이송기지에 설치하여야 하는 경보설비만으로 짝지어진 것은?

① 확성장치, 비상벨장치

② 확성장치, 비상방송설비

③ 비상방송설비, 비상경보설비

④ 비상방송설비, 자동화재탐지설비

NOTE 이송취급소에는 다음의 기준에 의하여 경보설비를 설치하여야 한다.
ㄱ 이송기지에는 비상벨장치 및 확성장치를 설치할 것
ㄴ 가연성 증기를 발생하는 위험물을 취급하는 펌프실 등에는 가연성 증기 경보설비를 설치할 것

59 위험물안전관리법령상 위험물의 탱크 내 용적 및 공간용적에 관한 기준으로 옳지 않은 것은?

① 탱크의 공간용적은 탱크의 내용적의 100분의 5 이상 100분의 10 이하의 용적으로 한다.

② 위험물을 저장 또는 취급하는 탱크의 용량은 해당 탱크의 내용적에서 공간용적을 뺀 용적으로 한다.

③ 암반탱크에 있어서는 해당 탱크 내에 용출하는 30일 간의 지하수의 양에 상당하는 용적과 해당 탱크의 내용적의 100분의 1의 용적 중에서 보다 큰 용적을 공간용적으로 한다.

④ 소화설비(소화약제 방출구를 탱크안의 윗부분에 설치하는 것에 한한다)를 설치하는 탱크의 공간용적은 해당 소화설비의 소화약제방출구 아래의 0.3m 이상 1m 미만 사이의 면으로부터 윗부분의 용적으로 한다.

>  **NOTE** 탱크의 내용적 및 공간용적
> ㉠ 탱크의 공간용적은 탱크의 내용적의 100분의 5 이상 100분의 10 이하의 용적으로 한다. 다만, 소화설비(소화약제 방출구를 탱크안의 윗부분에 설치하는 것에 한한다)를 설치하는 탱크의 공간용적은 당해 소화설비의 소화약제방출구 아래의 0.3미터 이상 1미터 미만 사이의 면으로부터 윗부분의 용적으로 한다.
> ㉡ 암반탱크에 있어서는 당해 탱크 내에 용출하는 7일간의 지하수의 양에 상당하는 용적과 당해 탱크의 내용적의 100분의 1의 용적 중에서 보다 큰 용적을 공간용적으로 한다.

60 위험물안전관리법령상 위험등급의 종류가 나머지 셋과 다른 하나는?

① 제1류 위험물 중 중크롬산염류

② 제2류 위험물 중 인화성고체

③ 제3류 위험물 중 금속의 인화물

④ 제4류 위험물 중 알코올류

> **NOTE** ① 위험등급 Ⅲ
> ② 위험등급 Ⅲ
> ③ 위험등급 Ⅲ
> ④ 위험등급 Ⅱ

Answer 59.③ 60.④

1 다음과 같은 반응에서 $5m^3$의 탄산가스를 만들기 위해 필요한 탄산수소나트륨의 양은 약 몇 kg인가? (단, 표준상태이고 나트륨의 원자량은 23이다)

$$2NaHCO_3 \rightarrow Na_2CO_3 + CO_2 + H_2O$$

① 18.75

② 37.5

③ 56.25

④ 75

> **NOTE** $PV = \dfrac{W}{M}RT$(P: 압력, V: 체적, W: 기체질량, M: 분자량, R: 기체상수[0.082], T: 절대온도[273])에
> 서 $W = \dfrac{MPV}{RT} \rightarrow \dfrac{168 \times 1 \times 5}{0.082 \times 273} = 37.523$

2 연소에 대한 설명으로 옳지 않은 것은?

① 산화되기 쉬운 것일수록 타기 쉽다.

② 산소와의 접촉 면적이 큰 것일수록 타기 쉽다.

③ 충분한 산소가 있어야 타기 쉽다.

④ 열전도율이 큰 것일수록 타기 쉽다.

> **NOTE** 열전도율이 적을수록 타기 쉽다.

Answer 1.② 2.④

3 위험물의 자연발화를 방지하는 방법으로 가장 거리가 먼 것은?

① 통풍을 잘 시킬 것

② 저장실의 온도를 낮출 것

③ 습도가 높은 곳에 저장할 것

④ 정촉매 역할을 하는 물질과의 접촉을 피할 것

> **NOTE** 자연발화 방지법
> ㉠ 통풍이 잘 되게 할 것
> ㉡ 저장실의 온도를 낮출 것
> ㉢ 습도가 높은 곳을 피할 것
> ㉣ 열의 축적을 방지할 것
> ㉤ 정촉매 역할을 하는 물질을 피할 것

4 탄화칼슘은 물과 반응 시 위험성이 증가하는 물질이다. 주수 소화 시 물과 반응하면 어떤 가스가 발생하는가?

① 수소

② 메탄

③ 에탄

④ 아세틸렌

> **NOTE** 탄화칼슘은 물과 작용하여 아세틸렌가스를 발생하고 수산화칼슘을 생성한다.

5 위험물안전관리법령상 제3류 위험물 중 금수성물질의 제조소에 설치하는 주의사항 게시판의 바탕색과 문자색을 옳게 나타낸 것은?

① 청색바탕에 황색문자

② 황색바탕에 청색문자

③ 청색바탕에 백색문자

④ 백색바탕에 청색문자

> **NOTE** 제1류 위험물 중 알칼리금속의 과산화물과 이를 함유한 것 또는 제3류 위험물 중 금수성물질에 있어서는 "물기엄금"을 표시한 게시판을 설치하여야 하며, "물기엄금"을 표시하는 것에 있어서는 청색바탕에 백색문자로 하여야 한다.

Answer   3.③ 4.④ 5.③

6 다음 중 제5류 위험물의 화재시에 가장 적당한 소화방법은?

① 물에 의한 냉각소화

② 질소에 의한 질식소화

③ 사염화탄소에 의한 부촉매 소화

④ 이산화탄소에 의한 질식소화

 **NOTE** 제5류 위험물은 질식소화가 효과가 없으며 할로겐화합물소화약제도 사용해서는 안 된다.
대량의 주수소화가 가장 효과적이다.

7 공기 중의 산소농도를 한계산소량 이하로 낮추어 연소를 중지시키는 소화방법은?

① 냉각소화 ② 제거소화

③ 억제소화 ④ 질식소화

NOTE ① 점화원을 물 등을 사용하여 냉각시킴으로서 가연물을 발화점 이하의 온도로 낮추어 연소의
진행을 막는 방법
② 가연물을 연소구역으로부터 제거함으로써 화재의 확산을 저지하는 방법
③ 가연물의 연쇄반응이 진행되지 않도록 연소반응의 억제제를 이용하는 방법
④ 가연물이 연소할 때 공기 중 산소농도를 떨어뜨려 연소에 필요한 산소의 양을 줄여 연소를
중단시키는 방법

8 폭굉유도거리(DID)가 짧아지는 경우는?

① 정상 연소속도가 작은 혼합가스일수록 짧아진다.

② 압력이 높을수록 짧아진다.

③ 관지름이 넓을수록 짧아진다.

④ 점화원 에너지가 약할수록 짧아진다.

NOTE 폭굉유도거리가 짧아지는 경우
㉠ 정상연소속도가 큰 혼합가스일수록 짧아진다.
㉡ 관 속에 방해물이 있거나 관지름이 가늘수록 짧아진다.
㉢ 압력이 높을수록 짧아진다.
㉣ 점화원의 에너지가 강할수록 짧아진다.

Answer 6.① 7.④ 8.②

9 연소의 3요소인 산소의 공급원이 될 수 없는 것은?

① H_2O_2

② KNO_3

③ HNO_3

④ CO_2

NOTE 이산화탄소는 산소와 산화반응이 완결된 물질이므로 더 이상 산화반응이 일어나지 않기 때문에 불연성이 된다.

10 인화칼슘이 물과 반응하였을 때 발생하는 가스는?

① 수소

② 포스겐

③ 포스핀

④ 아세틸렌

NOTE 인화칼슘은 물과 반응하여 유독하고 가연성인 포스핀가스를 발생한다.
$$Ca_3P_2 + 6H_2O \rightarrow 3Ca(OH)_2 + 2PH_3 \uparrow$$

11 수성막포소화약제에 사용되는 계면활성제는?

① 염화단백포 계면활성제

② 산소계 계면활성제

③ 황산계 계면활성제

④ 불소계 계면활성제

NOTE 수성막포소화약제는 주성분이 불소계 계면활성제이기 때문에 불소계 계면활성제포라고도 하며 방수성과 방유성을 갖는다. 표면장력이 아주 작아 물의 증발을 방지하는 것과 같이 탄화수소인 유류에 대해서 표면의 피막을 형성시켜 내부분자의 확산을 방지하는 기능을 가지고 있다.

12 질소와 아르곤과 이산화탄소의 용량비가 52 대 40 대 8인 혼합물 소화약제에 해당하는 것은?

① IG - 541

② HCFC BLEND A

③ HFC - 125

④ HFC - 23

NOTE IG - 541은 질소 52%, 아르곤 40%, 이산화탄소 8%로 등재되어 있는 청정소화약제를 이용하여 A, B, C급 화재를 효과적으로 진압하기 위한 소화약제이다. 질소는 소화약제 방출 후 방호구역 내 산소농도를 낮추는 역할을 하고, 아르곤은 방호구역 내 혼합기체 비중을 공기와 유사하게 유지시켜 누설을 최소화하며 약제의 실내 유지시간을 지속시키는 역할을 한다. 이산화탄소는 실내 이산화탄소 농도를 높여 저산소 상태에서도 호흡을 편안히 하도록 돕는 역할을 한다.

Answer   9.④   10.③   11.④   12.①

13 위험물안전관리법령상 알칼리금속 과산화물에 적응성이 있는 소화설비는?

① 할로겐화합물소화설비 ② 탄산소수염류분말소화설비

③ 물분무소화설비 ④ 스프링클러설비

> NOTE 알칼리금속과산화물 등에 적응성이 있는 소화설비로는 탄산수소염류분말소화설비, 탄산수소염류분말소화기, 건조사, 팽창질석 또는 팽창진주암이 있다.

14 이산화탄소 소화약제에 관한 설명 중 틀린 것은?

① 소화약제에 의한 오손이 없다. ② 소화약제 중 증발잠열이 가장 크다.

③ 전기 절연성이 있다. ④ 장기간 저장이 가능하다.

> NOTE 이산화탄소 소화약제의 장점
> ㉠ 소화 후 소화약제에 의한 오손이 없다.
> ㉡ 한냉지에서도 동결될 염려가 없다.
> ㉢ 전기 절연성이다.
> ㉣ 장시간 저장해도 변화가 없다.
> ㉤ 자체 압력으로 방출되기 때문에 방출용 동력이 필요하지 않다.

15 Halon 1001의 화학식에서 수소 원자의 수는?

① 0 ② 1

③ 2 ④ 3

> NOTE Halon 1001은 할로겐화합물 소화약제로 할론명명법에 의해 번호를 부여한다.
> 구조식은 C − F − Cl − Br의 순서대로 개수를 표시하므로 $CClBr$ 이 된다.
> 화학식은 CH_3Cl이므로 수소의 개수는 3개이다.

16 다음 중 강화액 소화약제의 주된 소화원리에 해당하는 것은?

① 냉각소화 ② 절연소화

③ 제거소화 ④ 발포소화

> NOTE 강화액의 소화효과는 물이 갖는 소화효과(냉각소화)와 첨가제가 갖는 부촉매 효과(억제소화)를 합한 것이다. 용도는 주로 소화기에 충약해서 목재 등의 고체 형태인 일반가연물 화재에 사용한다.

Answer 13.② 14.② 15.④ 16.①

17 다음 중 탄산칼륨을 물에 용해시킨 강화액 소화약제의 pH에 가장 가까운 값은?

① 1　　　　　　　　　　　　　　　② 4

③ 7　　　　　　　　　　　　　　　④ 12

> **NOTE** 강화액 소화약제는 동절기 물소화약제가 동결되는 단점을 보완하고 물의 소화력을 높이기 위하여 화재에 억제 효과가 있는 염류를 첨가한 것으로 염류로는 알칼리 금속염의 탄산칼륨(K_2CO_3)과 인산암모늄[$(NH_4)_2PO_4$] 등이 사용되고 여기에 침투제 등을 가하여 제조한다. 수소 이온농도(pH)는 약알칼리성으로 11 ~ 12이며, 응고점은 −26℃ ~ −30℃ 이다.

18 불활성가스 청정소화약제의 기본 성분이 아닌 것은?

① 헬륨　　　　　　　　　　　　　② 질소

③ 불소　　　　　　　　　　　　　④ 아르곤

> **NOTE** 불활성가스 청정소화약제란 헬륨, 네온, 아르곤 또는 질소가스 중 하나 이상의 원소를 기본성분으로 하는 소화약제를 말한다.

19 위험물안전관리법령상 제4류 위험물에 적응성이 있는 소화기가 아닌 것은?

① 이산화탄소소화기

② 봉상강화액소화기

③ 포소화기

④ 인산염류분말소화기

> **NOTE** 제4류 위험물에 적응성이 있는 소화기로는 무상강화액소화기, 포소화기, 이산화탄소소화기, 할로겐화합물소화기, 인산염류분말소화기, 탄산수소염류분말소화기가 있다.

Answer　　17.④　18.③　19.②

20 물과 친화력이 있는 수용성 용매의 화재에 보통의 포소화약제를 사용하면 포가 파괴되기 때문에 소화효과를 잃게 된다. 이와 같은 단점을 보완한 소화약제로 가연성인 수용성 용매의 화재에 유효한 효과를 가지고 있는 것은?

① 알코올형포소화약제   ② 단백포소화약제

③ 합성계면활성제포소화약제   ④ 수성막포소화약제

> **NOTE** 알코올형포소화약제 … 물과 친화력이 있는 알코올과 같은 수용성 액체(극성 액체)의 화재에 보통의 포 소화약제를 사용하면 수용성 액체가 포 속의 물을 탈취하여 포가 파괴되기 때문에 소화효과를 잃게 된다. 이와 같은 현상은 액체의 온도가 높아지면 더욱 뚜렷이 나타난다. 알코올포 소화약제는 이와 같은 단점을 보완한 약제로 여러 가지의 형이 있으나 초기에는 단백질의 가수분해물에 금속비누를 계면활성제로 사용하여 유화·분산시킨 것을 사용하였다. 이것은 물에 녹지 않기 때문에 여기에 물을 혼합하여 사용한다. 일명 수용성 액체용 포소화약제라고도 하며 알코올, 에테르, 케톤, 에스테르, 알데히드, 카르복실산, 아민 등과 같은 가연성인 수용성 액체의 화재에 유효하다.

21 알루미늄분의 성질에 대한 설명으로 옳은 것은?

① 금속 중에서 연소열량이 가장 작다.

② 끓은 물과 반응해서 수소를 발생한다.

③ 수산화나트륨 수용액과 반응해서 산소를 발생한다.

④ 안전한 저장을 위해 할로겐 원소와 혼합한다.

> **NOTE** 알루미늄분(aluminium powder, Al)
> ㉠ 산, 알칼리 수용액과 반응하여 수소를 발생한다.
> ㉡ 공기 중에서 표면에 산화피막을 형성하여 내부를 부식으로부터 보호한다.
> ㉢ 끓는 물과 격렬하게 반응하여 수소를 발생한다.
> ㉣ 할로겐 원소와 접촉시 자연 발화의 위험이 있다.

22 위험물안전관리법령에서는 특수인화물을 1기압에서 발화점이 $100\,^{\circ}\text{C}$ 이하인 것 또는 인화점은 얼마 이하이고 비점이 $40\,^{\circ}\text{C}$ 이하인 것으로 정의하는가?

① $-10\,^{\circ}\text{C}$ ② $-20\,^{\circ}\text{C}$

③ $-30\,^{\circ}\text{C}$ ④ $-40\,^{\circ}\text{C}$

> **NOTE** 특수인화물이란 이황화탄소, 디에틸에테르 그밖에 1기압에서 발화점이 $100\,^{\circ}\text{C}$ 이하인 것 또는 인화점이 $-20\,^{\circ}\text{C}$ 이하이고 비점이 $40\,^{\circ}\text{C}$ 이하인 것을 말한다.

Answer   20.①   21.②   22.②

23 트리니트로톨루엔의 작용기에 해당하는 것은?

① $-NO$

② $-NO_2$

③ $-NO_3$

④ $-NO_4$

> **NOTE** 트리니트로톨루엔은 담황색의 주상결정으로 작용기는 $-NO_2$ 기이며, 햇빛을 받으면 다갈색으로 변한다.

24 위험물의 성질에 대한 설명 중 틀린 것은?

① 황린은 공기 중에서 산화할 수 있다.

② 적린은 $KClO_3$와 혼합하면 위험하다.

③ 황은 물에 매우 잘 녹는다.

④ 황화인은 가연성 고체이다.

> **NOTE** 황은 물과 산에는 녹지 않는다.

25 피리딘의 일반적인 성질에 대한 설명 중 틀린 것은?

① 순수한 것은 무색 액체이다.

② 약알칼리성을 나타낸다.

③ 물보다 가볍고, 증기는 공기보다 무겁다.

④ 흡습성이 없고, 비수용성이다.

> **NOTE** 제4류 위험물인 피리딘은 강한 악취와 흡습성이 있으며, 물에 잘 녹는다.

26 니트로글리세린에 대한 설명으로 옳은 것은?

① 물에 매우 잘 녹는다.

② 공기 중에서 점화하면 연소하나 폭발의 위험은 없다.

③ 충격에 대하여 민감하여 폭발을 일으키기 쉽다.

④ 제5류 위험물의 니트로화합물에 속한다.

> **NOTE** 니트로글리세린의 성질
> ㉠ 무색투명한 기름상의 액체이다.
> ㉡ 물에 녹지 않으며, 알코올, 에테르에 녹는다.
> ㉢ 마찰, 충격에 민감하고 산과 접촉하면 분해가 촉진되어 폭발할 수 있다.
> ㉣ 제5류 위험물의 질산에스테르류에 속한다.
> ㉤ 공기 중에서 점화하면 폭발력이 강하고 즉시 연소한다.

Answer 23.② 24.③ 25.④ 26.③

27 다음 물질 중 과염소산칼륨과 혼합했을 때 발화폭발의 위험이 가장 높은 것은?

① 석면　　　　　　　　　　　　② 금
③ 유리　　　　　　　　　　　　④ 목탄

> NOTE 과염소산칼륨은 목탄, 인, 황, 탄소, 가연성 고체, 유기물 등이 혼합되어 있을 때 가열, 충격,
> 마찰 등에 의해 폭발한다.

28 메틸리튬과 물의 반응 생성물로 옳은 것은?

① 메탄, 수소화리튬　　　　　　② 메탄, 수산화리튬
③ 에탄, 수소화리튬　　　　　　④ 에탄, 수산화리튬

> NOTE 메틸리튬(Methyl lithium, $(CH_3)Li$)
> ㉠ 무색의 가연성액체이다.
> ㉡ 물 또는 수증기와 심하게 반응한다.
> ㉢ 산소와 빠른 속도로 반응하여 공기 중에 노출되면 어떤 온도에서도 자연 발화한다.
> ㉣ 물, 수증기와 반응하여 수산화리튬과 메탄을 생성한다.

29 다음 위험물 중 물보다 가벼운 것은?

① 메틸에틸케톤　　　　　　　　② 니트로벤젠
③ 에틸렌글리콜　　　　　　　　④ 글리세린

> NOTE ① 0.805　② 1.2　③ 1.11　④ 1.22

30 질산과 과염소산의 공통성질이 아닌 것은?

① 가연성이며 강산화제이다.　　　② 비중이 1보다 크다.
③ 가연물과 혼합으로 발화의 위험이 있다.　④ 물과 접촉하면 발열한다.

> NOTE ① 질산은 불연성, 조연성 물질이며, 과염소산은 가연성, 산화성 물질이다.
> ② 질산의 비중은 1.49, 과염소산의 비중은 1.76으로 1보다 크다.
> ③ 질산과 과염소산은 모두 가연물과의 혼합으로 발화의 위험이 있다.
> ④ 질산과 과염소산은 모두 물과 접촉하면 심하게 발열한다.

Answer　27.④　28.②　29.①　30.①

31 제4류 위험물의 일반적인 성질에 대한 설명 중 **틀린** 것은?

① 대부분 유기화합물이다.

② 액체 상태이다.

③ 대부분 물보다 가볍다.

④ 대부분 물에 녹기 쉽다.

> NOTE 제4류 위험물의 공통적인 성질
> ㉠ 상온에서 액상인 가연성 액체이다.
> ㉡ 대부분 물보다 가볍다.
> ㉢ 증기는 공기보다 무겁다.
> ㉣ 발화점이 낮은 것이 위험하다.
> ㉤ 대부분 물에 녹지 않는 것이 많다.
> ㉥ 증기와 공기가 약간 혼합되어 있어도 연소한다.

32 과산화나트륨에 대한 설명으로 **틀린** 것은?

① 알코올에 잘 녹아서 산소와 수소를 발생시킨다.

② 상온에서 물과 격렬하게 반응한다.

③ 비중이 약 2.8이다.

④ 조해성 물질이다.

> NOTE 과산화나트륨(Na_2O_2)의 성질
> ㉠ 물과 접촉하면 NaOH와 O_2를 발생한다.
> ㉡ 비중은 2.8, 융점은 460℃이다.
> ㉢ 불연성, 조해성 물질이다.
> ㉣ 유황과 접촉하면 발화하고, 유기물에 접촉하면 폭발한다.

33 다음 중 제5류 위험물로만 나열되지 **않은** 것은?

① 과산화벤조일, 질산메틸

② 과산화초산, 디니트로벤젠

③ 과산화요소, 니트로글리콜

④ 아세토니트릴, 트리니트로톨루엔

　　㉠ 유기과산화물 : 과산화에틸메틸에틸케톤, 과산화벤조일, 터셔리부틸 퍼옥시 이소부틸케톤, 아세틸 퍼옥사이드, 터셔리부틸 퍼옥시 피바레이트, 호박산퍼옥사이드, 프로피오닐퍼옥사이드, 아이소프로필 퍼카보네이트

　　㉡ 질산에스테르류 : 니트로셀룰로오스, 셀룰로이드, 니트로글리세린, 질산프로필, 질산메틸, 질산에틸, 니트로글리콜, 펜트리트

　　㉢ 니트로화합물류 : 트리니트로톨루엔, 트리니트로페놀, 디니트로벤젠, 디니트로페놀, 디니트로톨루엔, 테트라니토로메탄

　　㉣ 니트로소화합물 : 파라디니트로소 벤젠, 디에틸 파라니트로소 아닐린, 디니트로소 레조르신, 파라니트로소 메틸아닐린

　　㉤ 아조화합물 : 아조디카르본 아미드, 아조비스 이소부티로 니트릴, 아조벤젠

　　㉥ 디아조화합물 : 디아조아세토니트릴, 디아조디니트로페놀, 메틸디아조아세테이트, 파라디아조벤젠술폰산

　　㉦ 히드라진 유도체 : 염산히드라진, 황산히드라진, 메틸히드라진, 히드라진 모노하이드레이트, 디메틸히드라진, 히드라지노에탄올

　　㉧ 히드록실아민염류 : 황산 히드록실아민, 염산히드록실아민

　　㉨ 히드록실아민

　　㉩ 질산구아니딘

34 아조화합물 800kg, 히드록실아민 300kg, 유기과산화물 40kg의 총 양은 지정수량의 몇 배에 해당하는가?

① 7배
② 9배
③ 10배
④ 11배

NOTE 아조화합물의 지정수량은 200kg이므로 800kg은 $\frac{800}{200}=4$배

히드록실아민의 지정수량은 100kg이므로 300kg은 $\frac{300}{100}=3$배

유기과산화물의 지정수량은 10kg이므로 40kg은 $\frac{40}{10}=4$배

$4+3+4=11$배이다.

Answer　34.④

35 물과 반응하여 가연성 가스를 발생하지 않는 것은?

① 칼륨   ② 과산화칼륨
③ 탄화알루미늄   ④ 트리에틸알루미늄

> **NOTE** ① 물과 반응하면 수소가스를 발생하고 발화한다.
> ② 물과 반응하면 수산화칼륨과 산소를 발생한다.
> ③ 물과 반응하면 가연성인 메탄을 발생한다.
> ④ 물과 반응하면 폭발적 반응을 일으켜 에탄가스가 발생한다.

36 다음 중 인화점이 가장 높은 것은?

① 등유   ② 벤젠
③ 아세톤   ④ 아세트알데히드

> **NOTE** ① 30 ~ 60℃   ② -11℃   ③ -20℃   ④ -39℃

37 다음 중 제6류 위험물이 아닌 것은?

① 할로겐간화합물   ② 과염소산
③ 아염소산   ④ 과산화수소

> **NOTE** 제6류 위험물의 종류
> ㉠ 과염소산
> ㉡ 과산화수소
> ㉢ 질산
> ㉣ 할로겐간화합물

38 제4류 위험물인 클로로벤젠의 지정수량으로 옳은 것은?

① 200L   ② 400L
③ 1,000L   ④ 2,000L

> **NOTE** 클로로벤젠은 제4류 위험물 제2석유류로 비수용성액체에 해당하므로 지정수량은 1,000리터이다.

Answer 35.② 36.① 37.③ 38.③

39 다음 중 제1류 위험물에 해당되지 않는 것은?

① 염소산칼륨

② 과염소산암모늄

③ 과산화바륨

④ 질산구아니딘

> **NOTE** 제1류 위험물의 종류
> ㉠ 아염소산염류 : 아염소산나트륨, 아염소산칼륨, 아염소산칼슘
> ㉡ 염소산염류 : 염소산나트륨, 염소산칼륨, 염소산암모늄, 염소산칼슘
> ㉢ 과염소산염류 : 과염소산나트륨, 과염소산칼륨, 과염소산암모늄
> ㉣ 무기과산화물 : 과산화나트륨, 과산화칼륨, 과산화마그네슘, 과산화바륨, 과산화칼슘
> ㉤ 브롬산염류 : 브롬산나트륨, 브롬산칼륨, 브롬산암모늄,
> ㉥ 질산염류 : 질산칼륨, 질산나트륨, 질산암모늄
> ㉦ 요오드산염류 : 요오드산칼륨, 요오드산암모늄, 요오드산마그네슘, 요오드산나트륨
> ㉧ 과망간산염류 : 과망간산칼륨, 과망간산나트륨, 과망간산암모늄, 과망간산바륨
> ㉨ 중크롬산염류 : 중크롬산칼륨, 중크롬산나트륨, 중크롬산암모늄

40 다음 위험물 중 지정수량이 나머지 셋과 다른 하나는?

① 마그네슘

② 금속분

③ 철분

④ 유황

> **NOTE** ①②③ 500kg
> ④ 100kg

41 아염소산나트륨의 저장 및 취급시 주의사항으로 가장 거리가 먼 것은?

① 물 속에 넣어 냉암소에 저장한다.

② 강산류와의 접촉을 피한다.

③ 취급시 충격, 마찰을 피한다.

④ 가연성 물질과 접촉을 피한다.

> **NOTE** 아염소산나트륨의 저장 및 취급방법
> ㉠ 환원성 물질(황, 유기물, 금속분 등)과 격리하여 저장하여야 한다.
> ㉡ 수용액 상태에서는 강한 산화력을 가지므로 건조한 냉암소에 보관하여야 한다.
> ㉢ 습기에 주의하며 용기는 밀봉, 밀전하여야 한다.
> ㉣ 140℃ 이상의 온도에서 발열 분해하여 폭발을 일으킨다.
> ㉤ 소량의 물은 폭발의 위험이 있으므로 다량의 물로 주수소화하여야 한다.

Answer 39.④ 40.④ 41.①

42 위험물안전관리법령상 연면적이 450m^2인 저장소의 건축물 외벽이 내화구조가 아닌 경우 이 저장소의 소화기 소요단위는?

① 3   ② 4.5

③ 6   ④ 9

> **NOTE** 소요단위는 저장소 건축물의 경우 외벽이 내화구조로 된 경우 연면적 150m^2, 외벽이 내화구조가 아닌 경우에는 연면적을 75m^2으로 계산하면 된다.
> 그러므로 $\dfrac{450}{75} = 6$단위가 된다.

43 위험물안전관리법령상 주유취급소에 설치·운영할 수 없는 건축물 또는 시설은?

① 주유취급소를 출입하는 사람을 대상으로 하는 그림 전시장

② 주유취급소를 출입하는 사람을 대상으로 하는 일반음식점

③ 주유원 주거시설

④ 주유취급소를 출입하는 사람을 대상으로 하는 휴게음식점

> **NOTE** 주유취급소에는 주유 또는 그에 부대하는 업무를 위하여 사용되는 다음의 건축물 또는 시설 외에는 다른 건축물 그 밖의 공작물을 설치할 수 없다.
> ㉠ 주유 또는 등유·경유를 옮겨 담기 위한 작업장
> ㉡ 주유취급소의 업무를 행하기 위한 사무소
> ㉢ 자동차 등의 점검 및 간이정비를 위한 작업장
> ㉣ 자동차 등의 세정을 위한 작업장
> ㉤ 주유취급소에 출입하는 사람을 대상으로 한 점포·휴게음식점 또는 전시장
> ㉥ 주유취급소의 관계자가 거주하는 주거시설
> ㉦ 전기자동차용 충전설비(전기를 동력원으로 하는 자동차에 직접 전기를 공급하는 설비)
> ㉧ 그 밖의 국민안전처장관이 정하여 고시하는 건축물 또는 시설

44 위험물안전관리법령상 옥외저장소 중 덩어리상태의 유황만을 지반면에 설치한 경계표시의 안쪽에서 저장 또는 취급할 때 경계표시의 높이는 몇 m 이하로 하여야 하는가?

① 1   ② 1.5

③ 2   ④ 2.5

Answer   42.③   43.②   44.②

 옥외저장소 중 덩어리 상태의 유황만을 지반면에 설치한 경계표시의 안쪽에서 저장 또는 취급하는 것의 위치·구조 및 설비의 기술기준

㉠ 하나의 경계표시의 내무의 면적은 100m² 이하일 것

㉡ 2 이상의 경계표시를 설치하는 경우에 있어서는 각각의 경계표시 내부의 면적을 합산한 면적은 1,000m² 이하로 하고, 인접하는 경계표시와 경계표시와의 간격을 공지의 너비의 2분의 1 이상으로 할 것. 다만, 저장 또는 취급하는 위험물의 최대수량이 지정수량의 200배 이상인 경우에는 10m 이상으로 하여야 한다.

㉢ 경계표시는 불연재료로 만드는 동시에 유황이 새지 아니하는 구조로 할 것

㉣ 경계표시의 높이는 1.5m 이하로 할 것

㉤ 경계표시에는 유황이 넘치거나 비산하는 것을 방지하기 위한 천막 등을 고정하는 장치를 설치하되, 천막 등을 고정하는 장치는 경계표시의 길이 2m마다 한 개 이상 설치할 것

㉥ 유황을 저장 또는 취급하는 장소의 주위에는 배수구와 분리장치를 설치할 것

45 위험물옥외저장탱크의 통기관에 관한 사항으로 옳지 않는 것은?

① 밸브 없는 통기관의 직경은 30mm 이상으로 한다.

② 대기밸브부착 통기관은 항시 열려 있어야 한다.

③ 밸브 없는 통기관의 선단은 수평면보다 45도 이상 구부려 빗물 등의 침투를 막는 구조로 한다.

④ 대기밸브부착 통기관은 5kPa 이하의 압력 차이로 작동할 수 있어야 한다.

 옥외저장탱크 중 압력탱크(최대상용압력이 부압 또는 정압 5kPa을 초과하는 탱크)외의 탱크(제4류 위험물의 옥외저장탱크)에 있어서는 밸브 없는 통기관 또는 대기밸브부착 통기관을 다음에 정하는 바에 의하여 설치하여야 하고, 압력탱크에 있어서는 안전장치를 설치하여야 한다.

㉠ 밸브 없는 통기관
- 직경은 30mm 이상일 것
- 선단은 수평면보다 45도 이상 구부려 빗물 등의 침투를 막는 구조로 할 것
- 가는 눈의 구리망 등으로 인화방지장치를 할 것. 다만, 인화점 70℃ 이상의 위험물만을 해당 위험물의 인화점 미만의 온도로 저장 또는 취급하는 탱크에 설치하는 통기관에 있어서는 그러하지 아니하다.
- 가연성의 증기를 회수하기 위한 밸브를 통기관에 설치하는 경우에 있어서는 당해 통기관의 밸브는 저장탱크에 위험물을 주입하는 경우를 제외하고는 항상 개방되어 있는 구조로 하는 한편, 폐쇄하였을 경우에 있어서는 10kPa 이하의 압력에서 개방되는 구조로 할 것. 이 경우 개방된 부분의 유효단면적은 777.15mm² 이상이어야 한다.

㉡ 대기밸브부착 통기관
- 5kPa 이하의 압력 차이로 작동할 수 있을 것
- 가는 눈의 구리망 등으로 인화방지장치를 할 것. 다만, 인화점 70℃ 이상의 위험물만을 해당 위험물의 인화점 미만의 온도로 저장 또는 취급하는 탱크에 설치하는 통기관에 있어서는 그러하지 아니하다.

Answer 45.②

46 위험물안전관리법령상 주유취급소 중 건축물의 2층을 휴게음식점의 용도로 사용하는 것에 있어 해당 건축물의 2층으로부터 직접 주유취급소의 부지 밖으로 통하는 출입구와 해당 출입구로 통하는 통로·계단에 설치하여야 하는 것은?

① 비상경보설비   ② 유도등

③ 비상조명등   ④ 확성장치

> **NOTE** 주유취급소 중 건축물의 2층 이상의 부분을 점포·휴게음식점 또는 전시장의 용도로 사용하는 것에 있어서는 당해 건축물의 2층 이상으로부터 주유취급소의 부지 밖으로 통하는 출입구와 당해 출입구로 통하는 통로·계단 및 출입구에 유도등을 설치하여야 한다.

47 위험물안전관리법령상 소화전용물통 8L의 능력단위는?

① 0.3   ② 0.5

③ 1.0   ④ 1.5

> **NOTE** 소화설비의 능력단위
>
> | 소화설비 | 용량 | 능력단위 |
> | --- | --- | --- |
> | 소화전용물통 | 8l | 0.3 |
> | 수조(소화전용물통 3개 포함) | 80l | 1.5 |
> | 수조(소화전용물통 6개 포함) | 190l | 2.5 |
> | 마른 모래(삽 1개 포함) | 50l | 0.5 |
> | 팽창질석 또는 팽창진주암(삽 1개 포함) | 160l | 1.0 |

48 위험물안전관리법령상 옥내소화전설비의 기준에 따르면 펌프를 이용한 가압송수장치에서 펌프의 토출량은 옥내소화전의 설치개수가 가장 많은 층에 대해 해당 설치개수(5개 이상인 경우에는 5개)에 얼마를 곱한 양 이상이 되도록 하여야 하는가?

① 260L/min   ② 360L/min

③ 460L/min   ④ 560L/min

> **NOTE** 옥내소화전설비의 기준에서 펌프를 이용한 가압송수장치의 펌프의 토출량은 옥내소화전의 설치개수가 가장 많은 층에 대해 당해 설치개수(설치개수가 5개 이상인 경우에는 5개로 함)에 260l/min을 곱한 양 이상이 되도록 하여야 한다〈위험물안전관리에 관한 세부기준 제129조〉.

Answer   46.②   47.①   48.①

49 위험물안전관리법령상 위험물제조소에 설치하는 배출설비에 대한 내용으로 틀린 것은?

① 배출설비는 예외적인 경우를 제외하고는 국소방식으로 하여야 한다.

② 배출설비는 강제배출 방식으로 한다.

③ 급기구는 낮은 장소에 설치하고 인화방지망을 설치한다.

④ 배출구는 지상 2m 이상 높이에 연소의 우려가 없는 곳에 설치한다.

> **NOTE** 위험물제조소에 설치하는 배출설비
> ㉠ 배출설비는 국소방식으로 하여야 한다. 다만 다음의 경우 전역방식으로 할 수 있다.
> • 위험물취급설비가 배관이음 등으로만 된 경우
> • 건축물의 구조·작업장소의 분포 등의 조건에 의하여 전역방식이 유효한 경우
> ㉡ 배출설비는 배풍기·배출닥트·후드 등을 이용하여 강제적으로 배출하는 것으로 하여야 한다.
> ㉢ 배출능력은 1시간당 배출장소 용적의 20배 이상인 것으로 하여야 한다. 다만, 전역방식의 경우에는 바닥면 1m²당 18m³ 이상으로 할 수 있다.
> ㉣ 배출설비의 급기구 및 배출구 기준
> • 급기구는 높은 곳에 설치하고, 가는 눈의 구리망 등으로 인화방지망을 설치할 것
> • 배출구는 지상 2m 이상으로서 연소의 우려가 없는 장소에 설치하고, 배출닥트가 관통하는 벽부분의 바로 가까이에 화재시 자동으로 폐쇄되는 방화댐퍼를 설치할 것
> ㉤ 배풍기는 강제배기방식으로 하고, 옥내닥트의 내압이 대기압 이상이 되지 아니하는 위치에 설치하여야 한다.

50 위험물안전관리법령상 옥내탱크저장소의 기준에서 옥내저장탱크 상호간에는 몇 m 이상의 간격을 유지하여야 하는가?

① 0.3 ② 0.5
③ 0.7 ④ 1.0

> **NOTE** 옥내저장탱크와 탱크전용실의 벽과의 사이 및 옥내저장탱크의 상호간에는 0.5m 이상의 간격을 유지하여야 한다. 다만, 탱크의 점검 및 보수에 지장이 없는 경우에는 그러하지 아니하다.

Answer 49.③ 50.②

51 위험물의 운반에 관한 기준에서 다음 (   )에 알맞은 온도는 몇 ℃인가?

> 적재하는 제5류 위험물 중 (   )℃ 이하의 온도에서 분해될 우려가 있는 것은 보냉 컨테이너에 수납하는 등 적정한 온도관리를 유지하여야 한다.

① 40

② 50

③ 55

④ 60

> **NOTE** 적재하는 위험물의 성질에 따라 일광의 직사 또는 빗물의 침투를 방지하기 위하여 유효하게 피복하는 등 다음에 정하는 기준에 따른 조치를 하여야 한다.
> ㉠ 제1류 위험물, 제3류 위험물 중 자연발화성물질, 제4류 위험물 중 특수인화물, 제5류 위험물 또는 제6류 위험물은 차광성이 있는 피복으로 가릴 것
> ㉡ 제1류 위험물 중 알칼리금속의 과산화물 또는 이를 함유한 것, 제2류 위험물 중 철분 · 금속분 · 마그네슘 또는 이들 중 어느 하나 이상을 함유한 것 또는 제3류 위험물 중 금수성물질은 방수성이 있는 피복으로 덮을 것
> ㉢ 제5류 위험물 중 55℃ 이하의 온도에서 분해될 우려가 있는 것은 보냉 컨테이너에 수납하는 등 적정한 온도관리를 할 것
> ㉣ 액체위험물 또는 위험등급 Ⅱ의 고체위험물을 기계에 의하여 하역하는 구조로 된 운반용기에 수납하여 적재하는 경우에는 당해 용기에 대한 충격 등을 방지하기 위한 조치를 강구할 것. 다만, 위험등급 Ⅱ의 고체위험물을 플렉서블의 운반용기, 파이버판제의 운반용기 및 목제의 운반용기 외의 운반용기에 수납하여 적재하는 경우에는 그러하지 아니하다.

52 인화점이 21℃ 미만인 액체위험물의 옥외저장탱크 주입구에 설치하는 "옥외저장탱크 주입구"라고 표시한 게시판의 바탕 및 문자색을 옳게 나타낸 것은?

① 백색바탕 – 적색문자

② 적색바탕 – 백색문자

③ 백색바탕 – 흑색문자

④ 흑색바탕 – 백색문자

> **NOTE** 인화점이 21℃ 미만인 위험물의 옥외저장탱크의 주입구에는 보기 쉬운 곳에 다음의 기준에 의한 게시판을 설치할 것. 다만, 소방본부장 또는 소방서장이 화재예방상 당해 게시판을 설치할 필요가 없다고 인정하는 경우에는 그러하지 아니하다.
> ㉠ 게시판은 한 변이 0.3m 이상, 다른 한 변이 0.6m 이상인 직사각형으로 할 것
> ㉡ 게시판에는 "옥외저장탱크 주입구"라고 표시하는 것 외에 취급하는 위험물의 유별, 품명 및 주의사항을 표시할 것
> ㉢ 게시판은 백색바탕에 흑색문자로 할 것

Answer 51.③ 52.③

53 위험물안전관리법령상 제4류 위험물의 품명에 따른 위험등급과 옥내저장소 하나의 저장창고 바닥면적 기준을 옳게 나열한 것은? (단, 전용의 독립된 단층건물에 설치하며, 구획된 실이 없는 하나의 저장창고인 경우에 한한다)

① 제1석유류 : 위험등급Ⅰ, 최대 바닥면적 $1,000m^2$

② 제2석유류 : 위험등급Ⅰ, 최대 바닥면적 $2,000m^2$

③ 제3석유류 : 위험등급Ⅱ, 최대 바닥면적 $2,000m^2$

④ 알코올류 : 위험등급Ⅱ, 최대 바닥면적 $1,000m^2$

> **NOTE** 옥내저장소의 바닥면적 기준 … 하나의 저장창고의 바닥면적(2 이상의 구획된 실이 있는 경우에는 각 실의 바닥면적의 합계)은 다음의 구분에 의한 면적 이하로 하여야 한다. 이 경우 ㉠의 위험물과 ㉡의 위험물을 같은 저장창고에 저장하는 때에는 ㉠의 위험물을 저장하는 것으로 보아 그에 따른 바닥면적을 적용한다.
> ㉠ 다음의 위험물을 저장하는 창고 : $1,000m^2$
> - 제1류 위험물 중 아염소산염류, 염소산염류, 과염소산염류, 무기과산화물 그 밖에 지정수량이 50kg인 위험물
> - 제3류 위험물 중 칼륨, 나트륨, 알킬알루미늄, 알킬리튬 그 밖에 지정수량이 10kg인 위험물 및 황린
> - 제4류 위험물 중 특수인화물, 제1석유류 및 알코올류
> - 제5류 위험물 중 유기과산화물, 질산에스테르류 그 밖에 지정수량이 10kg인 위험물
> - 제6류 위험물
> ㉡ ㉠의 위험물 외의 위험물을 저장하는 창고 : $2,000m^2$
> ㉢ ㉠의 위험물과 ㉡의 위험물을 내화구조의 격벽으로 완전히 구획된 실에 각각 저장하는 창고 : $1,500m^2$(㉠의 위험물을 저장하는 실의 면적은 $500m^2$를 초과할 수 없다)
> ※ 제4류 위험물의 위험등급
> ㉠ 특수인화물 : 위험등급Ⅰ
> ㉡ 제1석유류 : 위험등급Ⅱ
> ㉢ 알코올류 : 위험등급Ⅱ
> ㉣ 제2석유류 : 위험등급Ⅲ
> ㉤ 제3석유류 : 위험등급Ⅲ
> ㉥ 제4석유류 : 위험등급Ⅲ
> ㉦ 동식물유류 : 위험등급Ⅲ

Answer 53.④

54 위험물안전관리법령상 위험물안전관리자의 책무에 해당하지 않는 것은?

① 화재 등의 재난이 발생한 경우 소방관서 등에 대한 연락업무

② 화재 등의 재난이 발생한 경우 응급조치

③ 위험물의 취급에 관한 일지의 작성 · 기록

④ 위험물안전관리자의 선임 · 신고

> **NOTE** 위험물안전관리자의 책무
> ㉠ 위험물의 취급작업에 참여하여 당해 작업이 규정에 의한 저장 또는 취급에 관한 기술기준과 예방규정에 적합하도록 해당 작업자에 대하여 지시 및 감독하는 업무
> ㉡ 화재 등의 재난이 발생한 경우 응급조치 및 소방관서 등에 대한 연락업무
> ㉢ 위험물시설의 안전을 담당하는 자를 따로 두는 제조소등의 경우에는 그 담당자에게 다음의 규정에 의한 업무의 지시, 그 밖의 제조소등의 경우에는 다음의 규정에 의한 업무
> • 제조소등의 위치 · 구조 및 설비를 기술기준에 적합하도록 유지하기 위한 점검과 점검상황의 기록 · 보존
> • 제조소등의 구조 또는 설비의 이상을 발견한 경우 관계자에 대한 연락 및 응급조치
> • 화재가 발생하거나 화재발생의 위험성이 현저한 경우 소방관서 등에 대한 연락 및 응급조치
> • 제조소등의 계측장치 · 제어장치 및 안전장치 등의 적정한 유지 · 관리
> • 제조소등의 위치 · 구조 및 설비에 관한 설계도서 등의 정비 · 보존 및 제조소등의 구조 및 설비의 안전에 관한 사무의 관리
> ㉣ 화재 등의 재해의 방지와 응급조치에 관하여 인접하는 제조소등과 그 밖의 관련되는 시설의 관계자와 협조체계의 유지
> ㉤ 위험물의 취급에 관한 일지의 작성 · 기록
> ㉥ 그 밖에 위험물을 수납한 용기를 차량에 적재하는 작업, 위험물설비를 보수하는 작업 등 위험물의 취급과 관련된 작업의 안전에 관하여 필요한 감독의 수행

55 제2류 위험물 중 인화성 고체의 제조소에 설치하는 주의사항 게시판에 표시할 내용을 옳게 나타낸 것은?

① 적색바탕에 백색문자로 "화기엄금" 표시

② 적색바탕에 백색문자로 "화기주의" 표시

③ 백색바탕에 적색문자로 "화기엄금" 표시

④ 백색바탕에 적색문자로 "화기주의" 표시

> **NOTE** 게시판의 색은 "물기엄금"을 표시하는 것에 있어서는 청색바탕에 백색문자로, "화기주의" 또는 "화기엄금"을 표시하는 것에 있어서는 적색바탕에 백색문자로 하여야 한다.
> ※ 제1류 위험물은 '물기엄금', 제2류 위험물(인화성 고체 제외)은 "화기주의", 제2류 위험물 중 인화성고체, 제3류 위험물 중 자연발화성물질, 제4류 위험물 또는 제5류 위험물은 "화기엄금"을 표시하여야 한다.

Answer   54.④   55.①

56 위험물안전관리법령상 배출설비를 설치하여야 하는 옥내저장소의 기준에 해당하는 것은?

① 가연성 증기가 액화할 우려가 있는 장소

② 모든 장소의 옥내저장소

③ 가연성 미분이 체류할 우려가 있는 장소

④ 인화점이 70℃ 미만인 위험물의 옥내저장소

> NOTE 옥내저장소의 저장창고에는 채광·조명 및 환기의 설비를 갖추어야 하고, 인화점이 70℃ 미만인 위험물의 저장창고에 있어서는 내부에 체류한 가연성의 증기를 지붕 위로 배출하는 설비를 갖추어야 한다.

57 이동저장탱크에 알킬알루미늄을 저장하는 경우에 불활성 기체를 봉입하는데 이때의 압력은 몇 kPa 이하이어야 하는가?

① 10

② 20

③ 30

④ 40

> NOTE 이동저장탱크에 알킬알루미늄 등을 저장하는 경우에는 20kPa 이하의 압력으로 불활성의 기체를 봉입하여 두어야 한다.

58 다음 중 위험물안전관리법령상 지정수량의 $\frac{1}{10}$ 을 초과하는 위험물을 운반할 때 혼재할 수 없는 경우는?

① 제1류 위험물과 제6류 위험물

② 제2류 위험물과 제4류 위험물

③ 제4류 위험물과 제5류 위험물

④ 제5류 위험물과 제3류 위험물

> NOTE 유별을 달리하는 위험물의 혼재기준
> ㉠ 제1류 위험물과 제6류 위험물
> ㉡ 제2류 위험물과 제4류 위험물
> ㉢ 제2류 위험물과 제5류 위험물
> ㉣ 제3류 위험물과 제4류 위험물
> ㉤ 제4류 위험물과 제5류 위험물

Answer   56.④ 57.② 58.④

59 그림과 같은 위험물 저장탱크의 내용적은 약 몇 m^3인가?

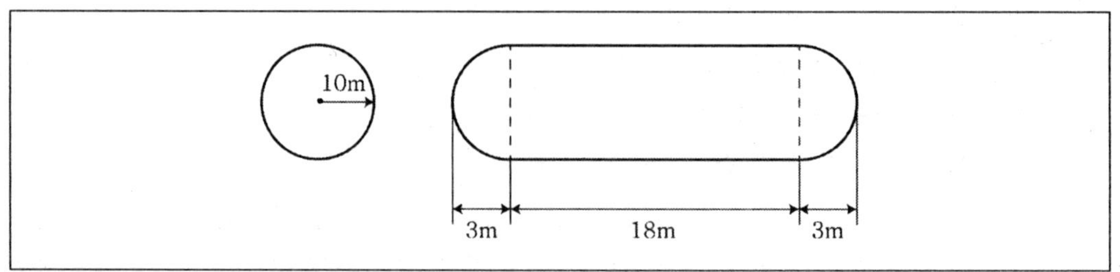

① 4,681

② 5,482

③ 6,283

④ 7,080

 NOTE

원형 탱크의 내용적은 $\pi r^2\left(l+\dfrac{l_1+l_2}{3}\right)$의 공식을 이용하면 된다.

$$3.141592\times10\times10\times\left(18+\frac{3+3}{3}\right)=314\times20=6,283.184$$

60 위험물 옥외저장소에서 지정수량 200배 초과의 위험물을 저장할 경우 경계표시 주위의 보유공지 너비는 몇 m 이상으로 하여야 하는가? (단, 제4류 위험물과 제6류 위험물이 아닌 경우이다)

① 0.5

② 2.5

③ 10

④ 15

 NOTE

위험물 옥외저장소의 경계표시의 주위에는 그 저장 또는 취급하는 위험물의 최대수량에 따른 다음 표에 의한 너비의 공지를 보유하여야 한다. 다만, 제4류 위험물 중 제4석유류와 제6류 위험물을 저장 또는 취급하는 옥외저장소의 보유공지는 다음 표에 의한 공지의 너비의 3분의 1 이상의 너비로 할 수 있다.

저장 또는 취급하는 위험물의 최대수량	공지의 너비
지정수량의 10배 이하	3m 이상
지정수량의 10배 초과 20배 이하	5m 이상
지정수량의 20배 초과 50배 이하	9m 이상
지정수량의 50배 초과 200배 이하	12m 이상
지정수량의 200배 초과	15m 이상

Answer **59.③ 60.④**

취업준비하기

서원각과 함께 확실하게 취업 대비하자!

▲ 자기소개서
Before&After

▲ 취업영어면접

▲ 여성을 위한
면접핸드북

▲ 서울시 공무원
영어면접

▲ 자신감
공무원면접

▲ 공사공단 채용

공사공단 인적성검사
공사공단 고졸채용 인적성검사

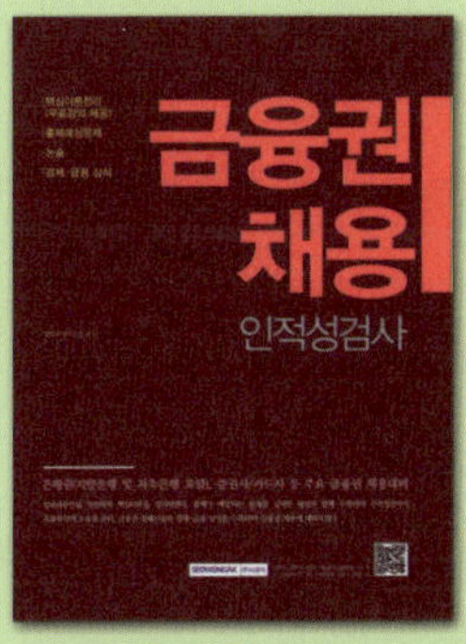

▲ 금융권 채용

금융권 인적성검사
금융권 채용 법학/ 경영학
금융경제 상식

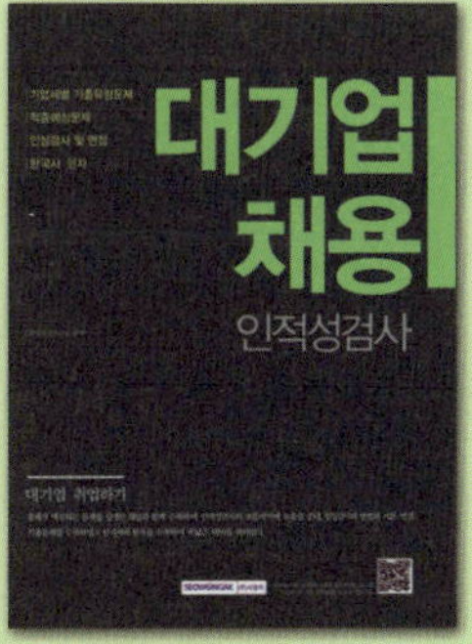

▲ 대기업 채용

대기업 채용 인적성검사
대기업 고졸채용 인적성검사
대기업 생산직채용 인적성검사

네이버 카페 검색창에서 '기업과 공사공단'을 검색하셔서 네이버 카페 기업과 공사공단에 가입하시면 각종 시험 정보를 보실 수 있습니다.

서원각
한국사능력검정시험

1단계 한국사능력검정시험(중 · 고급) 무료동영상강의
시대·주제별로 모은 실전 연습문제로 기초실력 다지기

2단계 한국사능력검정시험 실력평가모의고사(중 · 고급) 무료동영상강의
출제가 예상되는 주요 문제들만을 모은 실전 모의고사로 실력 점검

3단계 기쎈 한국사능력검정시험 30일 벼락치기
30일만에 중요 핵심이론만 공부하여 최종마무리로 합격

1단계
한국사능력검정시험(중·고급)

2단계
한국사능력검정시험
실력평가모의고사(중·고급)

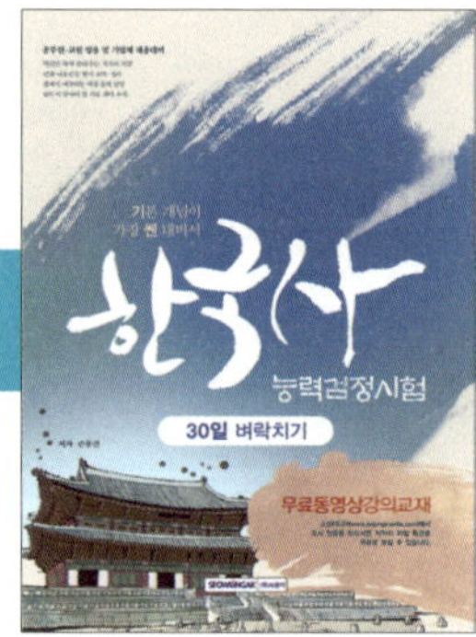

3단계
기쎈 한국사능력검정시험
30일 벼락치기

도도하고, 시원하고, (樂)즐거운 개념서
한국사능력검정시험 중급

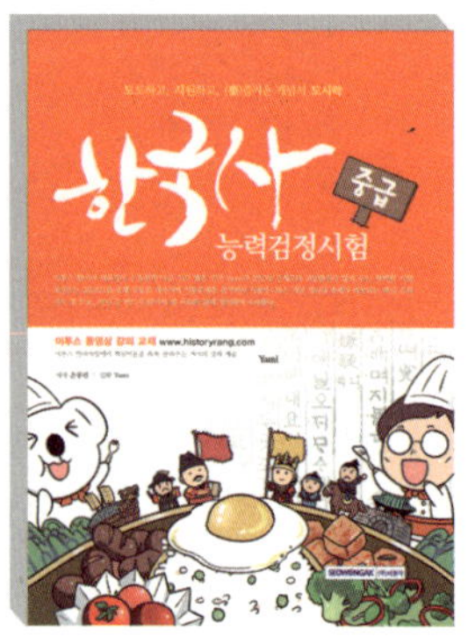

이투스동영상 강의 교재 www.historyrang.com
이투스 한국사랑에서 핵심이론을 쏙쏙 골라주는
저자의 강좌 제공

**이투스 한국사 대표강사 은동진과 다음 인기 웹툰 작가 Yami가
만났다!** 은셰프와 코알랄라가 알려 주는 완벽한 시험 포인트는
QR코드를 통해 무료 제공으로 알아볼 수 있다. 또한 기출문제를
분석하여 시험에 나오는 개념 정리와 출제가 예상되는 핵심
문제를 엄선하였고 지도 및 도표, 사진 등 반드시 알아야 할
사료를 최다 수록하였다.